职业教育计算机专业改革创新教材

Inventor 工业产品设计项目教程

主　编　马玥桓
副主编　张丽霞
参　编　丰淑娟　张　放　陈　楠
　　　　那英红　冷思卓　李书博
　　　　周　静　潘　维　田伟娜
　　　　李　鹏

机 械 工 业 出 版 社

本书介绍了 Autodesk Inventor 软件在机械制造加工与工业产品设计中的应用。全书包括导学篇和操作篇，导学篇主要介绍基础知识；操作篇安排了 6 个项目。通过对各个项目的设计与制作详细介绍了 Autodesk Inventor 软件的各种功能和实际操作技巧，工业创意产品的具体设计创作及操作步骤，产品设计要求，产品创意设计思路，工程制图标准和设计规范等，并对产品的创新设计、功能特点、整体造型设计进行了分析。

本书层次清晰，图文并茂，内容系统全面、重点突出，针对性和实用性很强。本书还配有素材文件和操作篇项目 1 至项目 4 中典型项目的操作视频，供读者更好地使用学习，也可以作为教师授课的素材。选用本书作为教材的老师可以从机械工业出版社教育服务网（www.cmpedu.com）免费注册下载或联系编辑（010-88379194）咨询。

本书适用于各类职业院校计算机平面设计专业、机械类专业、工业产品设计专业教材，也可以作为全国职业院校技能大赛工业产品 CAD 设计等赛项的指导用书，还可以作为计算机设计类培训班、工程制图人员以及工程类从业人员的参考用书。

图书在版编目（CIP）数据

Inventor 工业产品设计项目教程 / 马玥桓主编. —北京：机械工业出版社，2013.1（2024.2 重印）

职业教育计算机专业改革创新示范教材

ISBN 978-7-111-41061-4

Ⅰ. ①I… Ⅱ. ①马… Ⅲ. ①工业产品—计算机辅助设计—应用软件—职业教育—教材 Ⅳ. ① TB472-39

中国版本图书馆 CIP 数据核字（2013）第 011931 号

机械工业出版社（北京市百万庄大街 22 号 邮政编码 100037）

策划编辑：梁 伟　　责任编辑：李绍坤

责任校对：李 婷　　封面设计：鞠 杨

责任印制：单爱军

北京虎彩文化传播有限公司印刷

2024 年 2 月第 1 版第 11 次印刷

184mm×260mm • 11.5 印张 • 281 千字

标准书号：ISBN 978-7-111-41061-4

定价：38.00 元

电话服务

客服电话：010-88361066

010-88379833

010-68326294

网络服务

机 工 官 网：www.cmpbook.com

机 工 官 博：weibo.com/cmp1952

金 书 网：www.golden-book.com

机工教育服务网：www.cmpedu.com

前　言

自 1982 年 AutoCAD 正式推向市场以来，Autodesk 公司已经针对最广泛的应用领域研发出 Inventor 等多种设计软件和工程解决方案，帮助用户在将设计转化为产品之前体验自己的创意。

我国真正意义上的工业设计是从 20 世纪 80 年代开始的。随着改革开放的深入、全球经济一体化，我国已经成为世界工业制造大国。随着我国经济的持续快速发展，人们的生活方式、消费观念发生了巨大的变化，为设计教育的快速发展奠定了基础。20 世纪 90 年代以后，我国的工业设计教育进入了快速发展阶段。我国已经成为世界设计教育大国。近年来，我国在各项国际设计大赛中屡屡获奖，设计教育正在走向世界。设计教育的改革与发展为最终把我国建成设计教育强国和创新型大国打下了基础。

Autodesk Inventor 软件的应用在机械设计和工业产品设计 CAD 技术上又掀起了一场革命。采用多模块设计特性的 Inventor 软件具有人性化、智能化、简易化、可视化等多个重要特征，以二维草图设计作为基本的设计单元，把内部带有专业数据的构件模型作为智能化的图形处理对象，可以实现多环境多视角的转换、模拟仿真效果应用，使得软件更加易于掌握，可以轻松完成各个设计阶段的任务，包括二维工程图、三维模型、零件装配、表达视图及数字演示视频、图形的材料材质、渲染输出等。

本书章节安排从机械零件标准设计到职业岗位所需技能，包括代表企业文化的纪念品、生活中常见小商品的设计等，将知识展开，逐步深入，具有设计创意分析、操作步骤简单易懂、内容丰富、针对性强等特点。

由于编者水平有限，书中难免有不足之处，敬请广大读者批评指正！

编　者

目　录

导　学　篇

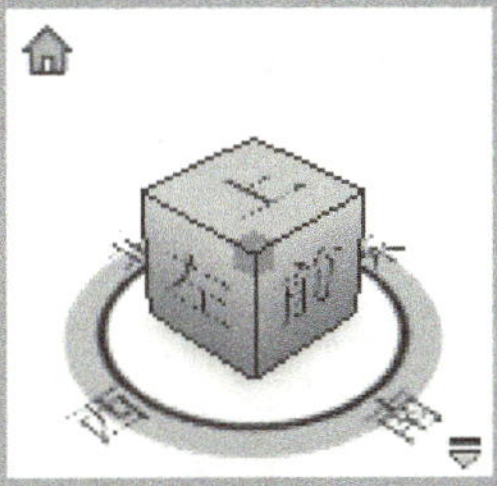

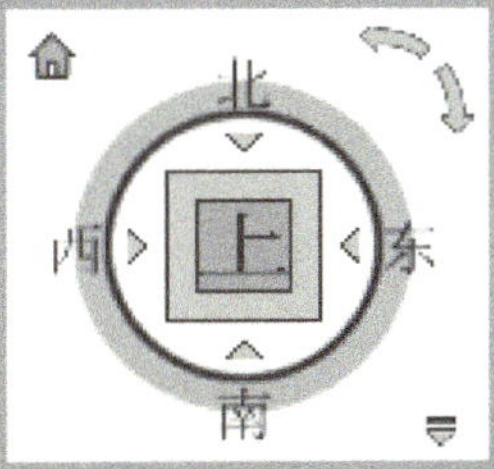

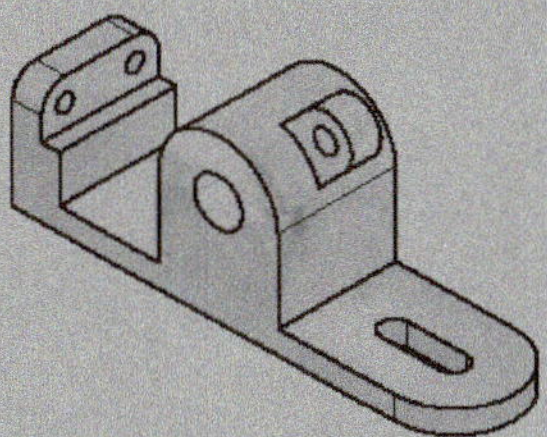

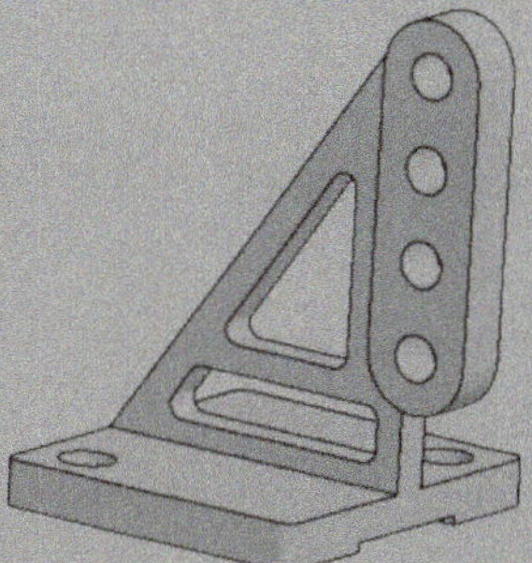

导学 1　软件基础知识及功能介绍

导学重点知识

※ 本部分主要对 Autodesk Inventor 软件的运行环境、新功能特点、基础设置、主要组成部分等内容进行了详细介绍，使读者对这些功能有所了解，为学习后面的知识打下基础。

一、软件快速入门

Autodesk Inventor 软件提供了以下基本环境：零件、钣金零件、部件、焊接件部件、工程图和表达视图，如图 1-1-1 所示。

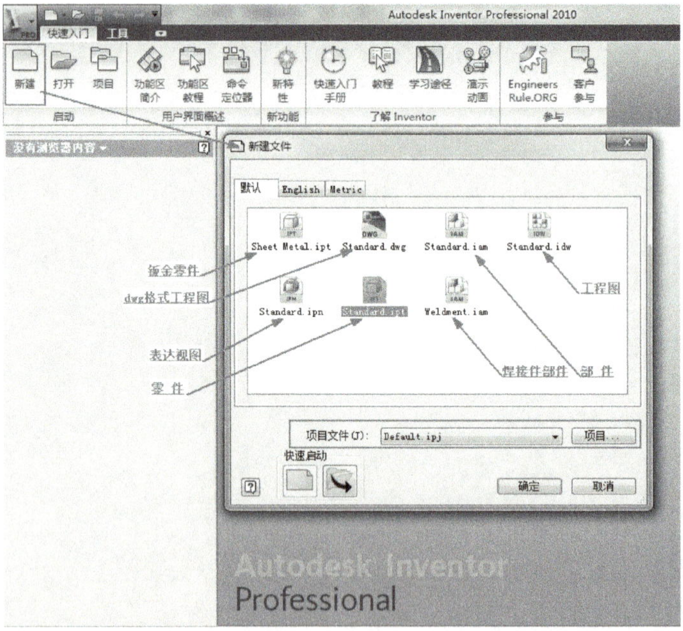

图 1-1-1　Autodesk Inventor 基本环境

在零件、部件和工程图基本环境中，可以访问二维草图环境和三维草图环境。在零件、部件和工程图环境中，特定环境可用于执行特定任务。

提示：注意，在打开的文件类型中，对话框中所列出的所有文件格式都可以被选为基本绘图环境。在 Autodesk Inventor 中可用的其他所有环境类型，例如草图、构造和特定环境，都不是特定文档或文件类型。

1. 软件功能介绍

使用键盘访问应用程序的菜单、快速访问工具栏和功能区。按 <Alt> 键或 <F10> 键可以在应用程序窗口中显示常用工具的键提示标记，使用户可以在不使用鼠标的情况下进行操作，如图 1-1-2 所示。

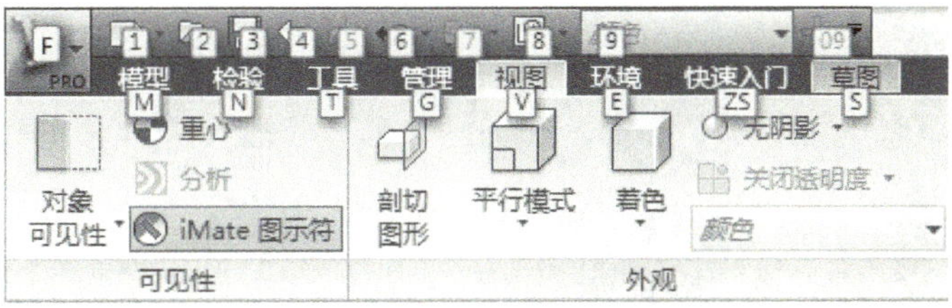

图 1-1-2 常用工具的键提示标记

选中某个命令时，该命令图标处会显示相关的键提示标记。键提示标记显示为字符，指示必须按下键盘上的某个键或某些组合键来激活相应的命令，如图 1-1-3 所示。

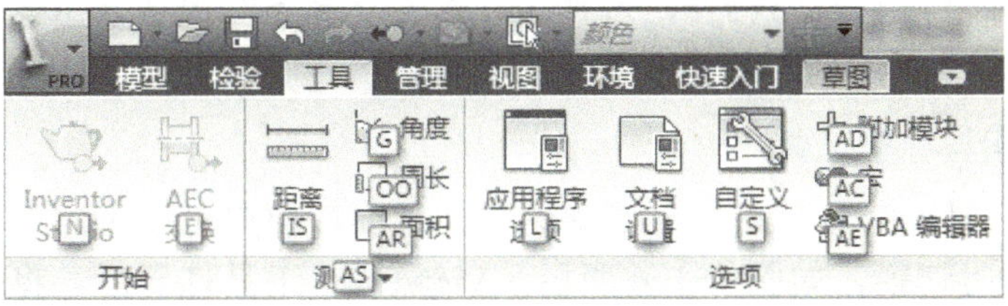

图 1-1-3 常用工具的键提示标记子级

提示：键提示标记使用户仅使用键盘即可在应用程序菜单和功能区中进行导航。使用键盘上的方向键可以导航至功能区和应用程序菜单中的命令。注意，键提示标记不能自定义。

如果用户打开多个文件，则“文档”选项卡工具提示显示在图形窗口的底部，位于观察工具“层叠”“排列”和“打开”右侧。在要查看的 Autodesk Inventor 图形窗口底部的文件名上可以悬停光标，如图 1-1-4 所示。

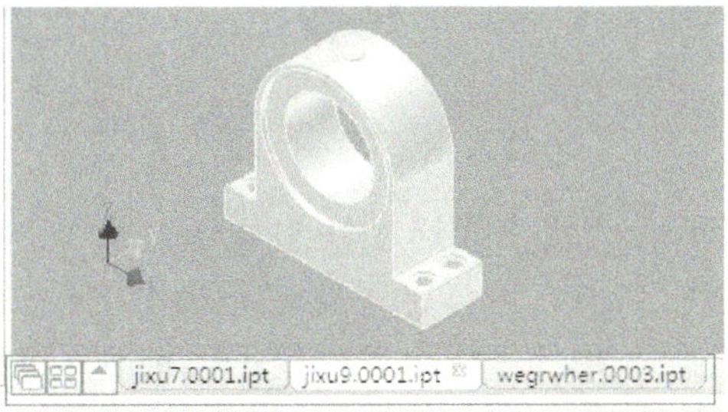

图 1-1-4 “文档”选项卡

在“应用程序选项”对话框中的“颜色”选项卡中可以修改 Autodesk Inventor 的颜色，如图 1-1-5 所示。单击“颜色方案”列表框内的相关颜色方案，设计视图环境将改变背景色。选中“图标”单选按钮则可以修改软件设计图标的主题。

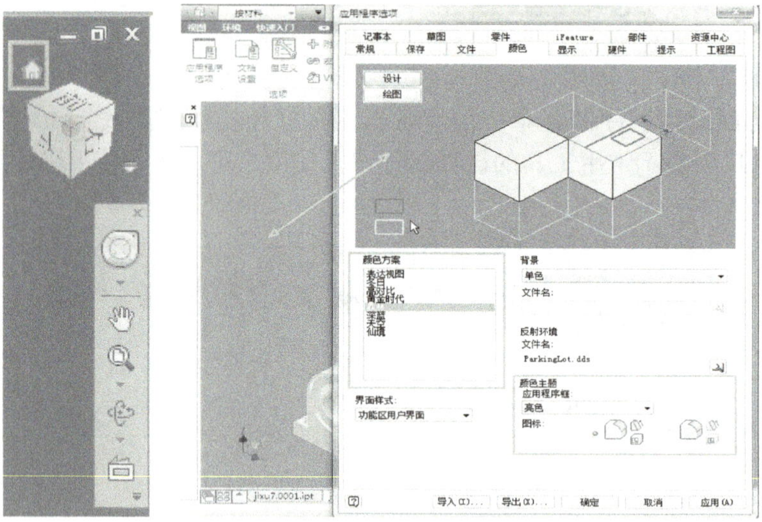

图 1-1-5 修改颜色设置

提示：除了可以更改图标外，用户还可以在“颜色”选项卡中使用“应用程序框”下拉列表框来设置应用程序框的颜色。

2. 软件的视图与导航工具

ViewCube 工具是一种可单击、可拖动的常驻界面，用户可以用它在模型的标准视图和等轴测视图之间进行切换，如图 1-1-6 所示。ViewCube 工具打开后，将在窗口一角以不活动状态显示在模型的上方。尽管 ViewCube 工具处于不活动状态，但在视图发生更改时仍可以提供对有关模型当前视点的直观反映。将鼠标悬停在 ViewCube 工具上方时，该工具会变为活动状态。此时，用户可以切换至其中一个可用的预设视图、滚动当前视图或更改至模型的主视图。

图 1-1-6 ViewCube 工具

ViewCube 工具可以以不活动状态或活动状态显示。当 ViewCube 工具处于不活动状态时，默认情况下显示为半透明状态，这样便不会遮挡模型的视图。当 ViewCube 工具处于活动状态时，显示为不透明状态，并且可能会遮挡模型当前视图中对象的视图。

提示：除了控制 ViewCube 工具在不活动时的不透明度级别之外，还可以控制它的大小、位置、默认方向并设置指南针工具是否显示。

指南针工具在 ViewCube 工具的下方并指示为模型定义的北向。可以单击指南针工具上的基本方向汉字以旋转模型，也可以单击并拖动其中一个基本方向汉字或指南针圆环绕视图中心以交互的方式旋转模型，如图 1-1-7 所示。

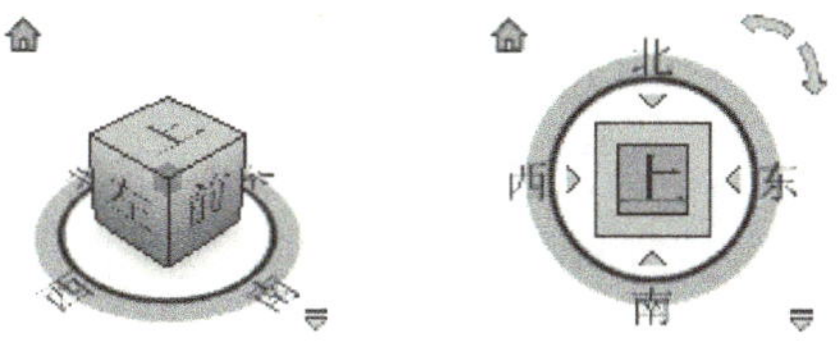

图 1-1-7 指南针工具

ViewCube 工具和指南针工具的显示与关闭可以在“应用程序选项”对话框中选择“显示”选项卡，单击“ViewCube…”按钮打开“ViewCube 选项”对话框，设置“在窗口创建时显示 ViewCube”和“在 ViewCube 下方显示指南针”复选框是否选中来完成，如图 1-1-8 所示。

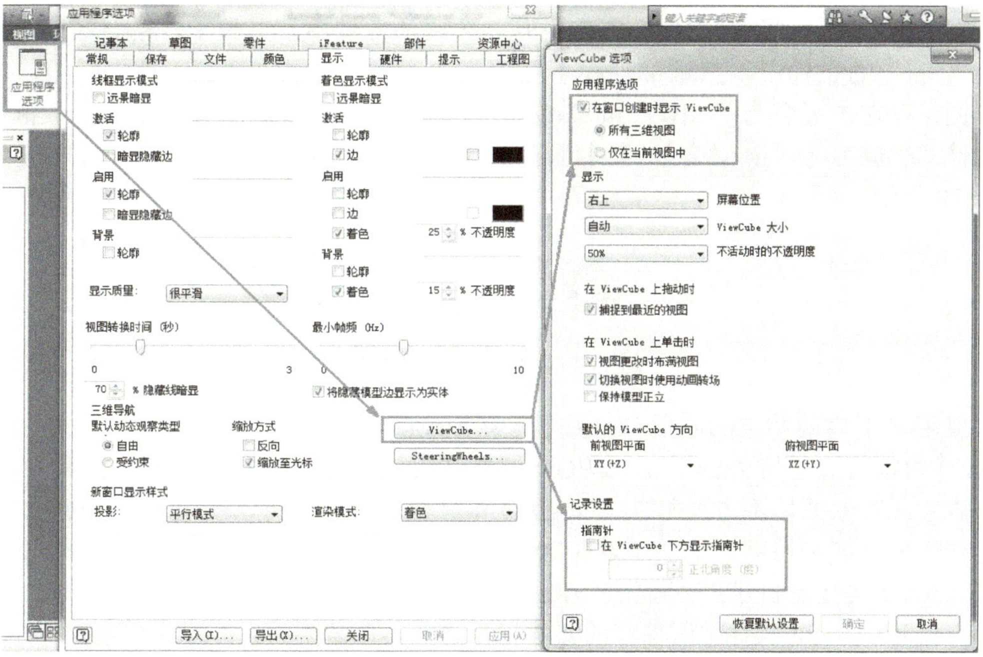

图 1-1-8 ViewCube 工具和指南针工具的显示与关闭

3. ViewCube 菜单的使用

使用 ViewCube 菜单可以恢复和定义模型的主视图、在视图投影模式之间切换以及更改 ViewCube 的互动行为和外观，如图 1-1-9 所示。ViewCube 菜单中包含以下选项。

1）转至主视图。恢复和模型一起保存的主视图。

2）平行模式。将当前视图切换至平行投影。

3）透视模式。将当前视图切换至透视投影。

4）带平行视图面的透视模式。将当前视图切换至透视投影，但在当前视图与在 ViewCube 中定义的视图对齐时，该模式无效果。

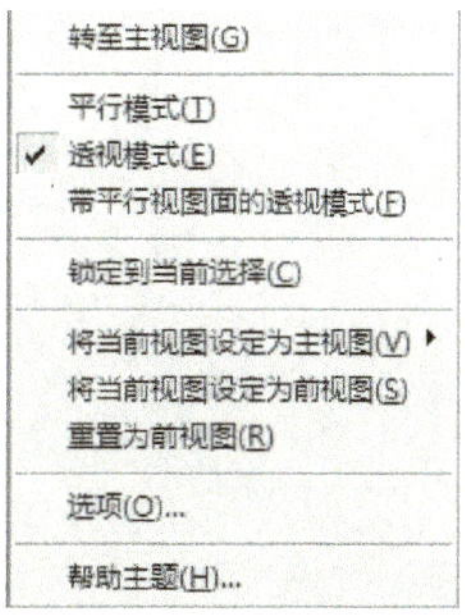

图 1-1-9 ViewCube 菜单

5）锁定到当前选择。当视图方向随 ViewCube 变化时，使用选定的对象定义视图中心。

6）将当前视图设定为主视图。基于当前视图定义模型的主视图。

7）将当前视图设定为前视图。基于当前视图定义模型的前视图。

8）重置为前视图。将模型的前视图重置到其默认方向。

9）选项。显示对话框，这样用户便可以调整 ViewCube 的外观和行为。

10）帮助主题。打开帮助系统并显示有关 ViewCube 的主题。

提示：如果用户单击 ViewCube 上的“主视图”按钮，则即使选中了“锁定到当前选择”复选项，视图也会返回到主视图。

二、软件模块的各组成部分及特点

1. 文件类型

Autodesk Inventor 将数据保存在多个互相关联的文件中。三维零件模型数据保存在扩展名为“.ipt”的文件中，三维部件模型数据保存在扩展名为“.iam”的文件中，二维工程图数据保存在扩展名为“.idw”和“.dwg”的文件中。Autodesk Inventor 还保留了表达视图文件（扩展名为“.ipn”），其中保存了已分解的部件和专门的部件视图的定义。如图 1-1-10 所示。

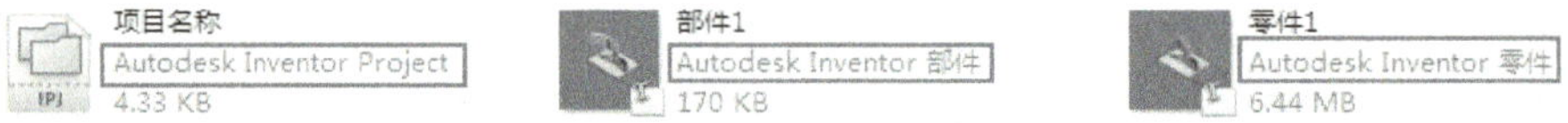

图 1-1-10　文件类型的图标

如果用户不需要将 AutoCAD 对象转换为 Autodesk Inventor 对象，则可以在 Autodesk Inventor 中直接打开任何 AutoCAD DWG（扩展名为“.dwg”）文件，然后查看、打印和测量文件内容。对象的显示方式与在 AutoCAD 中完全相同。另外，所有的 AutoCAD 数据都可以选择用于复制和粘贴。用户可以在 Autodesk Inventor 中打开 AutoCAD DWG 文件，然后将 AutoCAD 实体复制并粘贴到任意 Autodesk Inventor 草图中。

Autodesk Inventor 软件中所保存的文件相互之间存在链接关系，因此在创建零件较多的装配图时，有必要创建项目文件，如图 1-1-11 和图 1-1-12 所示。

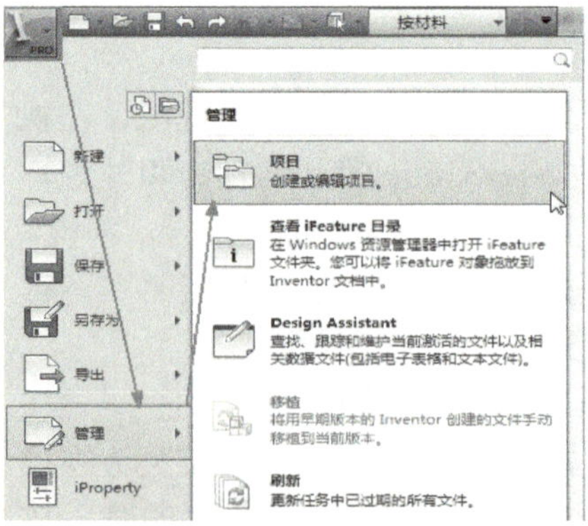

图 1-1-11　新建项目 1

提示：所保存的零件文件彼此相关联。当文件改变时，它的从属文件也随之更新。例如，当部件改变时，该部件的工程视图和表达视图将自动更新。

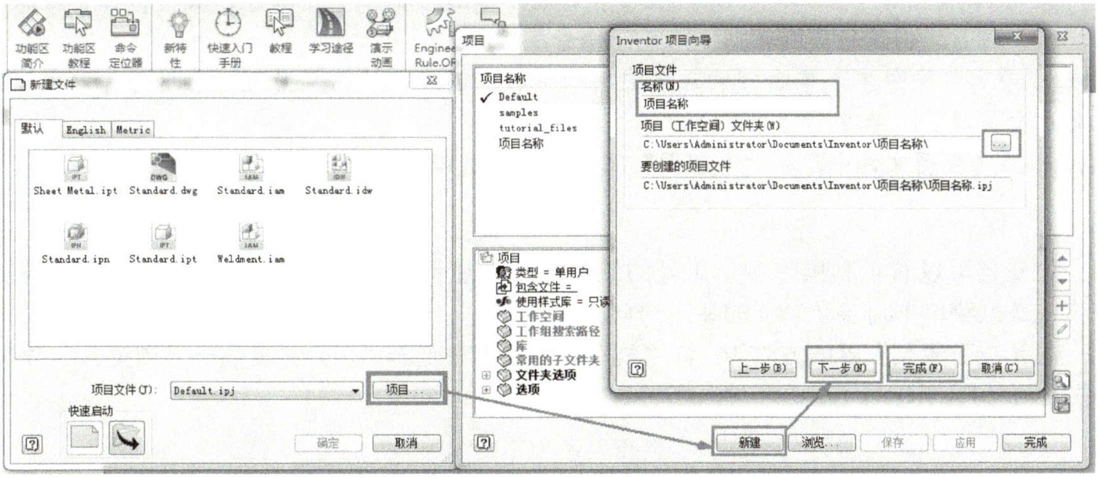

图 1-1-12　新建项目 2

2．草图环境

草图环境由草图平面（用来放置草图的平面）和创建、编辑、约束、标注几何图元的草图工具组成。当用户单击“草图”选项卡时，草图环境将被激活。如图 1-1-13 所示。

新建草图的方法如下。

1）新建一个新零件文件。默认情况下，草图已被创建并处于激活状态。

2）单击部件中其他零件的平面或工作平面。

3）拖动部件中其他零件的平面或工作平面。

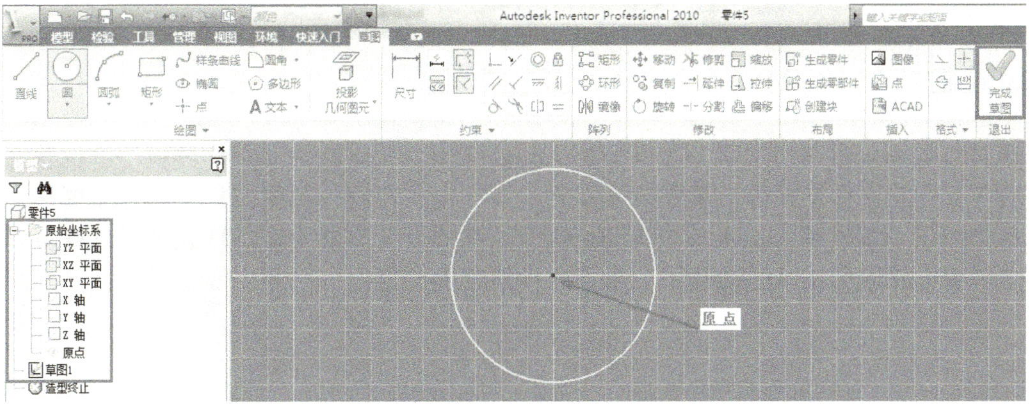

图 1-1-13　草图环境

提示：如果启动的不是新零件文件，请单击“草图”选项卡中的“完成草图”按钮，然后单击平面或工作平面来设定草图平面。

4）启动一个新部件文件。在软件窗口左侧的“浏览器”中单击“原始坐标系”菜单并使原工作平面可见，然后选择该工作平面作为草图平面。

5）在部件中，单击平面或工作平面。

提示：在下面 3 种情况下可以完成草图的创建。

① 在零件文件中，在“草图”选项卡中选择草图特征命令（拉伸、旋转、扫掠、放样或螺旋扫掠）。创建的草图可以作为截面轮廓或路径。

② 在部件文件中，单击“装配”选项卡中的“创建”按钮。当激活了零部件或顶级部件时也会关闭草图环境。

③ 在工程图文件中，从“工程图”工具面板中选择相关命令。

3. 浏览器

浏览器可以管理和操作各个工具的绘图数据，显示和隐藏选定的零部件，以及控制和提供在关联菜单中对各个功能的备用访问方法。

显示或隐藏浏览器的方法为：在“视图”选项卡中选择“用户界面”→“浏览器”命令，如图 1-1-14 所示。

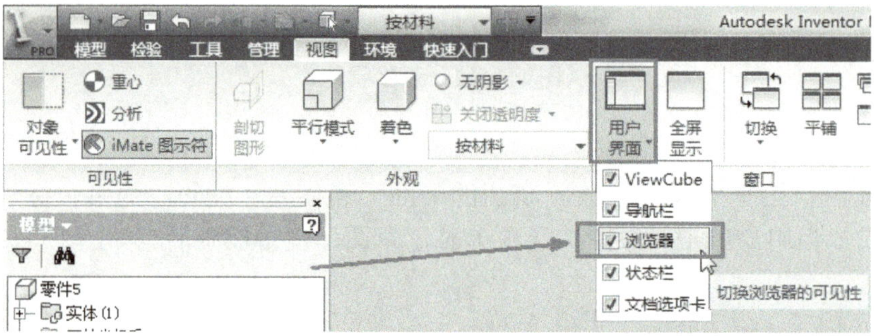

图 1-1-14 显示或隐藏浏览器

提示：浏览器列表中显示的图标会根据图形的属性自动创建，具体内容可参照附录 C。

导学小结

通过对本部分内容的学习，可以了解 Autodesk Inventor 软件的工作环境，掌握软件的组成模块、支持的文件格式等，掌握设计要素、设计工作流程、视图操作、浏览器图标元素参数等基础知识，掌握对 Autodesk Inventor 软件的基本设置方法及新增功能项。这样可以在以后的工作中很好地解决 Autodesk Inventor 软件出现的问题。

导学 2　基础零件图的创建

导学重点知识

※ 创建二维草图
※ 添加二维草图尺寸限制
※ 实体拉伸命令
※ 倒圆角命令
※ 创建工程图

零件图实例 1

根据如图 1-2-1 所示的零件，创建三维实体模型并生成工程图文件。

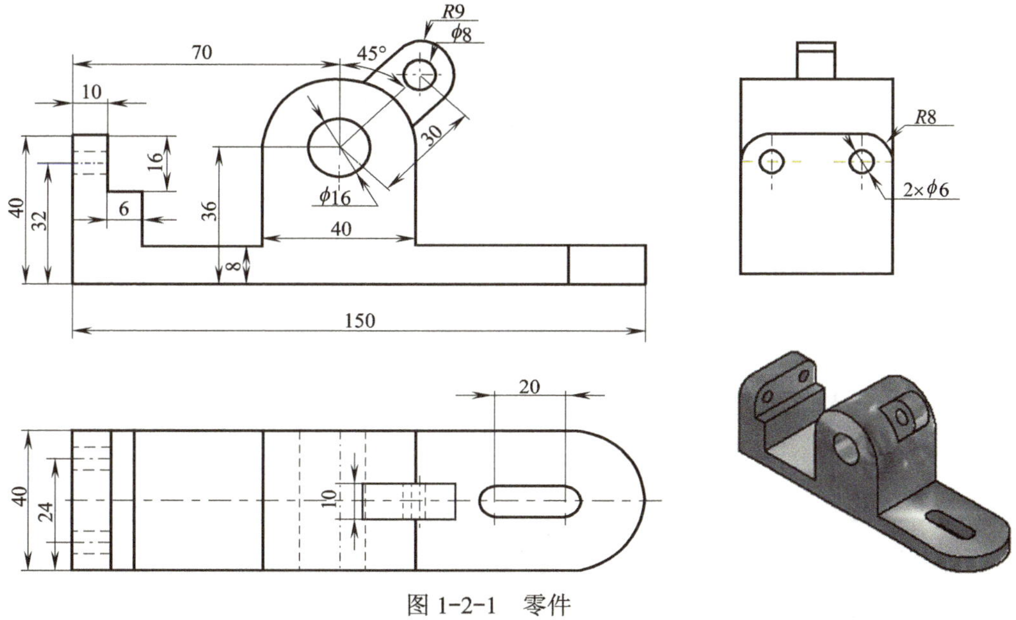

图 1-2-1　零件

具体操作方法如下。

1）在“快速访问工具栏”中选择菜单“新建”→“零件”命令新建一个零件，如

图 1-2-2 所示。

2）选择“草图”选项卡中的“直线”或“矩形”命令，在绘图区绘制零件草图。底部轮廓长为 150mm，宽为 8mm。单击“草图”选项卡中的“圆”按钮，移动鼠标至草图中点，使其自动捕捉到圆心位置，该圆的圆心应垂直于底部矩形轮廓且距底边距离为 36mm，圆的直径为 40mm。选择“直线”命令绘制草图中的其他边缘轮廓，按 <D> 键使用“尺寸约束”命令，为主要轮廓线添加尺寸约束，如图 1-2-3 所示。

图 1-2-2　新建零件文件

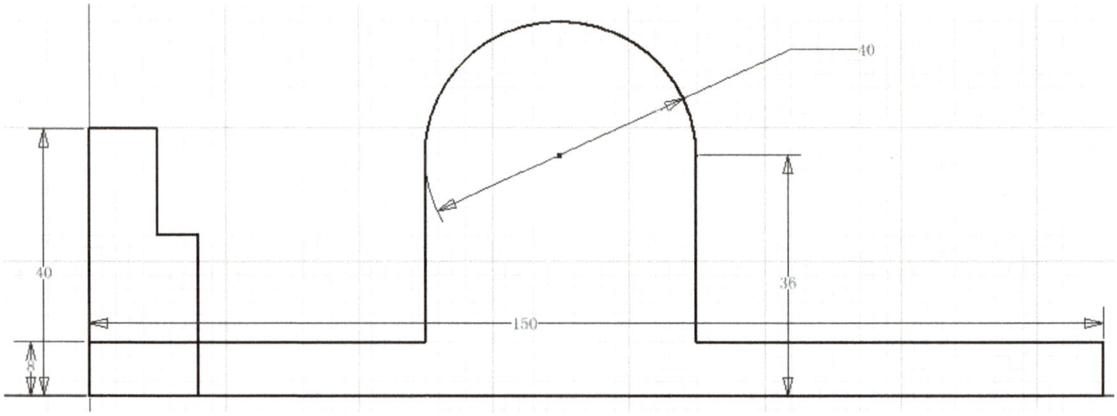

图 1-2-3　零件草图轮廓

提示：在绘制草图的过程中，如果有多余的线条相交重合，可以使用工具条中的“修剪”命令对多余线条进行修剪。

3）单击“草图”选项卡中的“圆”按钮，在圆的中心自动捕捉圆心，绘制直径为 16mm 的圆，如图 1-2-4 所示。

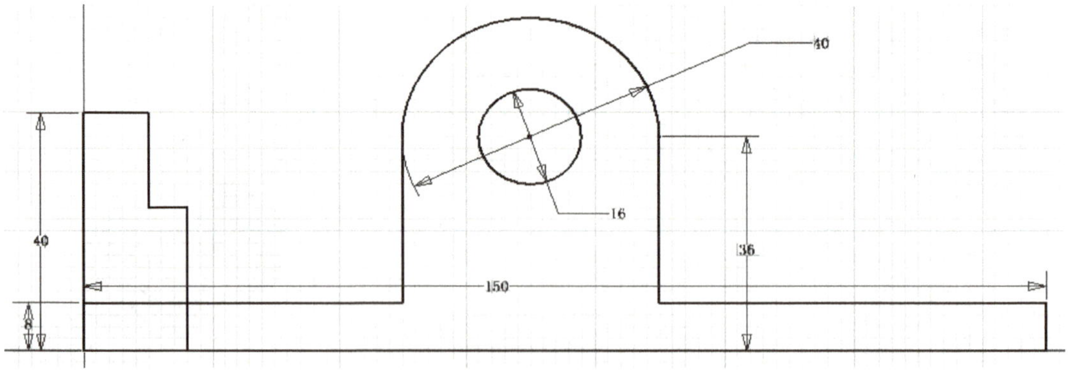

图 1-2-4　在轮廓上绘制圆

4）单击“草图”选项卡中的“完成草图”按钮，完成整个零件草图的绘制。

5）单击“模型”选项卡中的“拉伸”按钮，依次选择要拉伸的截面轮廓，设置拉伸的距离为 40mm，向一侧拉伸截面轮廓，如图 1-2-5 所示。拉伸完成的效果如图 1-2-6 所示。

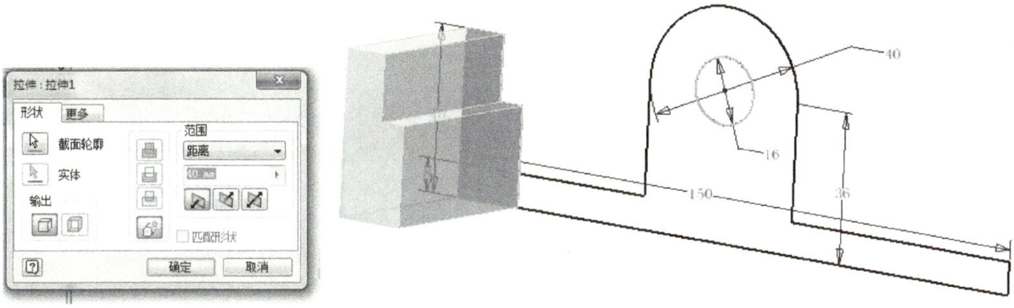

图 1-2-5　拉伸截面轮廓

图 1-2-6　拉伸完成效果

6）单击“模型”选项卡中的“圆角”按钮倒圆角，设置倒角半径分别为 20mm 和 8mm，效果分别如图 1-2-7 和图 1-2-8 所示。

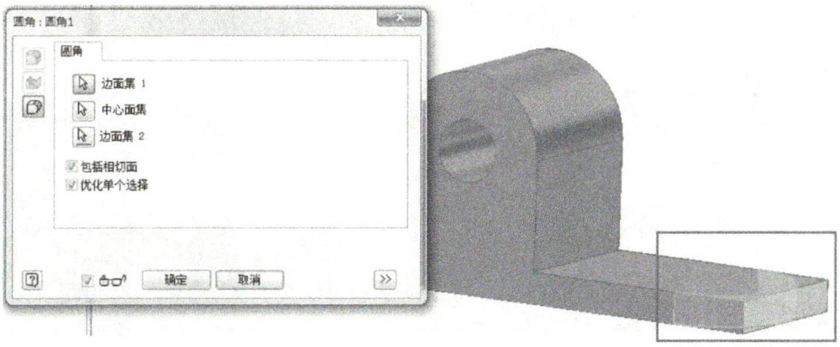

图 1-2-7　倒圆角 1

图 1-2-8　倒圆角 2

7）调整视图到实体的左侧面，单击鼠标右键，选择“新建草图”命令新建草图，单击“草图”选项卡中的“圆”按钮，在左视图上绘制两个直径为 6mm 的圆，按〈D〉键进入

“尺寸约束”命令状态，将该圆的圆心与实体边缘倒角弧的圆心重合。圆心在水平方向与外轮廓的距离为 8mm，如图 1-2-9 所示。

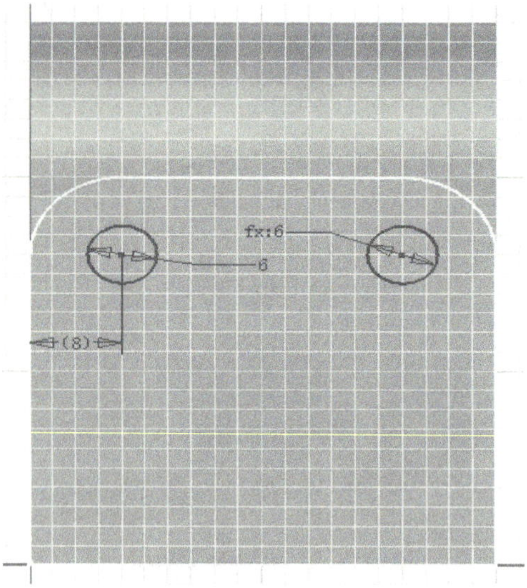

图 1-2-9　在新建草图上绘制圆

8）单击“模型”选项卡中的“拉伸”按钮，对已绘制的 2 个小圆进行拉伸处理，拉伸模式选择第二种“求差”，参数设置如图 1-2-10 所示。拉伸最终效果如图 1-2-11 所示。

图 1-2-10　拉伸设置

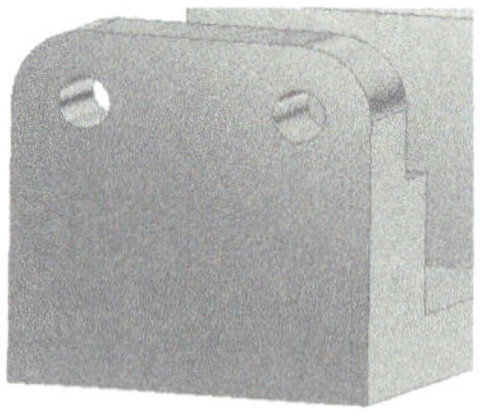

图 1-2-11　将圆拉伸后的效果

9）调整空间视图，在支架零件的俯视图单击鼠标右键，选择“新建草图”命令新建草图，单击“草图”选项卡中的“直线”或“圆弧”按钮绘制草图，具体尺寸如图 1-2-12 所示。完成效果如图 1-2-13 所示。

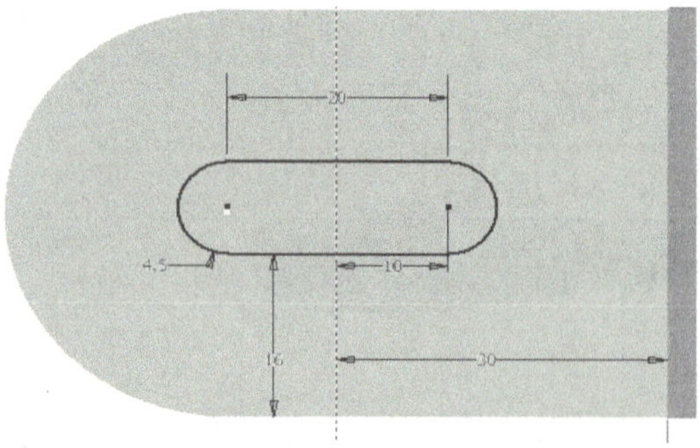

图 1-2-12　绘制二维草图

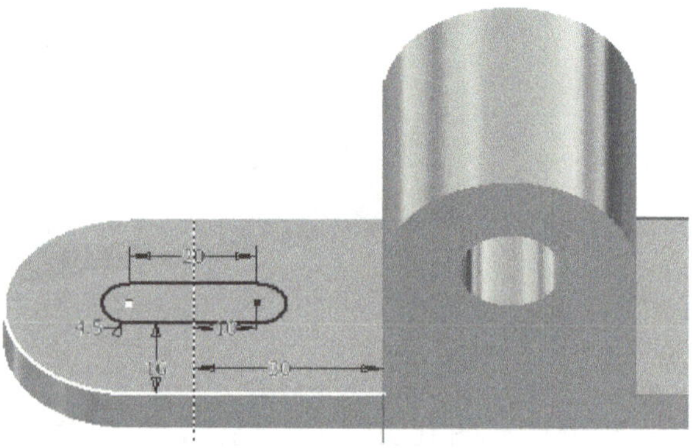

图 1-2-13　完成草图后的效果

10）单击“模型”选项卡中的“拉伸”按钮，对已绘制的二维草图进行拉伸处理，拉伸模式选择第二种“求差集”，拉伸范围选择“贯通”，如图 1-2-14 所示。

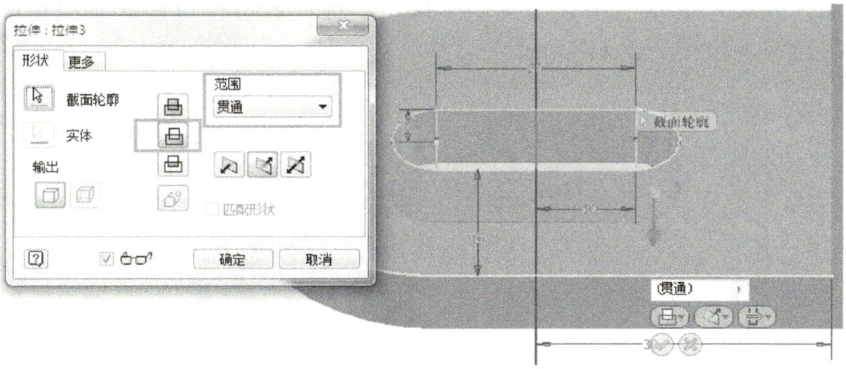

图 1-2-14 拉伸草图

11）单击“模型”选项卡中的“平面”按钮，单击零件的左侧面，创建一个平面，用鼠标拖动平面上的圆形显示标记，将平面移动 20mm 至零件的中心线上，如图 1-2-15 所示。

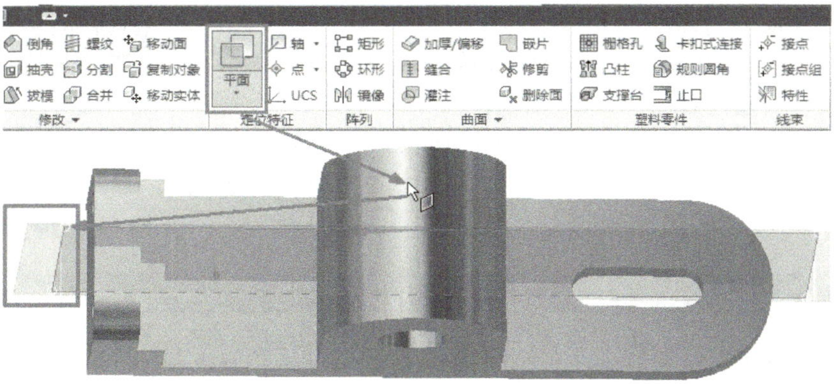

图 1-2-15 创建平面

12）在平面上单击鼠标右键，选择“新建草图”命令，单击“草图”选项卡中的“圆”“直线”按钮绘制草图，在绘制过程中按<D>键为草图添加尺寸，相关尺寸及效果如图 1-2-16 所示。

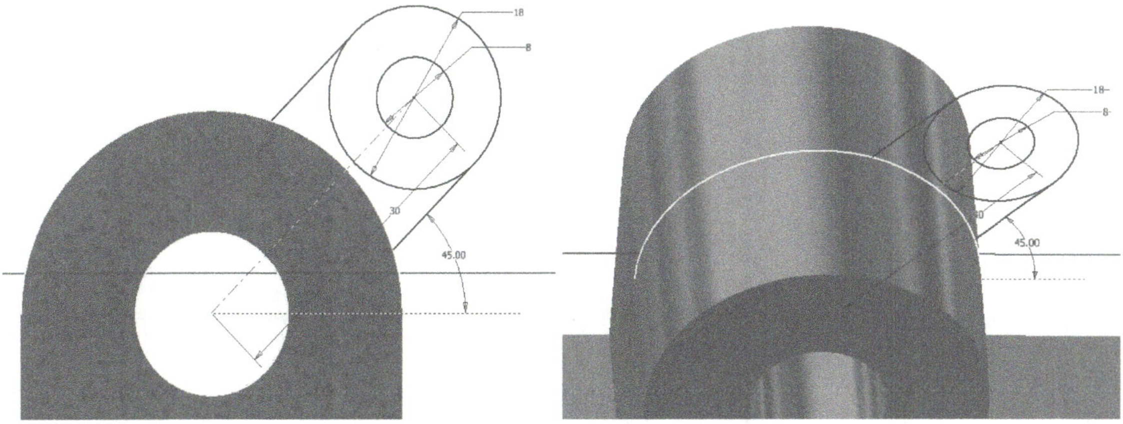

图 1-2-16 创建截面草图效果

提示：在创建截面草图时，整体模型不便于观察，可按 <F7> 键，将模型的部分截面隐藏，便于在内部进行观察并绘图。

13）单击“模型”选项卡中的“拉伸”按钮，选择要进行拉伸的截面轮廓，设置拉伸相关参数进行拉伸，如图 1-2-17 所示。

图 1-2-17　草图拉伸效果

14）使用“动态观察”工具，对所建模型进行视角的调整，完成最终的零件，效果如图 1-2-18 所示。

图 1-2-18　零件最终效果

提示：按住 <F4> 键，使用鼠标拖动绘图区中的模型，可以直接进入到“动态观察”工具状态下。

15）根据零件图创建工程图。在“快速访问工具栏”中选择菜单“新建”→“工程图”命令创建一个工程图文件，如图 1-2-19 所示。

图 1-2-19　创建工程图文件

16）创建基础视图。选择并打开要投影的零件文件，如图 1-2-20 所示。设置投影工程图视图的方向、显示方式和比例，在图样区域单击鼠标左键，生成投影视图，如图 1-2-21 所示。

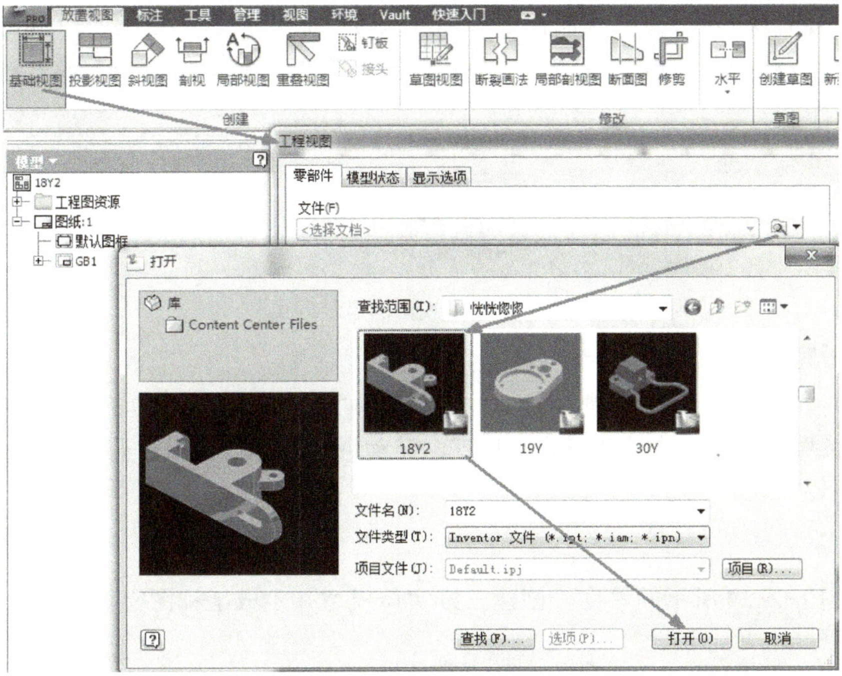

图 1-2-20　创建基础视图

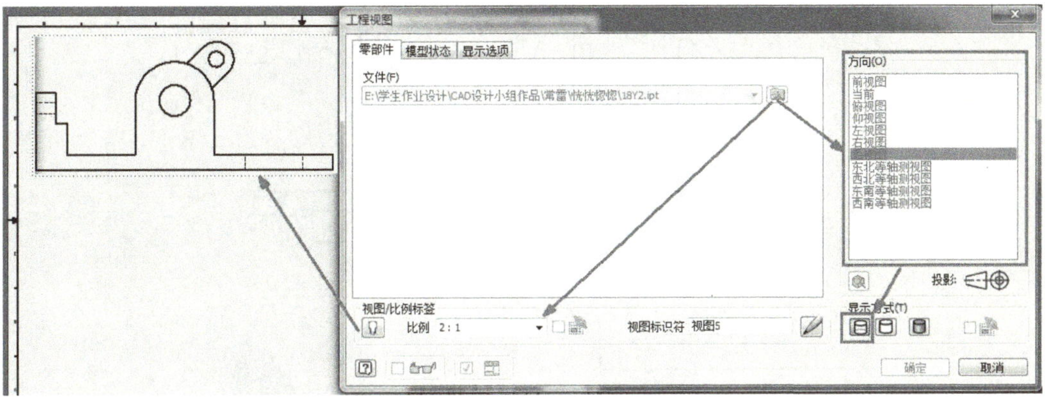

图 1-2-21　设置基础视图的相关参数

17）在视图上单击鼠标右键选择“检索尺寸”命令，用鼠标左键单击零件图形，视图中自动将创建草图时的所有尺寸都显示出来。单击“选择尺寸”按钮，逐一选择要保留在当前视图中的尺寸标注，即完成对工程图的尺寸标注，如图 1-2-22 所示。

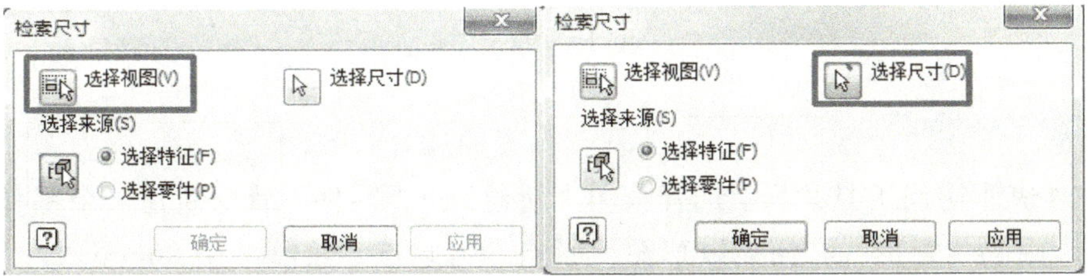

图 1-2-22　检索尺寸

18）使用同样的方法检索其他视图的标注尺寸。在设置基础视图时，双击已完成的视图可以重新修改该视图的显示方式为“显示隐藏线”“不显示隐藏线”或“着色”，如图1-2-23 所示。

图 1-2-23　视图的显示方式

19）最后完成的零件如图 1-2-1 所示。

提示：在保留好的文字上双击鼠标左键，可以进入到标注文字的修改面板，对文字进行修改。使用鼠标左键拖动视图虚线框可以移动调整投影视图图形的位置。

零件图实例 2

根据如图 1-2-24 所示的零件，创建三维实体模型并生成工程图文件。

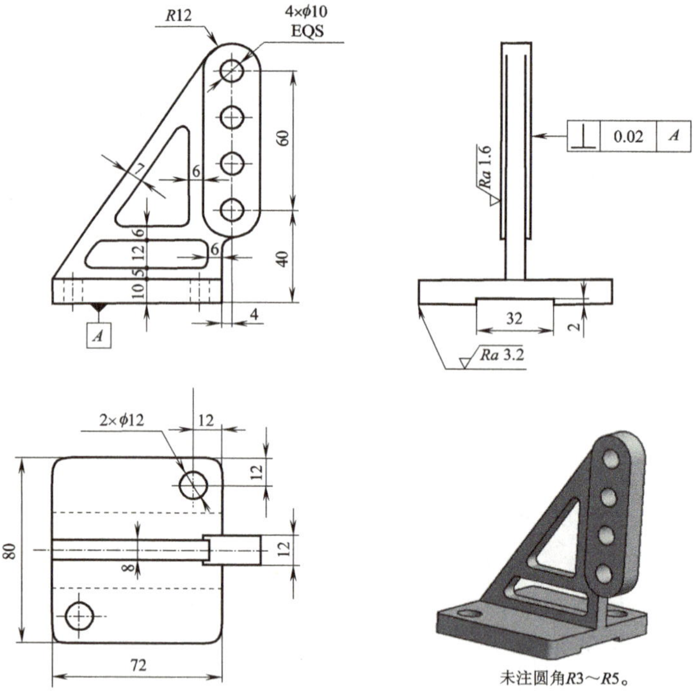

图 1-2-24　零件

具体操作方法如下。

1）在“快速访问工具栏”中选择菜单“新建”→“零件”命令新建一个零件。单击“草图”选项卡中的“矩形”按钮，以草图“原点”为起点，绘制一个 80mm×72mm 的矩形，单击“水平约束”“垂直约束”按钮将矩形约束到草图的“原点”，如图 1-2-25 所示。

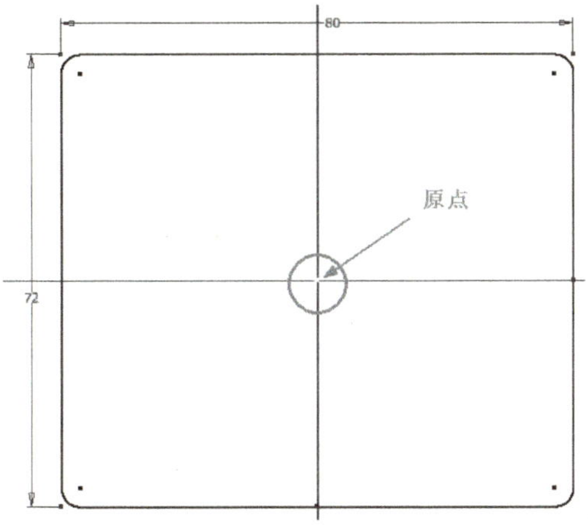

图 1-2-25　新建草图

2）完成草图后，单击“模型”选项卡中的“拉伸”按钮将矩形拉伸为实体，拉伸高度为 80mm，如图 1-2-26 所示。

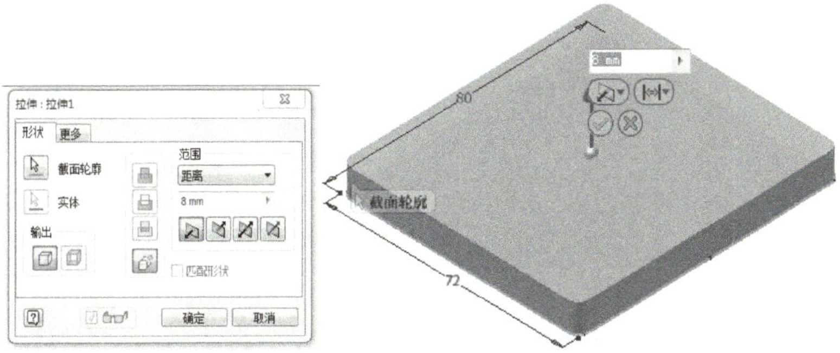

图 1-2-26　拉伸矩形

3）在实体上方新建草图，单击“草图”选项卡中的“圆”按钮创建两个直径为 12mm 的圆，按 <D> 键进入尺寸约束状态，将圆边线与矩形两边线进行自动约束，圆心与矩形两边线的距离均为 12mm，如图 1-2-27 所示。

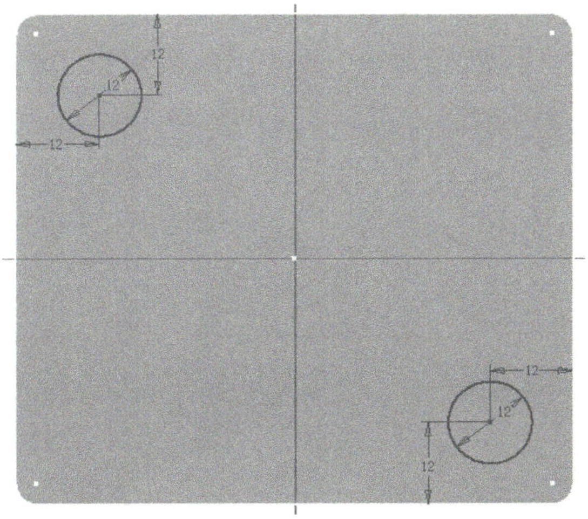

图 1-2-27　绘制 ϕ12mm 的圆

4）完成草图后，单击“模型”选项卡中的“拉伸”按钮将圆拉伸，拉伸范围选择“贯通”，如图 1-2-28 所示。

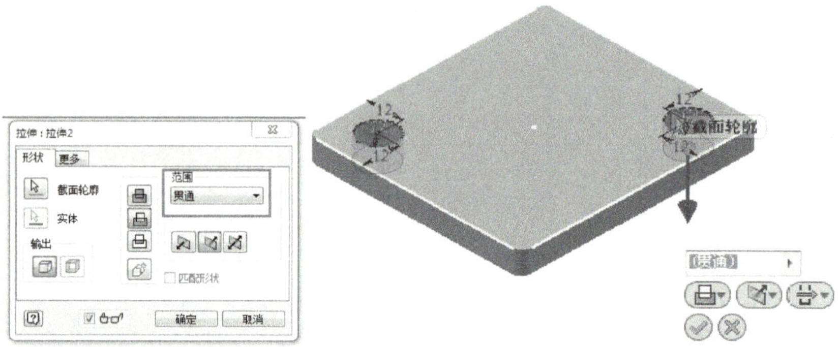

图 1-2-28　拉伸两个圆

5）将空间视图调整为“后”视图，在零件的矩形底面上新建草图，单击“草图”选项卡中的“直线”按钮绘制 2 条直线，直线两端点与实体边缘线相连。按 <D> 键进入尺寸约束状态，将直线与草图原点进行约束，距离均为 16mm，如图 1-2-29 所示。

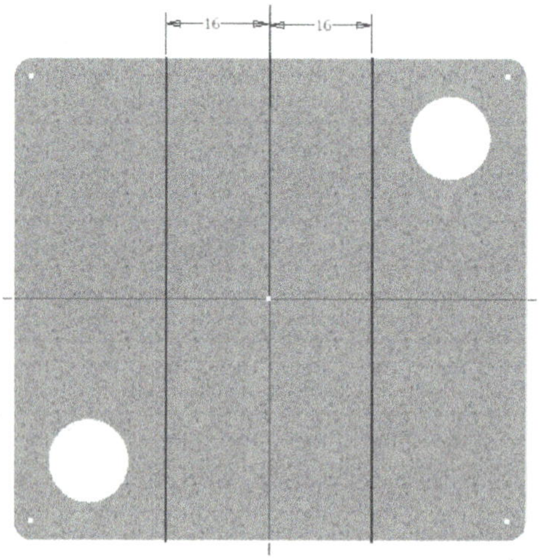

图 1-2-29　绘制直线

6）完成草图后，单击“模型”选项卡中的“拉伸”按钮将组成的截面拉伸 2mm 的高度，如图 1-2-30 所示。

图 1-2-30　拉伸截面

7）在“浏览器”窗口中选择菜单“原始坐标系”→“XZ 平面”命令创建一个新平面，如图 1-2-31 所示。

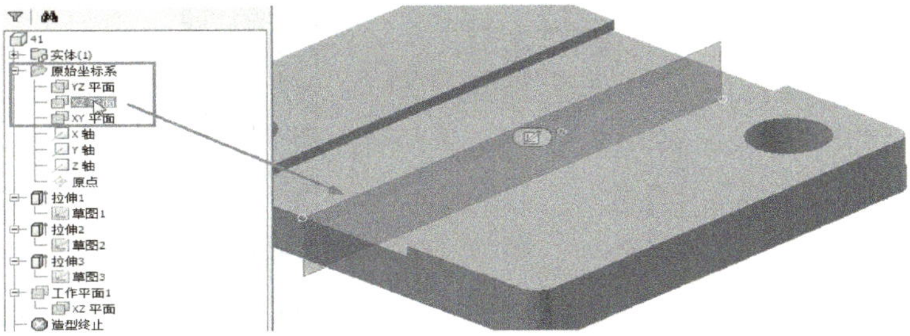

图 1-2-31　创建 XZ 平面

8）将空间视图调整为“下”视图，在零件的右侧新建草图，单击“草图”选项卡中的“圆”按钮创建 4 个直径为 10mm 的小圆。按 <D> 键进入尺寸约束状态，分别将草图中最上方两个圆的圆心和最下方两个圆的圆心进行尺寸约束，距离均为 20mm，最上方与最下方圆心距约束为 60mm。单击“圆弧”按钮分别以草图中最上方小圆的圆心和最下方小圆的圆心为圆心绘制同心圆，大圆的直径为 24mm。单击“直线”按钮绘制两条直线，分别与两个大圆相切，如图 1-2-32 所示。

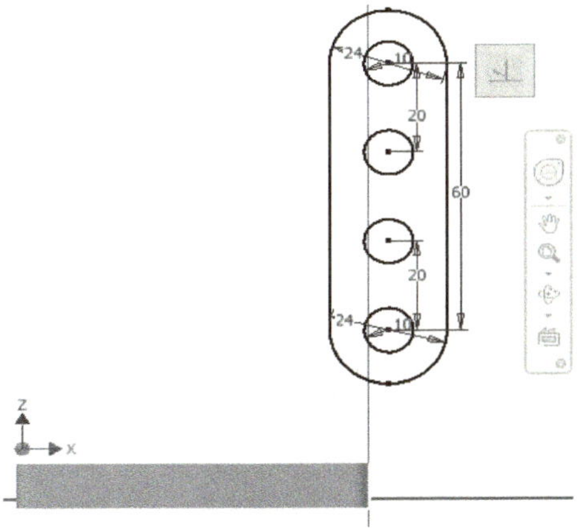

图 1-2-32　新建草图

9）完成草图后，单击“模型”选项卡中的“拉伸”按钮将组成的截面拉伸 12mm 的距离，如图 1-2-33 所示。

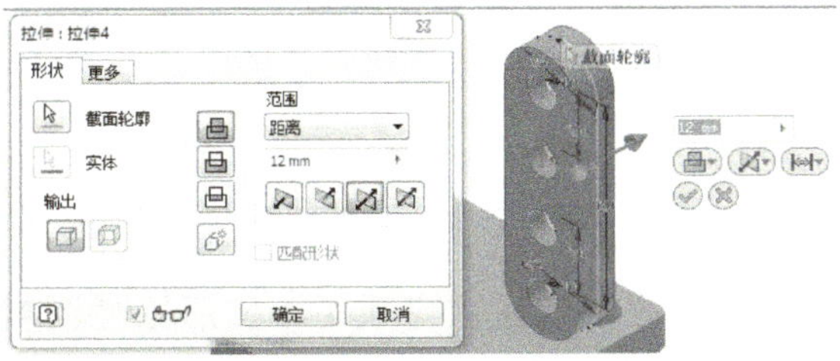

图 1-2-33　拉伸截面轮廓

10）将空间视图调整为“下”视图，在零件的右侧新建草图，单击“草图”选项卡中的“投影几何图元”按钮，在已创建的实体上投影出 4 个“投影回路”。再单击“直线”“圆弧”按钮绘制草图，如图 1-2-34 所示。

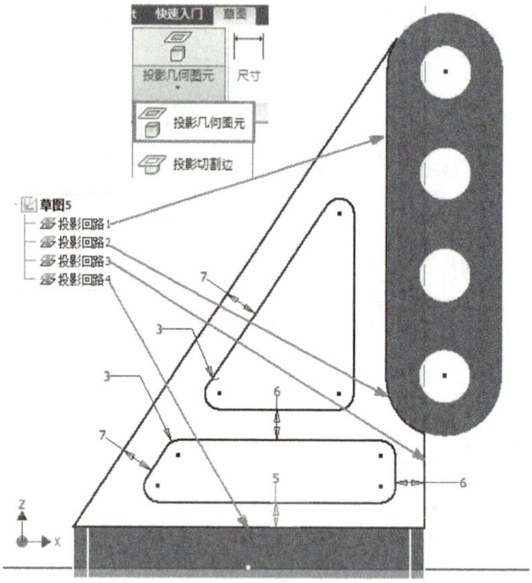

图 1-2-34　新建草图

11）完成草图后，单击“模型”选项卡中的“拉伸”按钮，将组成的截面拉伸 8mm 的距离，如图 1-2-35 所示。

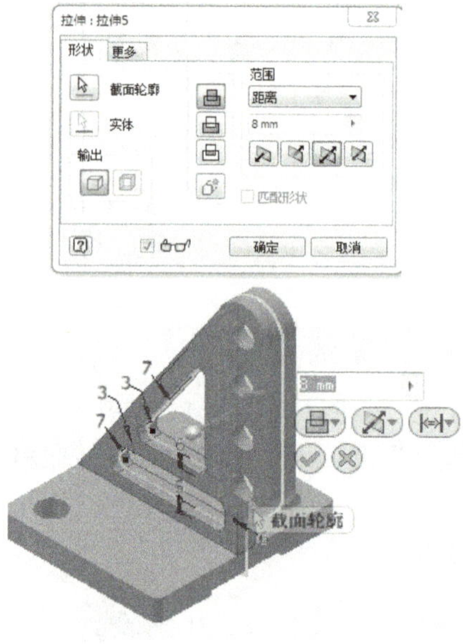

图 1-2-35　拉伸截面

12）至此，整个零件的实体模型就建立完成了，按照零件图实例 1 中创建零件工程图的方法创建该零件的三视图工程图样，如图 1-2-24 所示。

零件图实例 3

根据如图 1-2-36 所示的零件，创建三维实体模型并生成工程图文件。

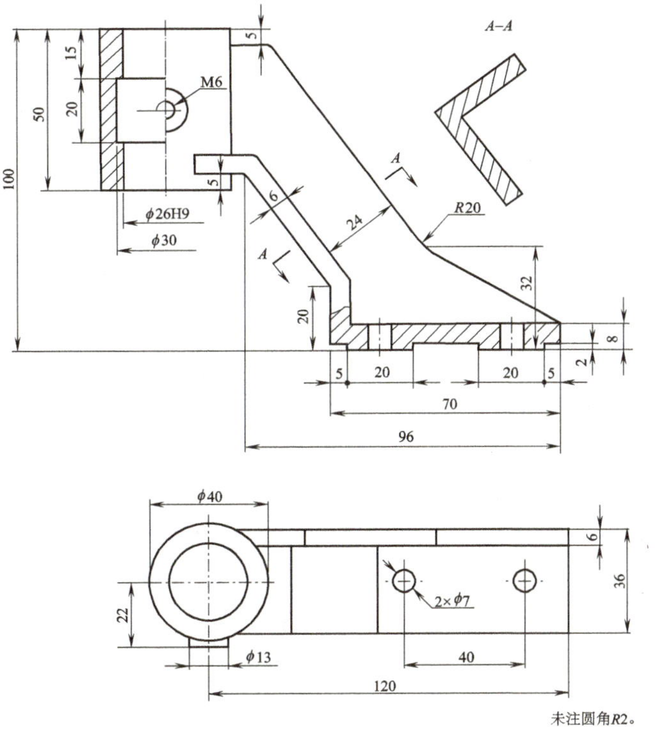

图 1-2-36　零件

具体操作方法如下。

1）在“快速访问工具栏”中选择菜单“新建”→“零件”命令新建一个零件。单击“草图”选项卡中的“圆”按钮，绘制 2 个同心圆，直径分别为 26mm 和 40mm，如图 1-2-37 所示。单击“模型”选项卡中的“拉伸”按钮，将截面拉伸成实体，拉伸距离为 50mm，如图 1-2-38 所示。

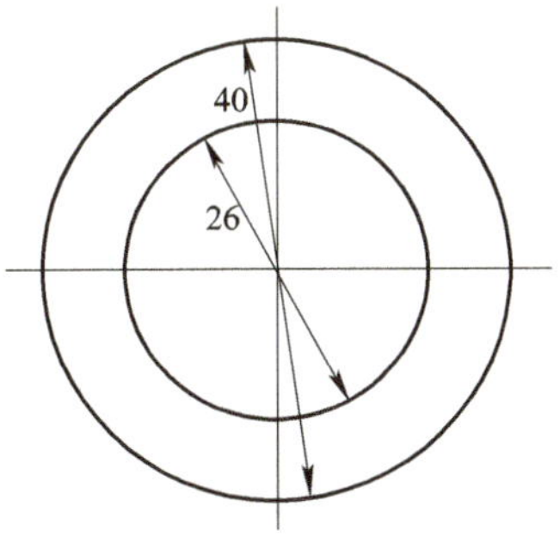

图 1-2-37　新建草图

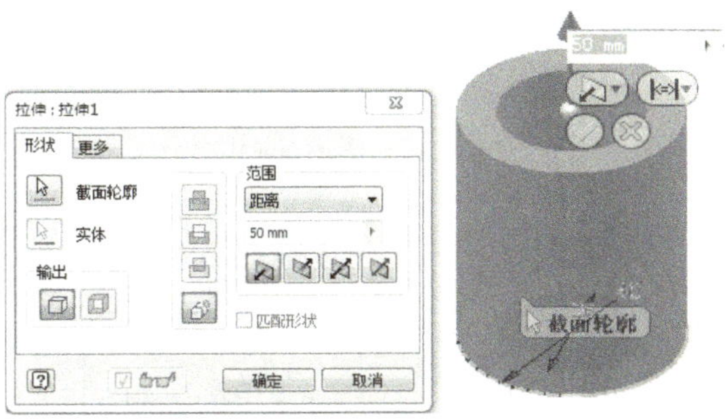

图 1-2-38　拉伸截面

2）在“浏览器”窗口中选择菜单“原始坐标系”→“XY 平面”命令创建一个新平面并且拖动到原点处。在平面上新建草图，按 <F7> 键进入图形的剖切面，单击“圆”按钮在圆心处绘制直径为 30mm 的圆，如图 1-2-39 和图 1-2-40 所示。

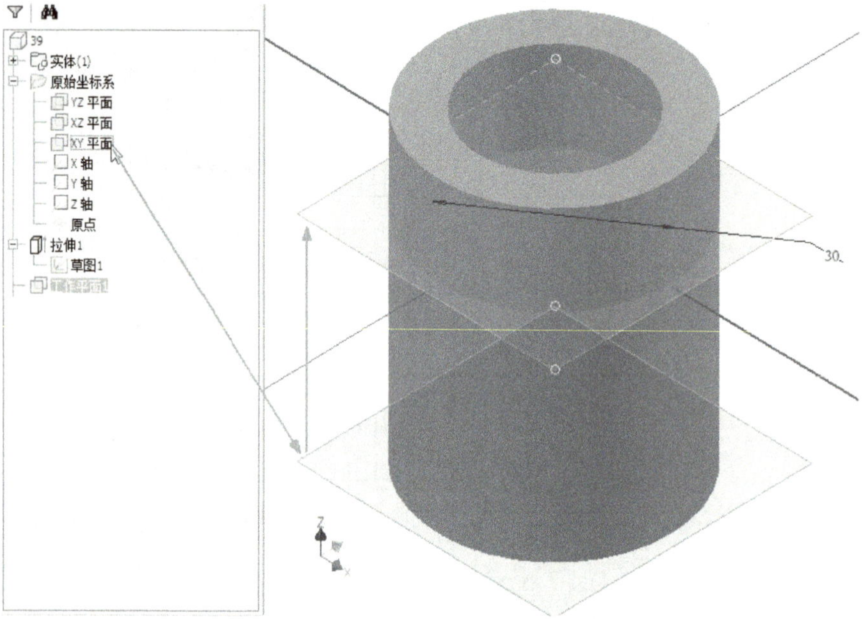

图 1-2-39　创建新平面

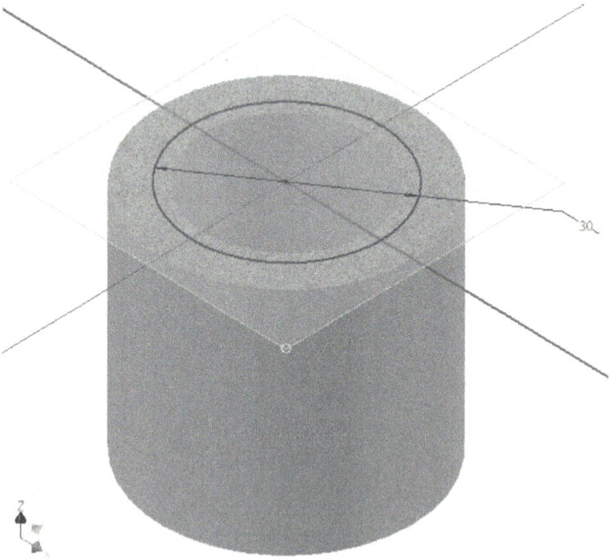

图 1-2-40　进入剖切面

3）完成草图后，单击“模型”选项卡中的“拉伸”按钮将组成的截面拉伸 20mm 的距离，拉伸模式选择“求差”，如图 1-2-41 所示。

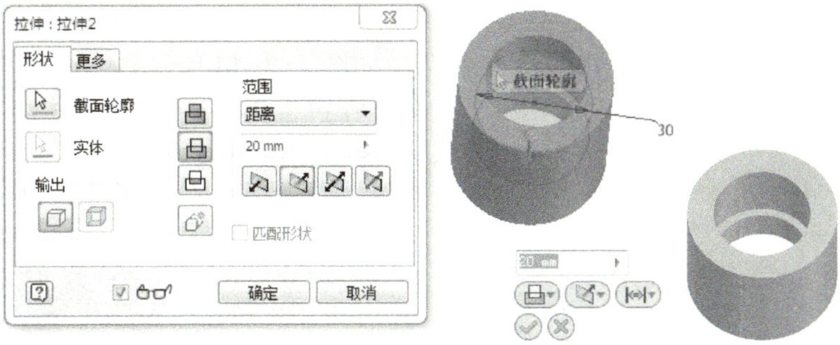

图 1-2-41　拉伸截面

提示：在已有实体的内部新建草图时，因为实体本身不透明，所以很难看到草图的绘制是否精确。这时按 <F7> 键可以进入到实体的剖切面中，自动隐藏一部分实体，以方便绘图。

4）在“浏览器”窗口中选择菜单“原始坐标系”→“XZ 平面”命令创建一个新平面，在平面上新建草图，单击“草图”选项卡中的“圆”按钮绘制一个直径为 13mm 的圆，如图 1-2-42 所示。

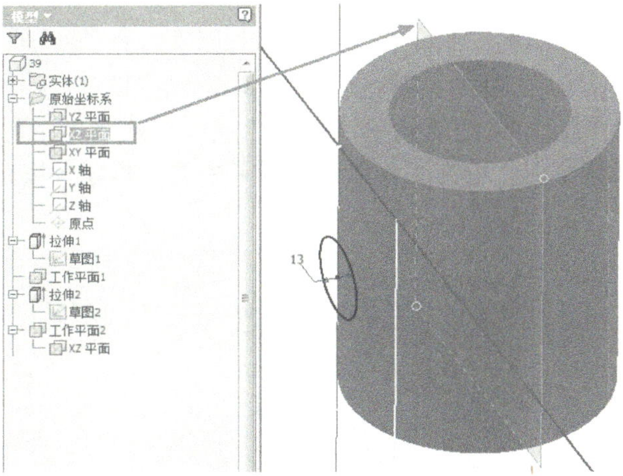

图 1-2-42　新建草图

5）完成草图后，单击“模型”选项卡中的“拉伸”按钮将圆拉伸成实体，拉伸范围设置为“到表面或平面”，如图 1-2-43 所示。

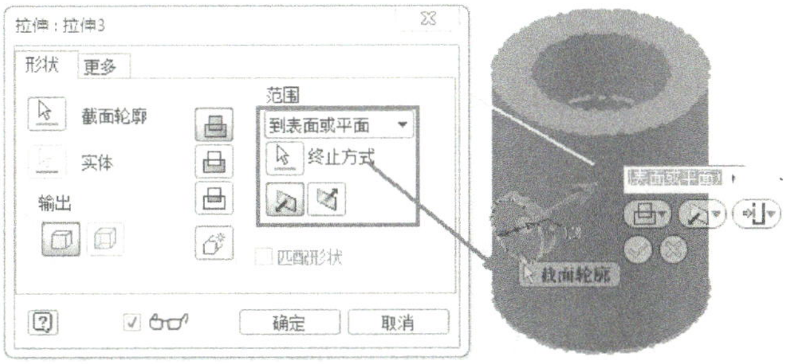

图 1-2-43　拉伸到平面

6）调整空间视图，在拉伸完的实体侧面新建草图，单击“模型”选项卡中的“点”按钮在实体水平与垂直等分线交点处创建一个点，如图 1-2-44 所示，单击“孔”按钮，“放置”为“从草图”，“大小”为“M6”，“终止方式”为“到”，为该零件实体打孔，如图 1-2-45 所示。

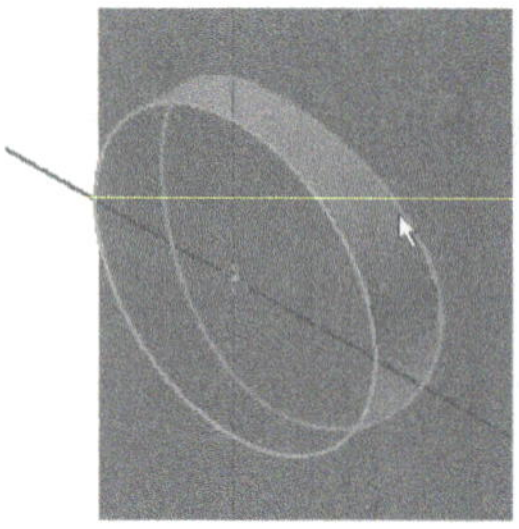

图 1-2-44　新建草图

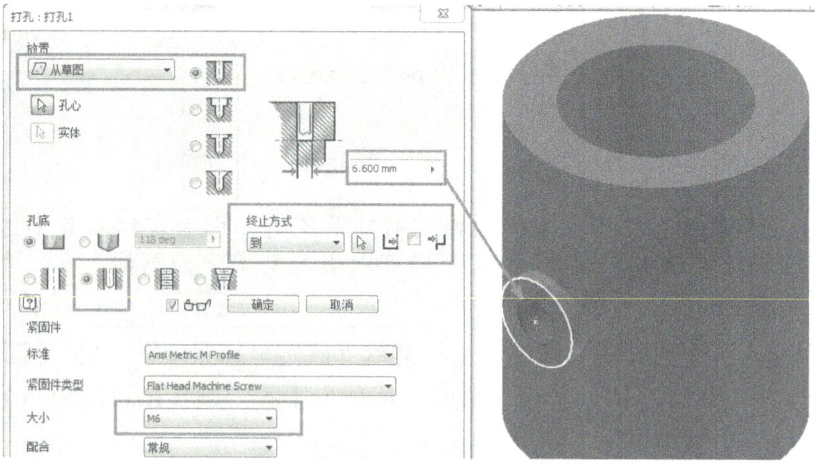

图 1-2-45　拉伸到平面

7）调整空间视图为“前”视图，新建草图，单击“草图”选项卡中的“投影几何图元”按钮将实体的 4 个边投影出可用边线轮廓。单击“模型”选项卡中的“创建二维草图”按钮，在新建的平面上新建草图。单击“草图”选项卡中的“直线”按钮绘制零件底台，如图 1-2-46 所示。

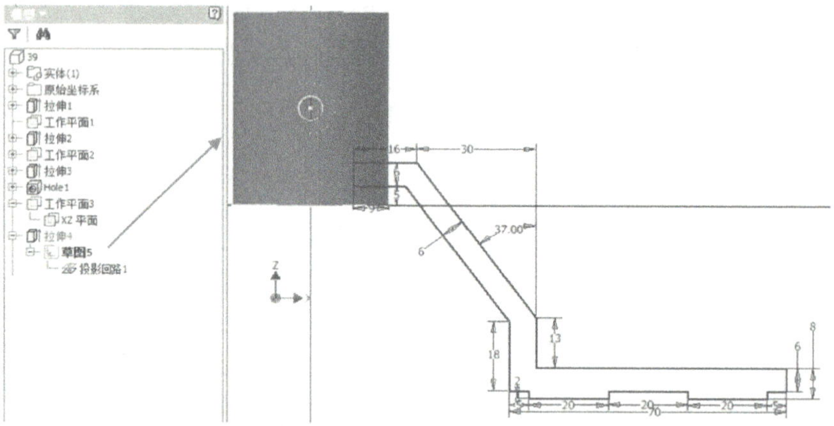

图 1-2-46　创建底台草图

提示：单击“模型”选项卡中的“平面”按钮可以以 12 种方式来创建平面。在创建平面的过程中，可以通过使用鼠标拖动平面的方法将平面进行移动和偏移，也可以通过拖动平面的 4 个边角图标，来修改平面的大小。

8）完成草图后，单击“模型”选项卡中的“拉伸”按钮将组成的截面拉伸 30mm 的距离，如图 1-2-47 所示。

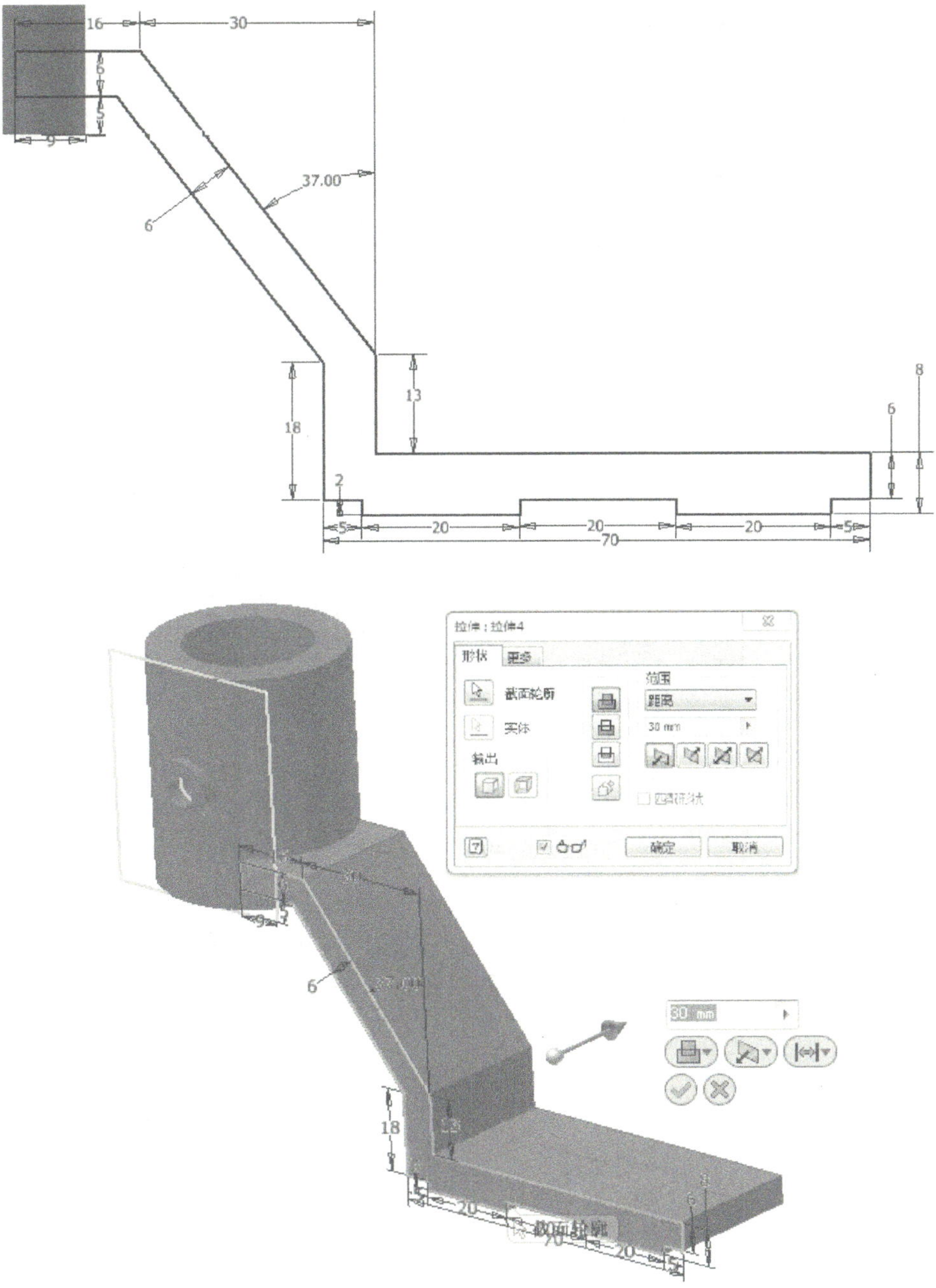

图 1-2-47　拉伸截面

9）调整空间视图到“前”视图，在零件底台上方新建草图，单击“草图”选项卡中的“投影几何图元”按钮创建 4 个边线，单击“圆”按钮创建 2 个直径为 7mm 的圆，圆心距为 40mm，圆心到投影边缘的距离分别为 8.5mm 和 12mm，如图 1-2-48 所示。

10）完成草图后，单击“模型”选项卡中的“拉伸”按钮将绘制好的 2 个圆拉伸，拉伸范围选择“贯通”，拉伸模式选择“求差”，如图 1-2-49 所示。

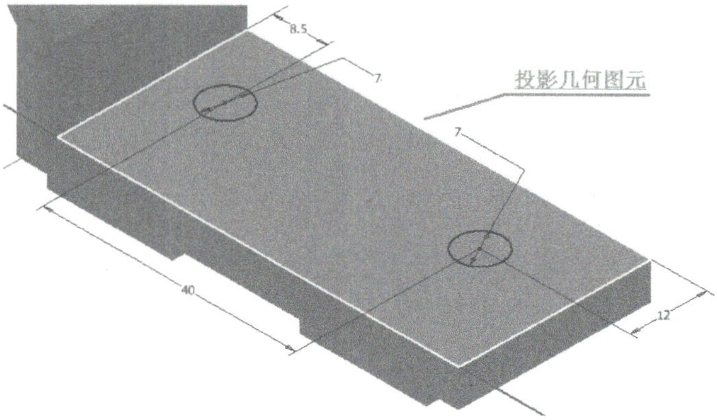

图 1-2-48　新建草图

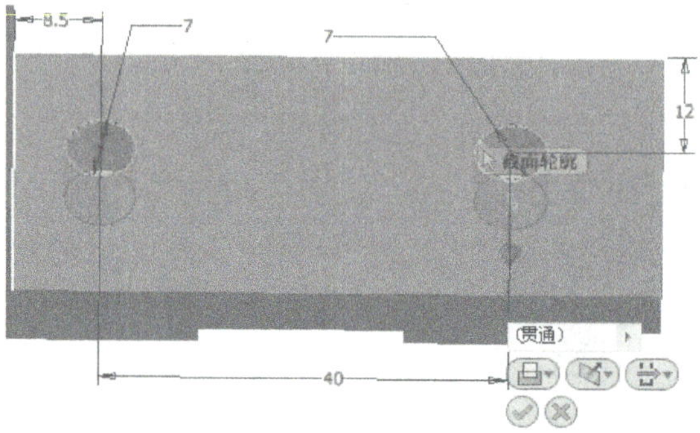

图 1-2-49　拉伸草图

11）调整空间视图到“上”视图，在零件底台侧面新建草图，单击“草图”选项卡中的“投影几何图元”按钮创建相应的边线，单击“直线”按钮绘制截面轮廓。按 <D> 键进行尺寸约束完成草图。单击“模型”选项卡中的“拉伸”按钮，将截面轮廓拉伸为实体，如图 1-2-50 所示。

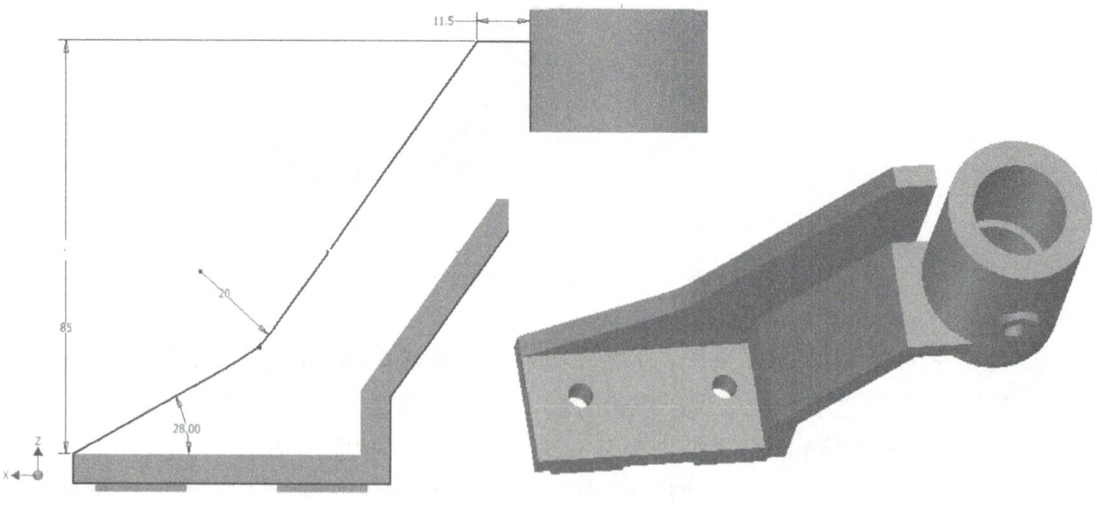

图 1-2-50　绘制截面轮廓并拉伸

12）在零件实体上新建草图，单击“草图”选项卡中的“投影几何图元”按钮将截面轮廓投影出边线，如图 1-2-51 所示。

13）单击“模型”选项卡中的“拉伸”按钮拉伸截面为实体，零件最终效果如图 1-2-52 所示。

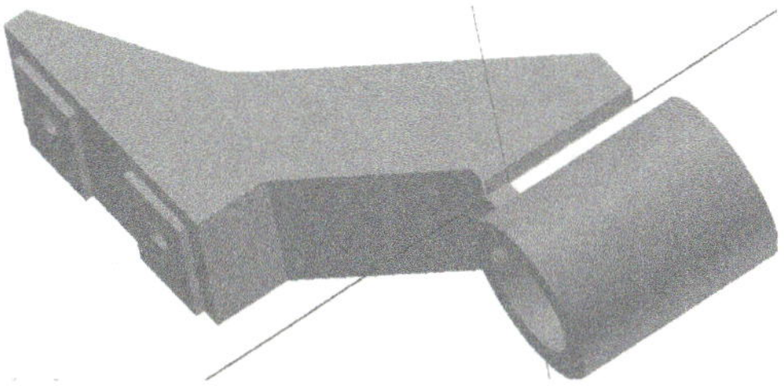

图 1-2-51　将截面轮廓投影

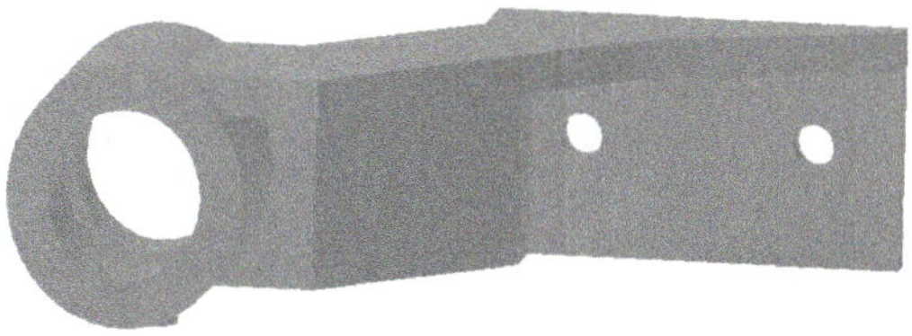

图 1-2-52　零件最终效果

扳手实例

根据如图 1-2-53 所示的零件，创建三维实体模型并生成工程图文件。

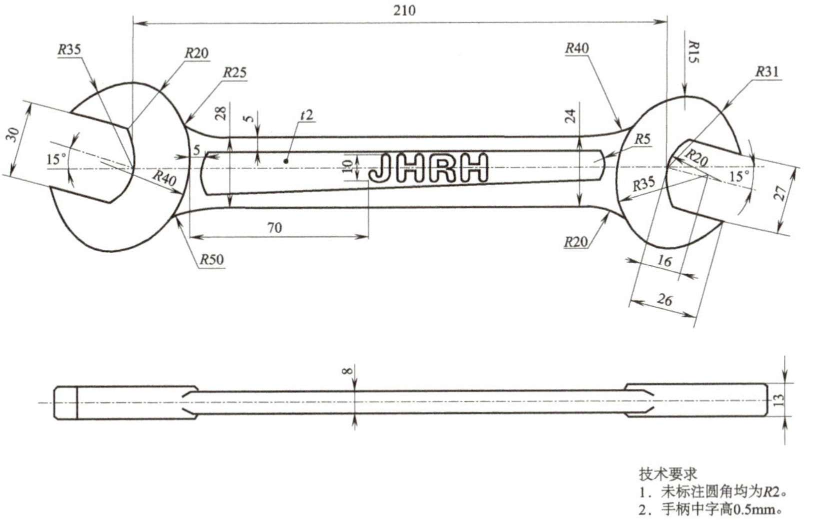

图 1-2-53　零件

具体操作方法如下。

1）在“快速访问工具栏”中选择菜单“新建”→“零件”命令新建一个零件。单击“草图”选项卡中的“圆弧”按钮，创建草图，如图 1-2-54 所示。单击“尺寸”按钮为草图添加尺寸约束，圆弧之间添加“相切约束”，倒圆角半径均为 2mm，如图 1-2-55 所示。

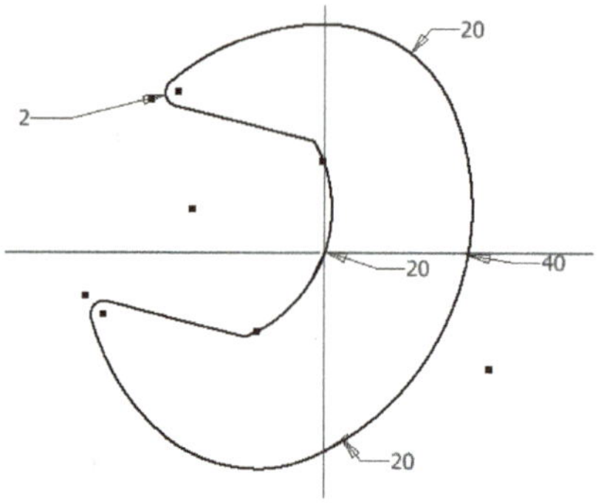

图 1-2-54 绘制草图

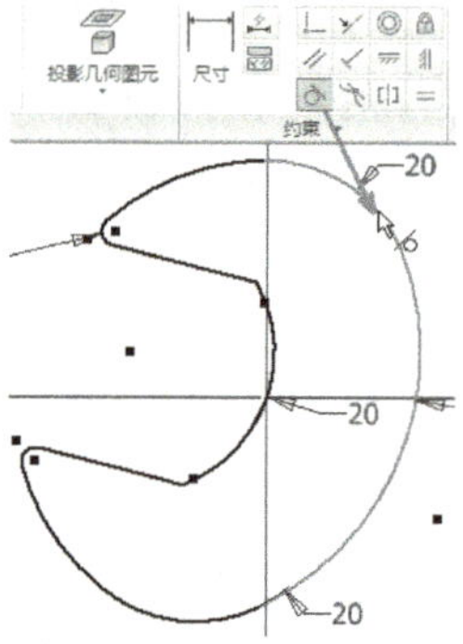

图 1-2-55 添加相切约束

2）完成草图后，单击“模型”选项卡中的“拉伸”按钮，将草图拉伸为实体，拉伸距离为 13mm，如图 1-2-56 所示。

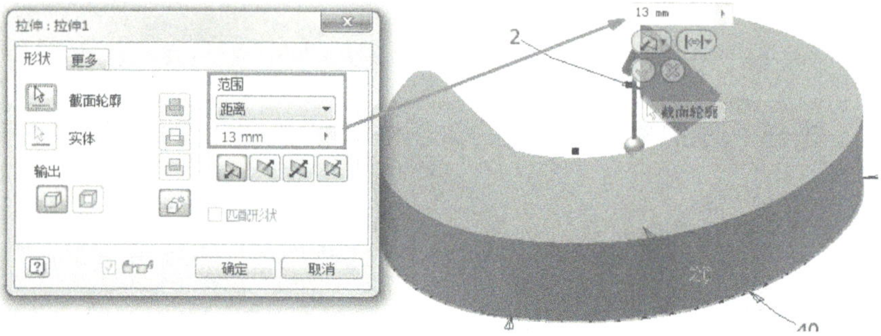

图 1-2-56 拉伸草图

3）单击“模型”选项卡中的“平面”按钮，在“浏览器”窗口中选择菜单“原始坐标系”→“XY 平面”命令，在实体上创建一个中心平面，如图 1-2-57 所示。

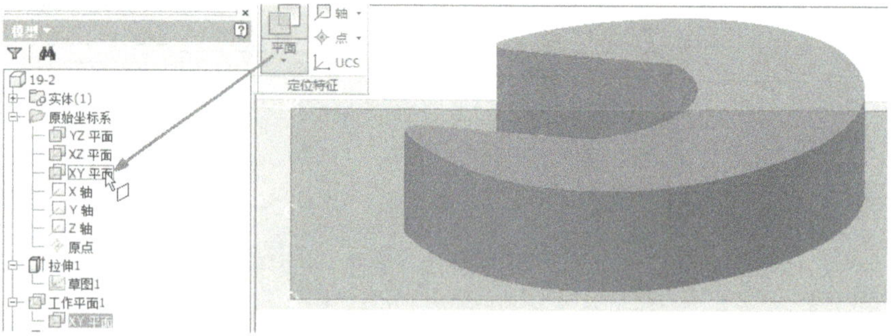

图 1-2-57 创建平面

4）在已创建的平面上单击“模型”选项卡中的“圆弧”按钮，新建草图。单击“草图”选项卡中的“尺寸”按钮为草图添加尺寸约束，扳手两个开口处圆心之间的距离为 210mm，倒圆角处尺寸均为 2mm，并为圆弧添加“相切约束”，如图 1-2-58 所示。

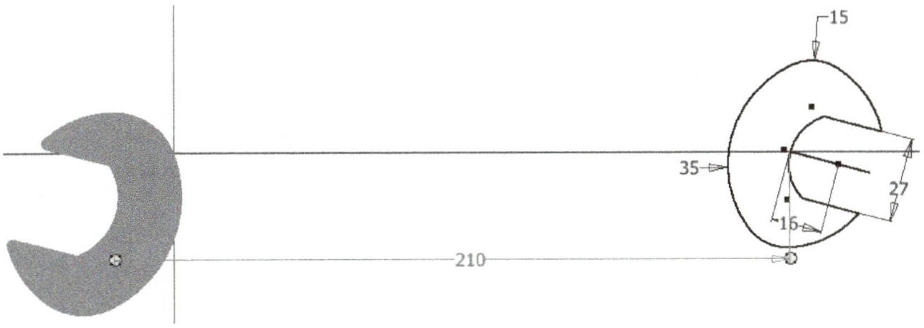

图 1-2-58　新建草图

5）完成草图后，单击“模型”选项卡中的“拉伸”按钮，将草图拉伸为实体，拉伸距离为 13mm。仍在“XY 平面”上新建草图，按 <F7> 键进入实体剖切模式。单击“草图”选项卡中的“投影几何图元”命令，单击鼠标左键分别选取扳手口的两个边线，将边线投影后，单击“草图”选项卡中的“直线”按钮，沿扳手端口边缘绘制两条线段作为扳手的手柄，如图 1-2-59 所示。

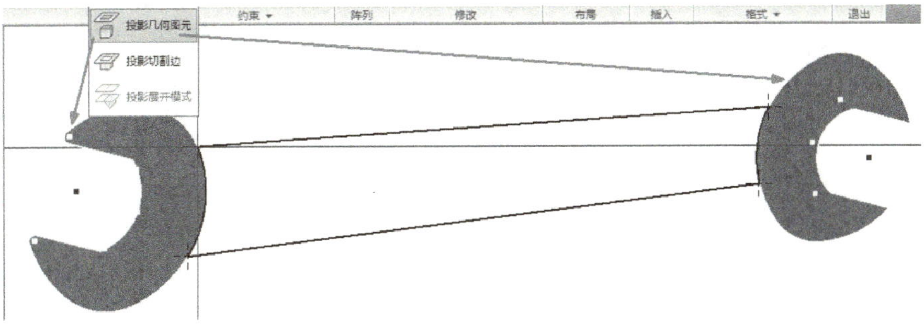

图 1-2-59　绘制扳手手柄

6）完成草图后，单击“模型”选项卡中的“拉伸”按钮，将草图拉伸为实体，拉伸距离为 8mm，如图 1-2-60 所示。

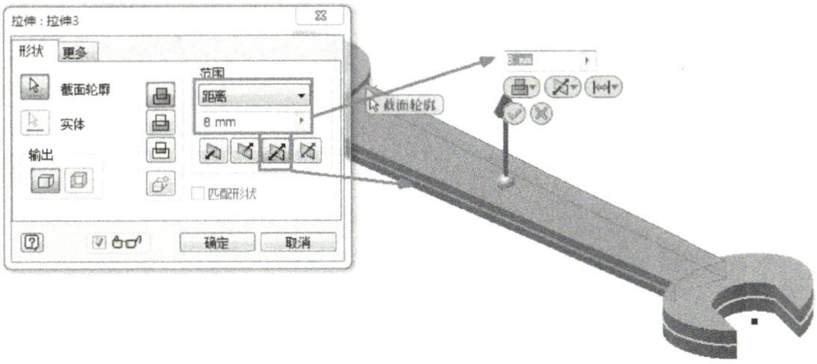

图 1-2-60　拉伸扳手手柄

7）完成手柄连接后，单击“模型”选项卡中的“圆角”按钮，将手柄两端与扳手头的连接处进行倒圆角处理，倒角半径分别为 25mm 和 40mm，如图 1-2-61 和图 1-2-62 所示。

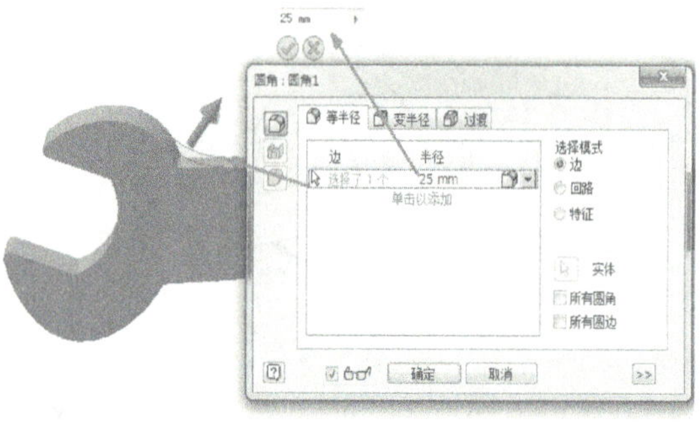

图 1-2-61　倒圆角半径 1

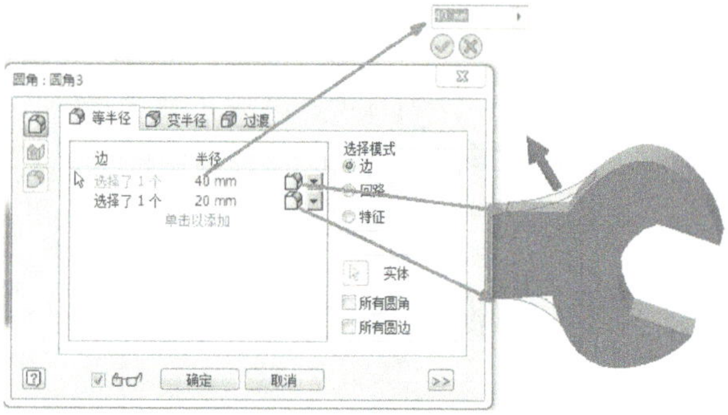

图 1-2-62　倒圆角半径 2

8）在扳手手柄上创建手柄凹槽草图。单击鼠标右键选择“新建草图”命令，单击“草图”选项卡中的“投影几何图元”按钮将扳手外边线轮廓进行投影并将投影线向内拖动 3mm 创建草图，单击“尺寸”按钮为草图添加尺寸约束，如图 1-2-63 所示。

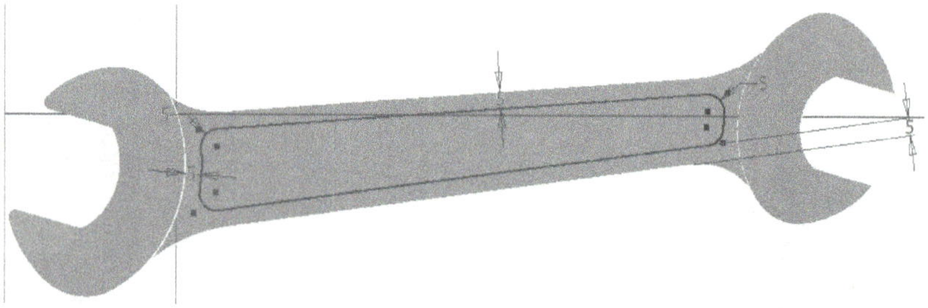

图 1-2-63　创建手柄凹槽草图轮廓

9）完成草图后，单击“模型”选项卡中的“拉伸”按钮，将草图向下拉伸，拉伸模式选择“求差”，拉伸距离为 3mm，如图 1-2-64 所示。

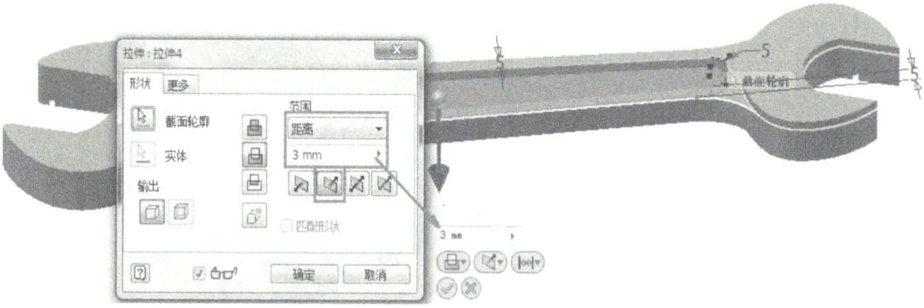

图 1-2-64　向下拉伸手柄凹槽

10）在扳手手柄凹槽上面，单击鼠标右键选择“新建草图”命令，单击“草图”选项卡中的“文本”按钮创建手柄上的文字标志，如图 1-2-65 所示。

11）完成草图后，单击“模型”选项卡中的“拉伸”按钮，将文本向上拉伸 0.5mm 的距离，使文本轮廓凸出手柄凹槽，如图 1-2-66 所示。

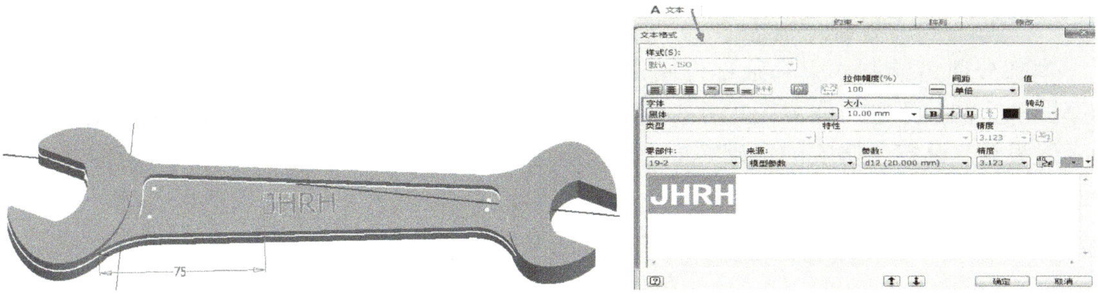

图 1-2-65　创建文字标志

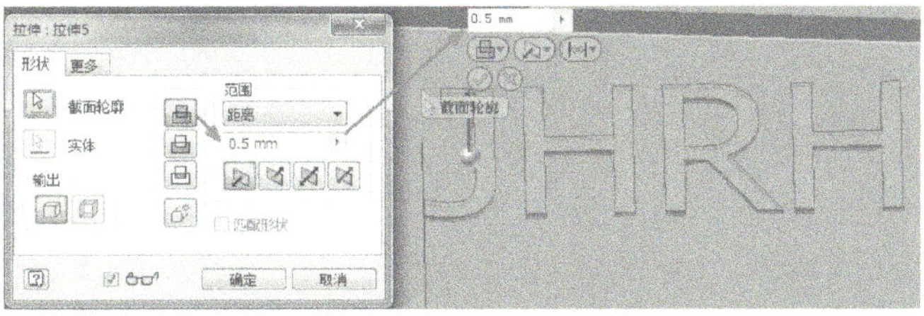

图 1-2-66　拉伸文本截面

12）单击“模型”选项卡中的“圆角”按钮，为整个实体各转角处添加倒圆角效果，倒角半径均为 2mm，如图 1-2-67 所示。

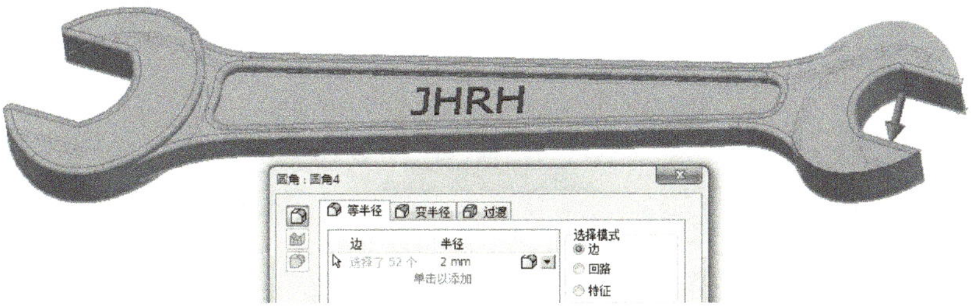

图 1-2-67　为整个实体添加倒圆角效果

13）完成倒角后，为扳手添加金属材质效果。鼠标左键在标题处单击“选择实体”菜单后，再单击实体，选择材质下拉列表框中的“金属－钢”材质，如图 1-2-68 所示。

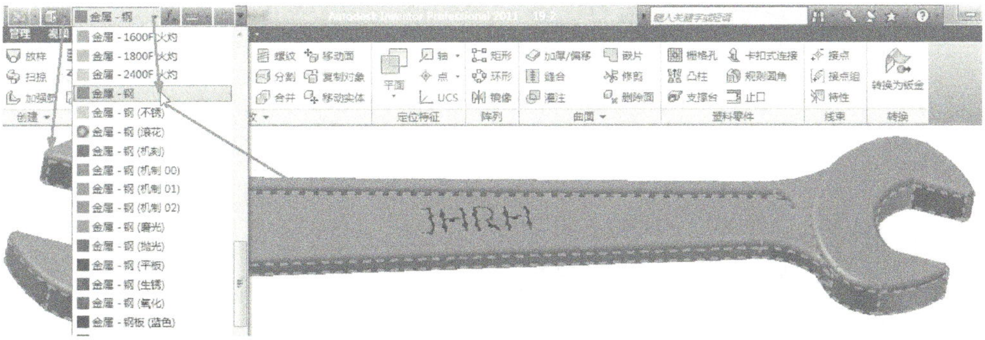

图 1-2-68　为扳手添加材质效果

导学小结

本部分通过绘制 4 个基础零件图，介绍了 Autodesk Inventor 软件的工作环境、创建二维草图的方法、添加二维草图尺寸、实体拉伸命令的使用、倒圆角命令的使用等相关知识，为开发设计产品打下坚实的基础。

操　作　篇

项目 1　校园文化——纪念钥匙扣的设计与制作

导学重点知识

※ 创建曲面轮廓
※ 草图放样、凸雕
※ 偏移工作平面、文本应用
※ 创建部件文件、零件装配技术
※ Inventor Studio 图像渲染功能

项目分析

钥匙扣又称锁匙扣、钥匙串等，是挂在钥匙圈上的一种装饰物品。选择搭配自己喜欢的钥匙扣，不仅可以体现出个人的心情与个性，更能展现自己的品位，同时也给自己带来愉快的心情。制作钥匙扣的材料一般为金属、皮革、塑料、木头等。钥匙扣目前已经成为一种馈赠小礼品，此物精致小巧、造型千变万化，更是人们每天随身携带的日常用品。

任务 1　键盘式钥匙扣

作品展示

作品如图 2-1-1 所示。

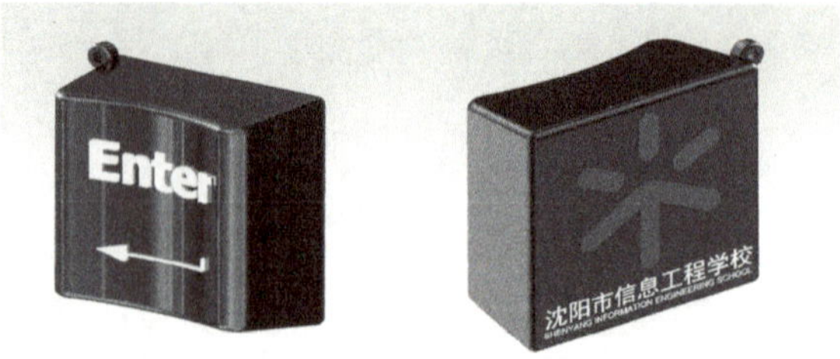

图 2-1-1　键盘式钥匙扣

任务分析及实施

钥匙扣造型繁多，比如卡通造型、品牌造型、仿真模型等，材质一般为铜质、铝质、橡胶质、塑料质等，现在主要是锌合金表面镀镍或者铑等防锈材料。其商业用途也较为广泛，如企业品牌宣传、新产品促销、旅游景点纪念品、校庆纪念品等。

本实例创作的纪念品，产品创意新颖、造型美观、时尚大方，突出了学校校园文化。

提示：为了讲解后期工程图的比例修改问题，该实体在创作过程中，缩小了实际物体尺寸，绘图比例为 1:10。

具体操作方法如下。

1）在“快速访问工具栏”中选择菜单“新建”→“零件”命令新建一个零件。单击“草图”选项卡中的“矩形”按钮，创建一个 5mm×5mm 的矩形，并标注尺寸。单击“草图”选项卡中的“水平约束”“垂直约束”按钮将矩形边上中心与草图原点重合，如图 2-1-2 所示。

2）在“模型”选项卡中选择“平面”→“从平面偏移”命令，根据“浏览器”中的原始坐标平面创建一个新的平面，偏移值为 −4，如图 2-1-3 所示。

提示：单击“模型”选项卡中的“平面”按钮后，选择菜单“浏览器”→“原始坐标系”命令，可以调用以草图原点为中心的系统平面。

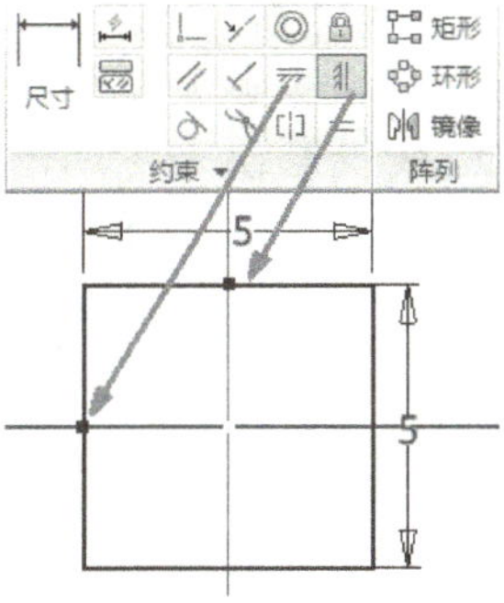

图 2-1-2　新建草图绘制矩形

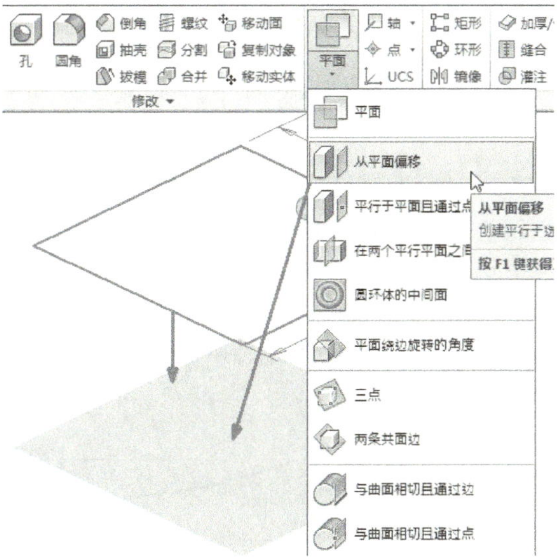

图 2-1-3　偏移平面

3）在偏移出的平面上单击鼠标右键，新建草图，单击“草图”选项卡中的“矩形”按钮，创建一个 6mm×6mm 的矩形，并标注尺寸。单击“草图”选项卡中的“水平约束”“垂直约束”按钮将该矩形中心约束到原始坐标中心点处，如图 2-1-4 所示。

提示：在单击“草图”选项卡中的“尺寸”按钮时，在出现手形光标后，点击已有数据，被标注对象的标注值会以函数形式出现。当目标尺寸改变时，被标注对象也随之改变。建议在绘图时尽可能地使用该方法标注，以方便修改复杂的图形对象。

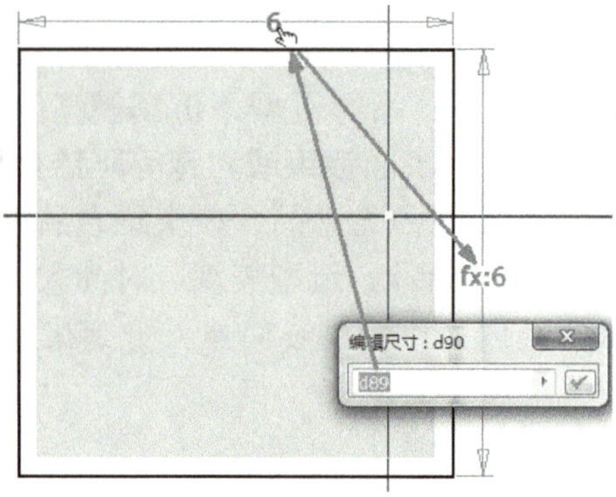

图 2-1-4　绘制矩形并添加标注尺寸

4）单击“模型”选项卡中的“放样”按钮，分别选择两个草图后，单击“放样”对话框中的“确定”按钮，完成实体放样效果，如图 2-1-5 所示。

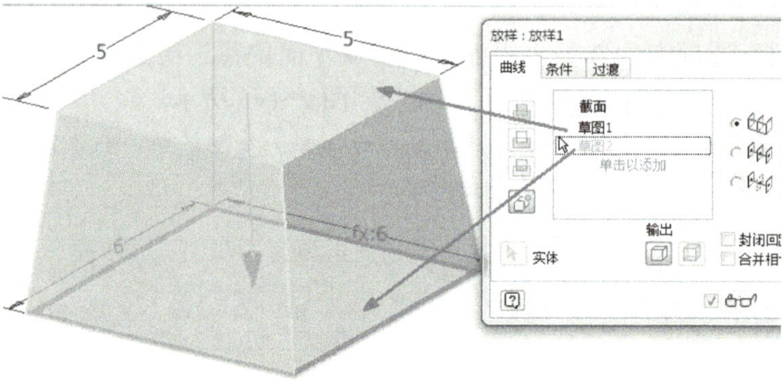

图 2-1-5　放样草图

提示：*在放样时，应同时具备至少 2 个或 2 个以上草图，否则不可用。*

5）调整视图方向，在实体侧面新建平面，在该平面上新建草图并投影。单击“草图”选项卡中的“投影几何图元”按钮，将平面线和实体左右两边线投影出来。单击“草图”选项卡中的“圆弧”按钮绘制圆弧，起点与端点连接实体左右边线，形成截面轮廓，如图 2-1-6 所示。

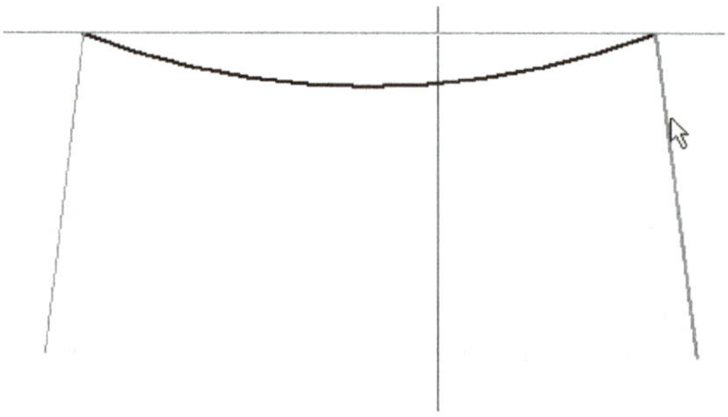

图 2-1-6　投影几何图元新建草图

6）完成草图后，单击“草图”选项卡中的“拉伸”按钮，选择将封闭的截面轮廓拉伸为实体，拉伸范围选择“贯通”，拉伸方式为“求差”，单击“确定”按钮后，将得到原有实体顶面凹入的效果，如图 2-1-7 所示（拉伸的截面轮廓应等于或大于原有实体的外轮廓）。

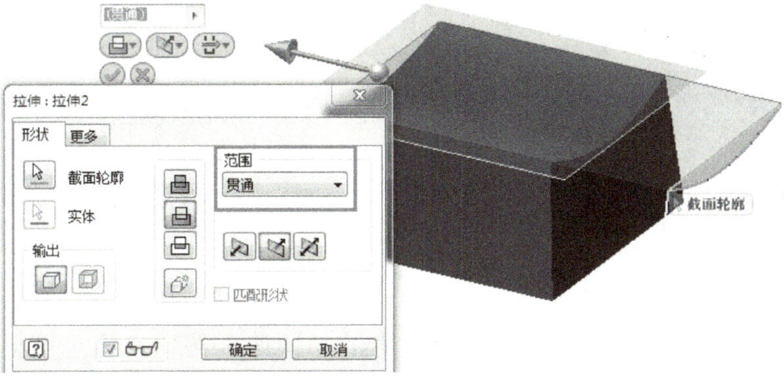

图 2-1-7　拉伸实体

7）在需要隐藏的平面上单击鼠标右键，去除“可见性”前的“√”，如图 2-1-8 和图 2-1-9 所示。

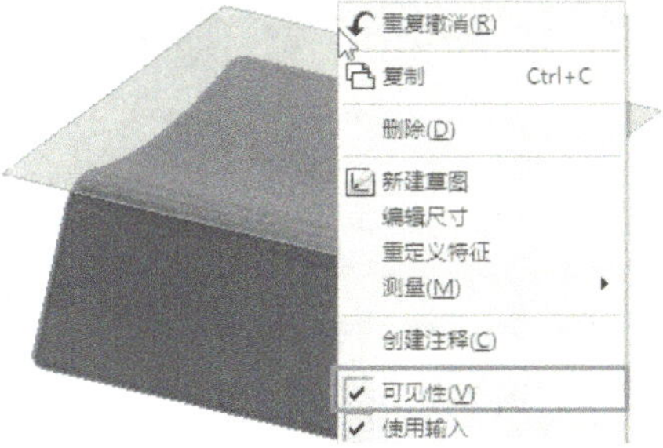

图 2-1-8　去除平面的可见性

图 2-1-9　实体顶面凹入效果

8）单击“模型”选项卡中的“圆角”按钮，为整个实体边缘添加圆角效果，倒角半径均为 0.2mm，如图 2-1-10 所示。

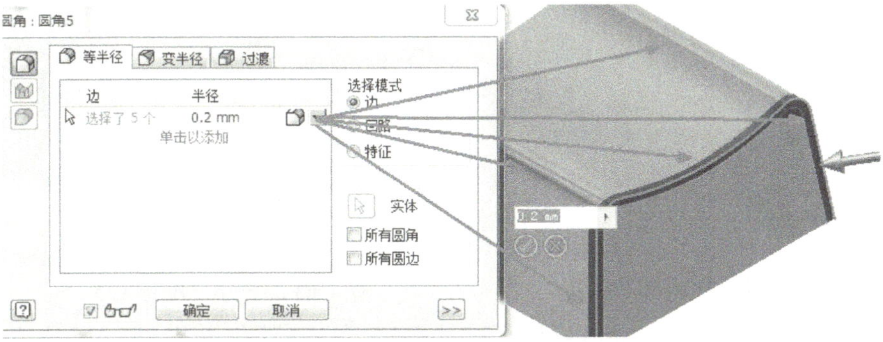

图 2-1-10　为实体倒圆角

9）在“模型”选项卡中选择菜单“平面”→“从平面偏移”命令，从实体底面向上偏移，创建一个新的平面，偏移值为 0.25mm，如图 2-1-11 所示。在新平面上单击鼠标右键创建新草图，单击“草图”选项卡中的“圆”按钮，绘制直径为 1mm 的圆，如图 2-1-12 所示。

图 2-1-11　偏移平面

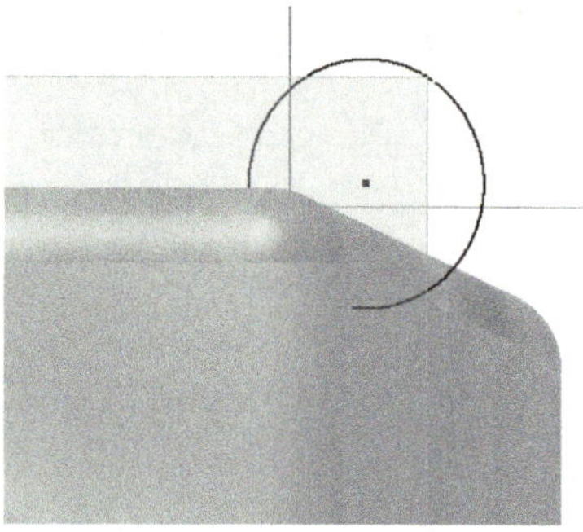

图 2-1-12　绘制草图

10）完成草图后，单击“模型”选项卡中的“拉伸”按钮，将小圆向实体内侧拉伸 0.5mm，完成实体上方的链扣效果，如图 2-1-13 所示。单击“模型”选项卡中的“圆角”按钮，将圆柱上下两边向内倒角，半径为 0.1mm，如图 2-1-14 所示。

图 2-1-13　拉伸实体

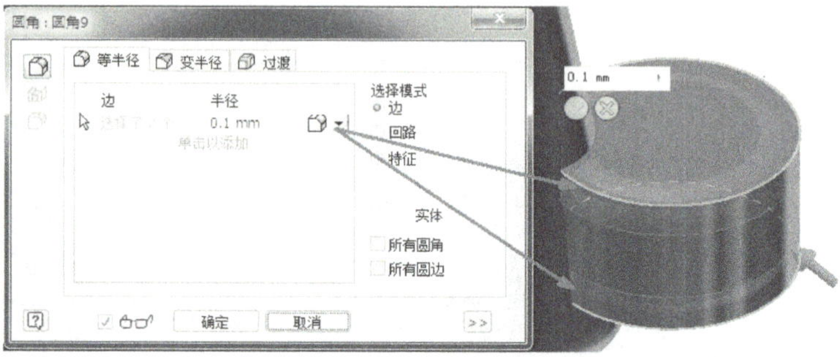

图 2-1-14　倒圆角

11）制作挂链扣。在拉伸出的圆柱实体顶面新建草图，单击“草图”选项卡中的“圆”按钮以该实体顶面圆心为起点，绘制直径为 0.3mm 的同心圆。完成草图后，单击“模型”选项卡中的“拉伸”命令，将其贯通，如图 2-1-15 和图 2-1-16 所示。

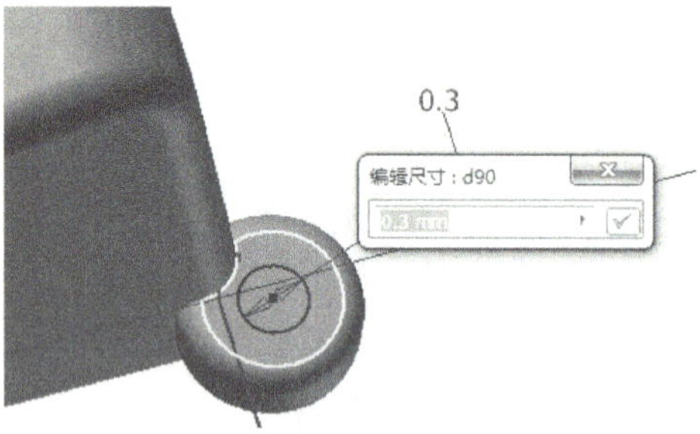

图 2-1-15　绘制挂链扣草图

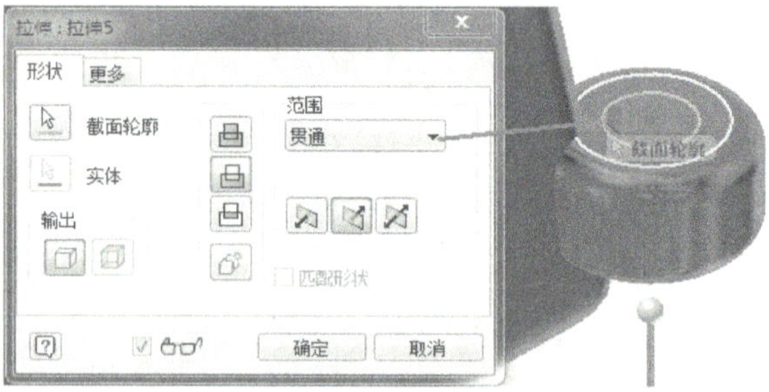

图 2-1-16　拉伸实体

12）为实体添加学校标志。调整视图至实体底部，新建草图，单击“草图”选项卡中的“直线”或“矩形”按钮绘制草图，添加标注尺寸并单击“文本”按钮创建文字，如图 2-1-17 所示。

提示：快速调整视图方向，可以按 <F4> 键来实现；返回到主视图，可以按 <F5> 键来实现。

13）完成草图后，单击“模型”选项卡中的“拉伸”按钮，将标志拉伸出实体表面，如图 2-1-18 所示。

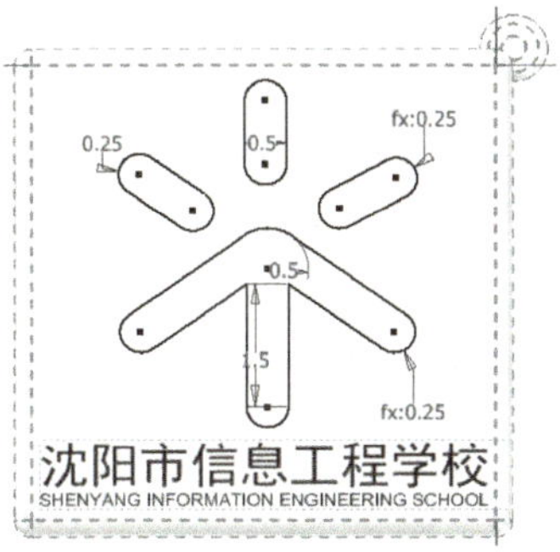

图 2-1-17　绘制标志草图

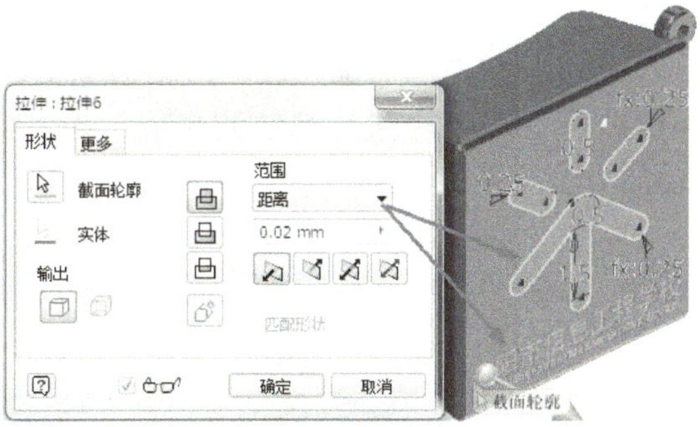

图 2-1-18　拉伸标志

提示：为草图标注尺寸时，应尽量使用“几何约束”，如：相切、同长、平行等，以减少过多应用数值，便于日后对图形重复编辑。

14）为标志添加材质，以便与实体区分开。单击软件标题栏处的“选择实体”按钮，选择菜单“选择特征”命令，单击实体中的标志区域，单击软件标题栏处的“材质框”下拉列表框，为标志选择合适的材质效果，如图 2-1-19 所示。

15）单击“模型”选项卡中的“平面”按钮，单击实体两侧，在实体的上方创建一个平面。单击“草图”选项卡中的“文本”“直线”按钮创建实体顶面文字标志及回车符号，如图 2-1-20 ～图 2-1-22 所示。

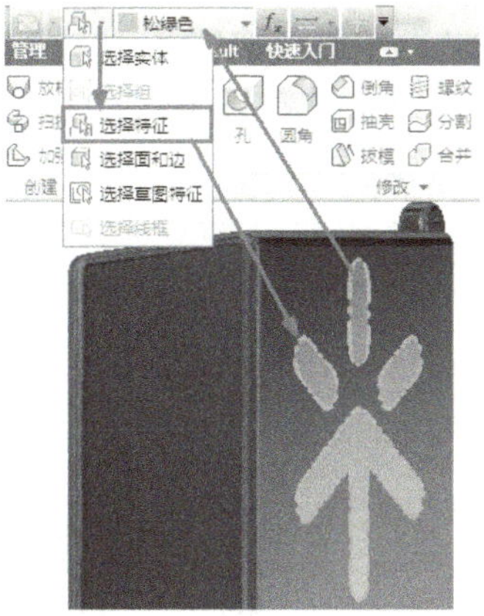

图 2-1-19　为标志添加材质效果

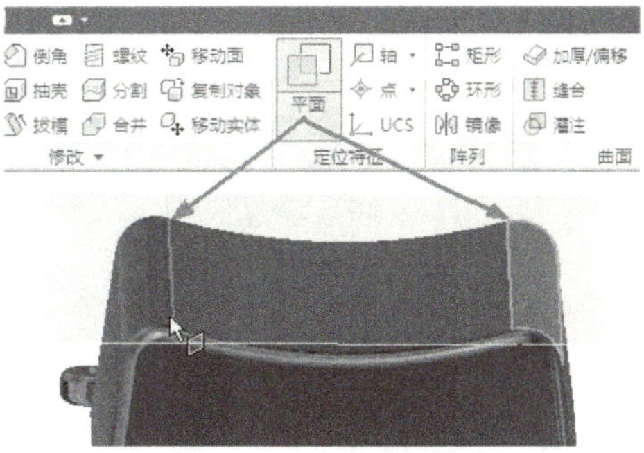

图 2-1-20　创建实体正面草图

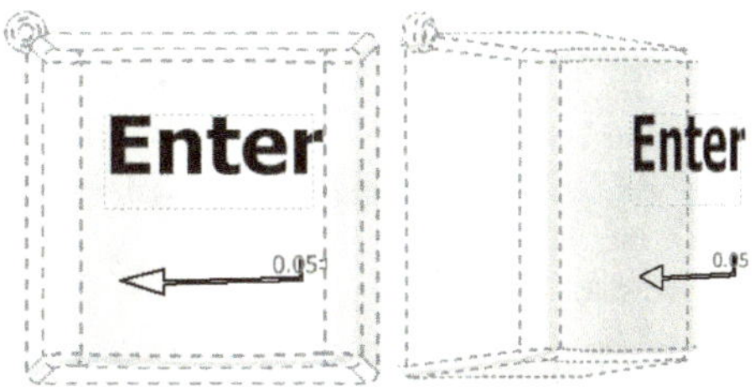

图 2-1-21　创建实体上方文字标志

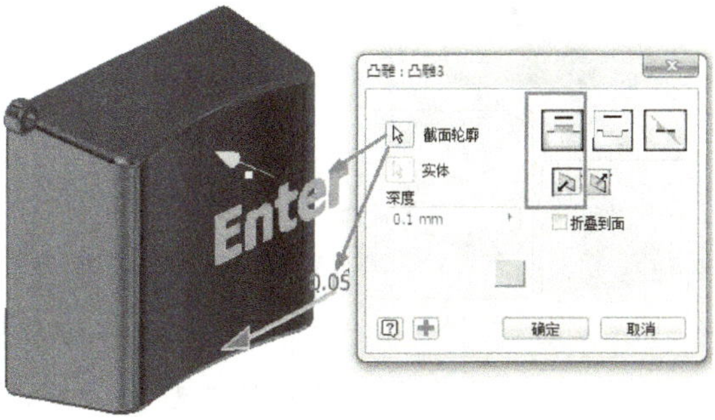

图 2-1-22　文字凸雕

提示：凸雕效果可以根据实体图形的实际需求自行调整。可以雕刻凸出实体表面，或塌陷实体中。

16）至此整个图形已全部完成，如果感觉文字标志凸出部分不是很光滑，可单击“模型”选项卡中的“圆角”命令进行细节的修整，并为实体添加适当的材质。之后，可以利用软件的渲染功能输出效果图。

17）单击“环境”选项卡中的→“Inventor Studio”按钮，进入渲染工作界面，为实体输出效果图。单击“渲染”选项卡中的“渲染图像”按钮，设置输出图像的大小，设置“YZ反射地平面”，如图 2-1-23 所示。

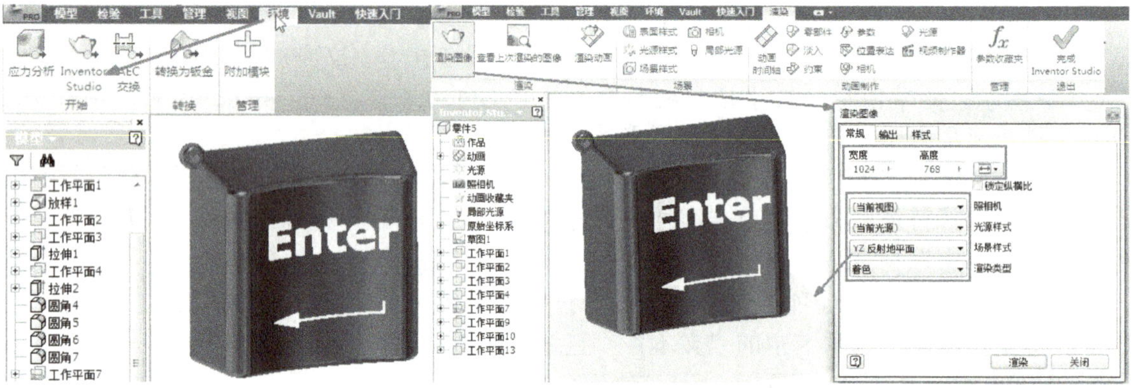

图 2-1-23　进入 Inventor Studio 工作界面

18）完成各项设置后，单击“渲染图像”对话框中的“渲染”按钮后可看到渲染效果。单击“渲染输出”对话框右上方的“保存”按钮，将渲染出的效果图保存成文件，如图 2-1-24 所示。

图 2-1-24　保存渲染后的效果图

提示：如果需要该产品的工程图，可以参照导学篇导学 2 零件图实例 1 中的基础零件创建工程图的方法，创建钥匙链的工程图即可。

任务 2　算盘式钥匙扣

作品展示

作品如图 2-1-25 所示。

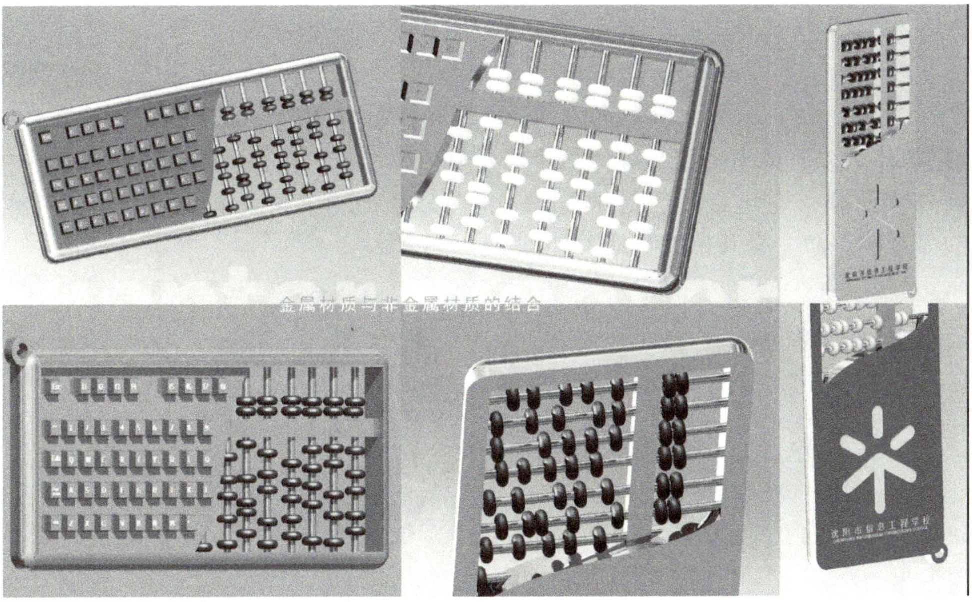

图 2-1-25　算盘式钥匙扣

任务分析及实施

作品创作灵感来源于“衍生”。沈阳市信息工程学校，原为沈阳市计算机学校，于 2009 年更名。所以该作品在创作之初考虑了这一个重要的因素，以传统的“珠算算盘”和计算机重要的输入设备“键盘”之间的演变，来纪念这个历史，使人产生无限联想。

具体操作方法如下。

1）创建第一个零件算盘珠。在“快速访问工具栏”中选择菜单“新建”→“零件”命令新建一个零件，单击“草图”选项卡中的“矩形”按钮绘制 0.2mm×0.26mm 的矩形，顶部倒圆角半径为 0.1mm，完成算盘珠的截面轮廓，如图 2-1-26 所示。

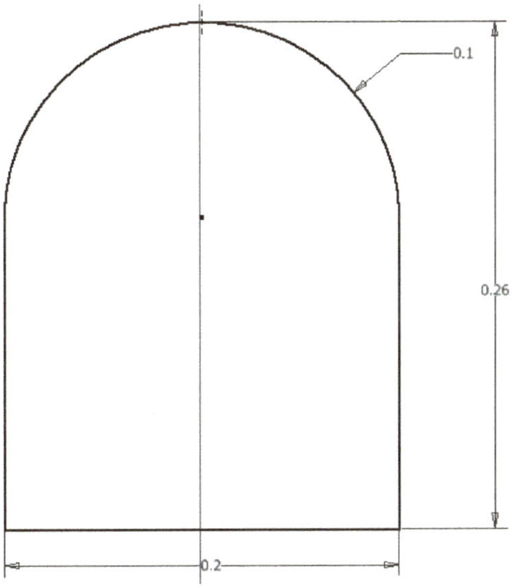

图 2-1-26　算盘珠的截面轮廓

2）单击“模型”选项卡中的“旋转”按钮，选择绘制好的算盘珠的截面轮廓，设置旋转轴，将草图旋转为实体，如图 2-1-27 所示。

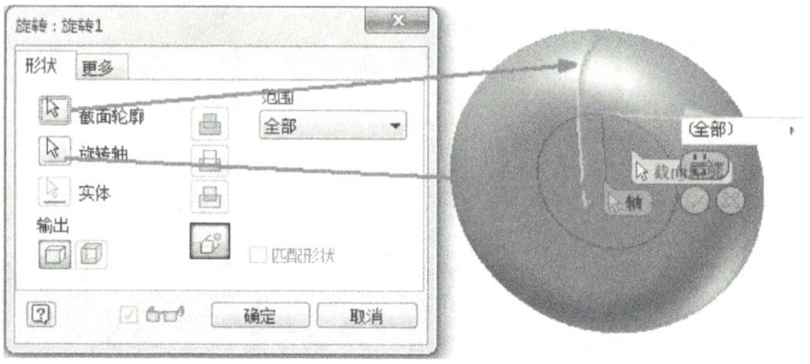

图 2-1-27　旋转算盘珠的截面轮廓

3）在实体上表面单击鼠标右键选择“新建草图”命令，单击“草图”选项卡中的“圆”命令以实体顶面圆心为起点，绘制同心圆，直径为 0.2mm。完成草图后，单击“模型”选项卡中的“拉伸”命令将其拉伸贯通，如图 2-1-28 所示。

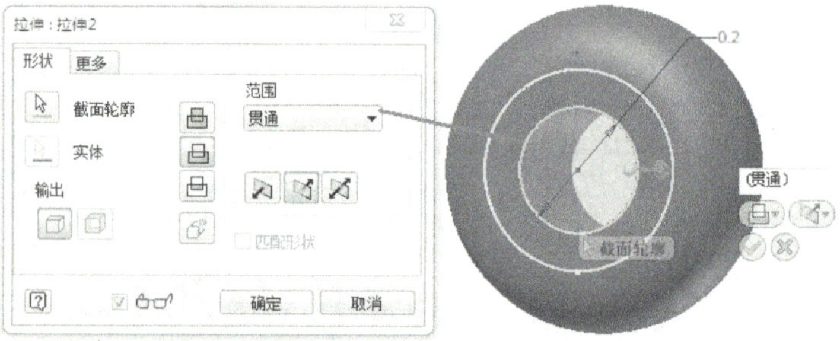

图 2-1-28　拉伸贯通算盘珠

4）为使实体更加美观，单击“模型”选项卡中的“圆角”命令，为其中心边倒圆角处理，半径为 0.2mm，如图 2-1-29 所示。

5）完成第一个零件后，可选择适当的“材料”为其添加材质效果。将文件保存。绘制钥匙扣的主体部分。在“快速访问工具栏”中选择菜单“新建”→“零件”命令新建一个零件，单击“草图”选项卡中的“矩形”按钮绘制草图，如图 2-1-30 所示。

图 2-1-29　为中心边倒圆角

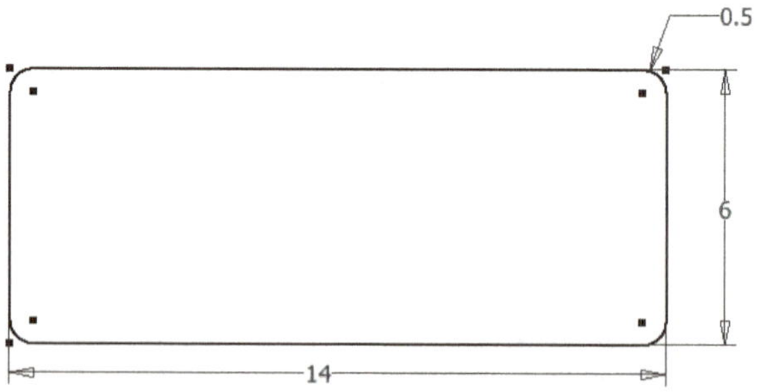

图 2-1-30　绘制主体草图

6）单击“模型”选项卡中的“拉伸”按钮，将草图向上拉伸为实体，拉伸距离为 0.7mm，如图 2-1-31 所示。

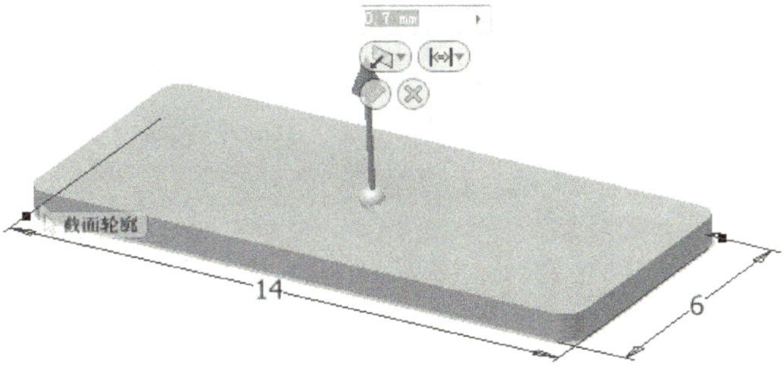

图 2-1-31 拉伸草图

7）为了使产品主体美观，需要为实体上表面倒圆角处理，倒角半径为 1 ～ 3mm 均可，如图 2-1-32 所示。

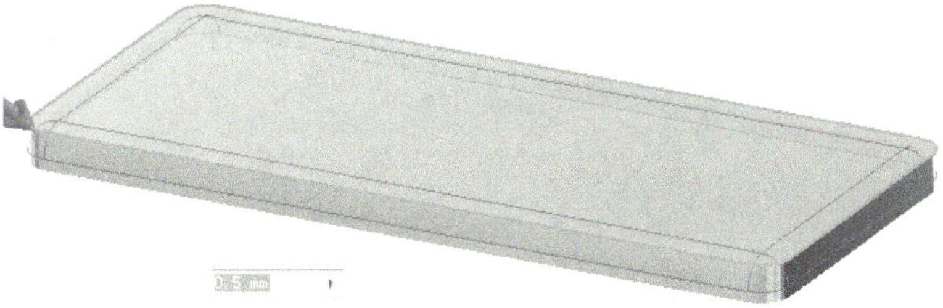

图 2-1-32 为实体表面倒圆角

8）调整实体视图为“前视图”，在实体上表面单击鼠标右键，选择“新建草图”命令，单击“草图”选项卡中的“投影几何图元”按钮，将实体框内的矩形边线投影出来作为拉伸实体的基础轮廓。然后单击“草图”选项卡中的“样条曲线”按钮在实体上绘制曲线轮廓，如图 2-1-33 所示。

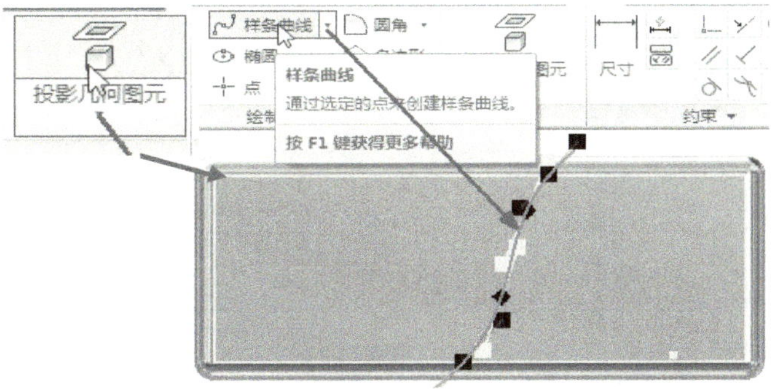

图 2-1-33 绘制曲线轮廓

提示：使用“样条曲线”绘制出的曲线是由多个节点所构成的，在完成绘制操作后，鼠标可以拖动调整每个节点的位置来改变曲线的弯曲方向。

9）完成草图绘制后，单击“模型”选项卡中的“拉伸”按钮，将曲线构成的右半部截面轮廓向下拉伸。拉伸模式选择“求差”，拉伸范围选择“贯通”，如图 2-1-34 所示。

10）使用同样的方法，将实体左侧半部截面轮廓向下拉伸 0.2mm，删除原有实体部分，如图 2-1-35 所示。

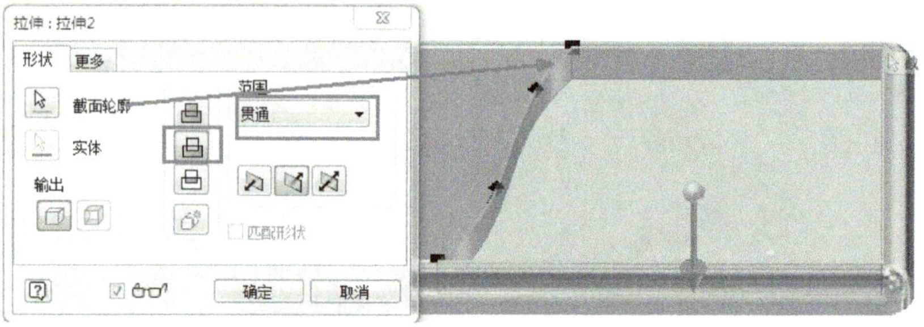

图 2-1-34　实体贯通效果

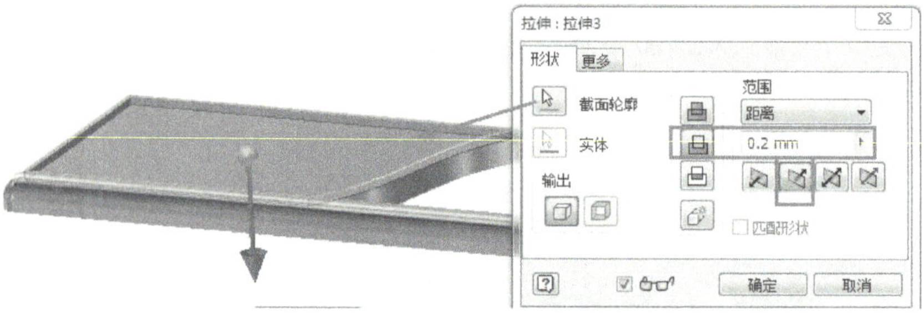

图 2-1-35　拉伸实体左侧截面

11）绘制算盘横梁草图。调整空间视图，在实体内侧右面边框上新建草图，单击“草图”选项卡中的“矩形”按钮绘制 0.3mm×0.5mm 的矩形，该矩形的具体位置如图 2-1-36 所示。完成草图后，单击“模型”选项卡中的“拉伸”按钮将草图拉伸到上一实体的差集面处。

12）依照横梁的制作方法，在算盘上边框内面新建草图，单击“草图”选项卡中的“圆”按钮创建一个直径为 0.2mm 的圆，该圆将作为算盘上的中间柱。单击“模型”选项卡中的“拉伸”按钮将草图拉伸至算盘底边框，选择“模型”选项卡中的“阵列”命令将拉伸后的实体进行阵列，得出 7 个柱体，如图 2-1-37 所示。

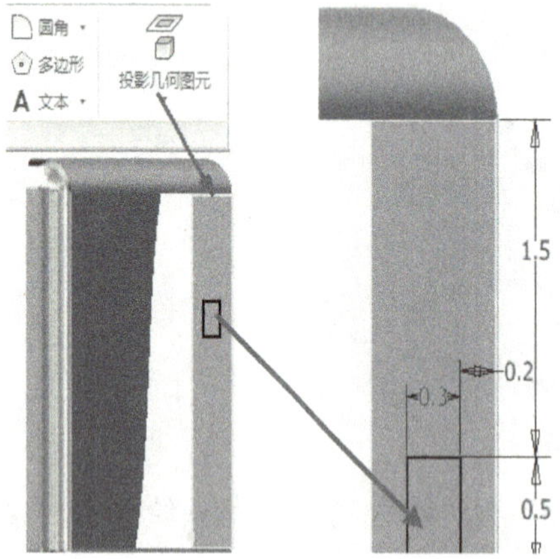

图 2-1-36　绘制算盘横梁草图

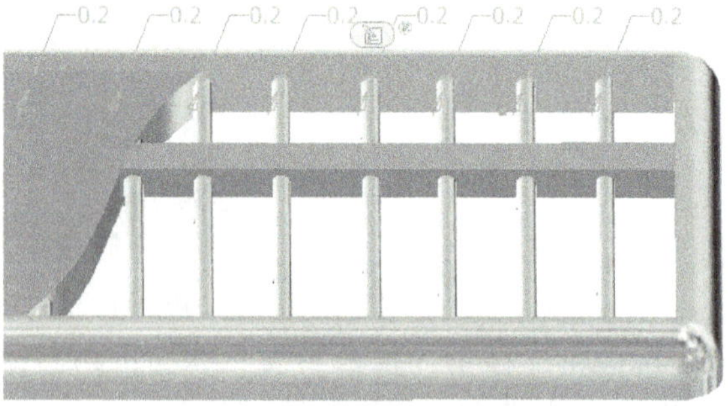

图 2-1-37　绘制算盘横梁草图

13）调整空间视图至实体“前视图”，新建草图，单击“草图”选项卡中的“矩形”按钮绘制键盘草图，矩形为 0.5mm×0.5mm，各矩形之间的距离为 0.2mm，如图 2-1-38 所示。

提示：在绘制草图时，因为第一排键位不同，所以尽可能单击“修改”选项组中的

“复制”按钮来完成。

14）完成草图后，单击“模型”选项卡中的“拉伸”按钮，将草图拉伸为实体，拉伸高度为 0.2mm，如图 2-1-39 所示。

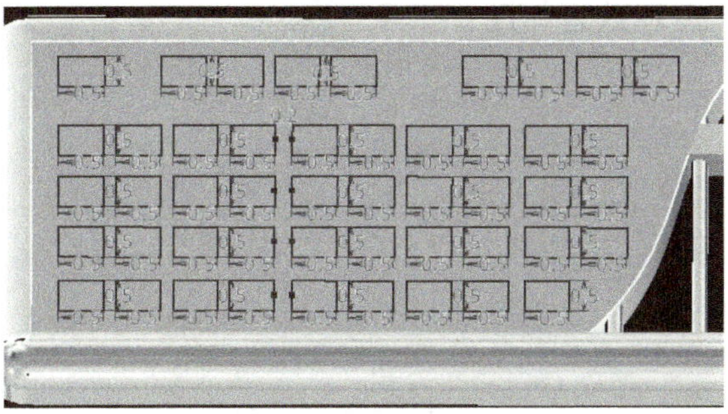

图 2-1-38　绘制键盘草图

图 2-1-39　拉伸键盘草图

15）进一步对按钮实体进行处理。单击“模型”选项卡中的“倒角”按钮，单击实体上要进行倒角的边，设置倒角边长为 0.2mm，角度为 15°，如图 2-1-40 所示。倒角后键盘的最终效果如图 2-1-41 所示。

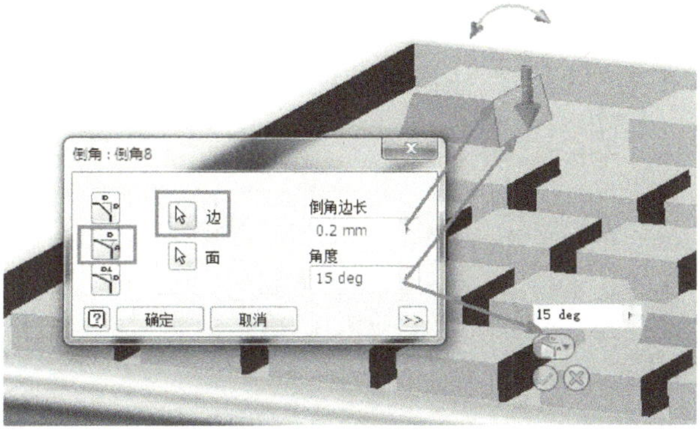

图 2-1-40　为键盘倒角

图 2-1-41　倒角效果

16）为按键添加文字信息。在键盘按键顶面单击鼠标右键，选择“新建草图”命令，单击“草图”选项卡中的“文本”按钮在草图上按键盘按键的分布输入相关文字信息，如图 2-1-42 所示。

17）完成草图后，单击“模型”选项卡中的“拉伸”按钮，将文字轮廓拉伸成实体，拉伸高度为 0.02mm，如图 2-1-43 所示。为突出显示效果，为文字特征添加材质，如图 2-1-44 所示。

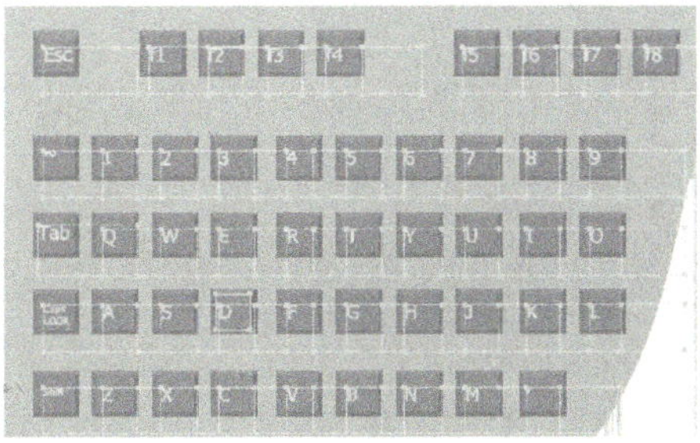

图 2-1-42　绘制文字信息

图 2-1-43　拉伸文字轮廓

提示：为按键镶嵌文字时，可以使用拉伸带有文字草图的方法，或使用凸雕文字的方法完成。

18）为算盘钥匙扣添加学校标志。调整空间视图至“后视图”，使用操作篇项目 1 任务 1 中绘制标志的方法，在算盘背面绘制草图，标志效果如图 2-1-45 所示。

图 2-1-44　为文字特征添加材质

图 2-1-45　创建学校标志草图

19）完成草图后，单击“模型”选项卡中的“拉伸”按钮将草图向下拉伸 0.05mm，拉伸模式选择“求差”，使标志镶嵌在实体上，如图 2-1-46 所示。

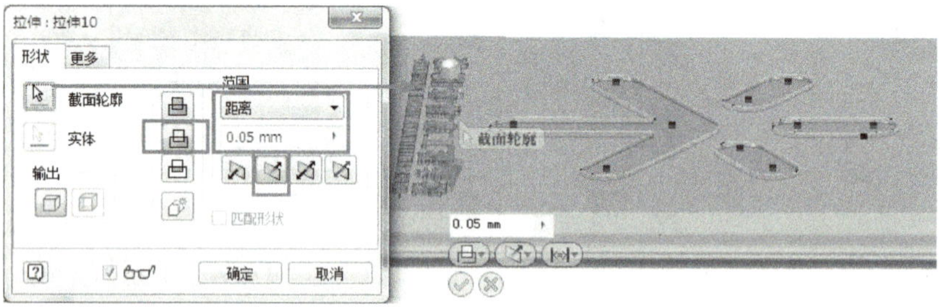

图 2-1-46　拉伸标志草图

20）单击“模型”选项卡中的“平面”按钮在实体背面单击鼠标左键，创建平面，重复操作一次，将已有平面向实体下方移动 0.5mm，偏移出第 2 个平面，如图 2-1-47 所示。

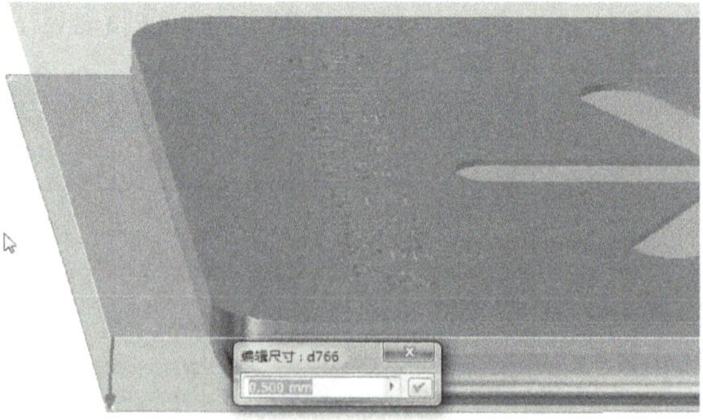

图 2-1-47　创建第 2 个平面

21）在偏移出的平面上新建草图，按 <F7> 键可以查看到被剖切后的内部实体效果。单击“草图”选项卡中的“圆”按钮绘制一个直径为 0.8mm 的圆，该草图是为了创建钥匙扣准备的，如图 2-1-48 所示。

22）完成草图后，单击“模型”选项卡中的“拉伸”按钮将草图拉伸为实体，如图 2-1-49 所示。使用同样的方法在实体上再次新建草图，单击“草图”选项卡中的“圆”按钮绘制草图，直径小于 0.5mm。再次单击“草图”选项卡中的“拉伸”按钮将草图拉伸，拉伸范围选择“贯通”，拉伸模式选择“求差”将原有实体修剪，如图 2-1-50 所示。至此，钥匙扣的整体零件就全部完成了。

图 2-1-48　绘制钥匙扣草图

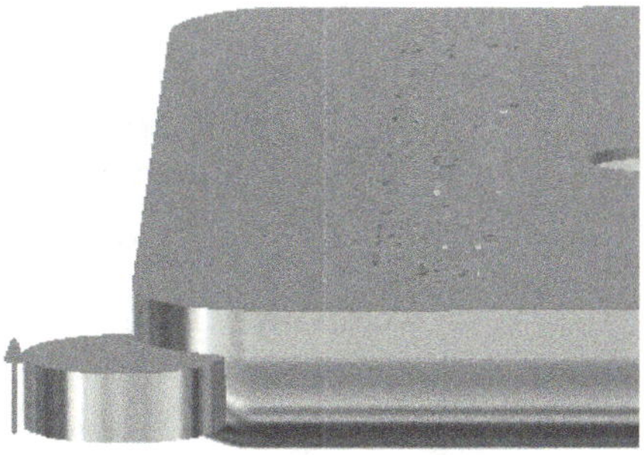
图 2-1-49　拉伸钥匙扣草图

提示： Inventor 软件提供了 7 种文件类型，分别是：Sheet Metal.ipt 钣金文件、Standard.dwg 施工图文件、Standard.iam 装配文件、Standard.idw 工程图文件、Standard.ipn 表达视图文件、Standard.ipt 零件文件、Weldment.iam 焊接文件。

23）创建“部件”文件，将之前所完成的零件装配到一起，完成最后的整体效果，并为算盘式钥匙扣出最终效果图。选择菜单“新建”→“部件”命令，创建一个部件文件，如图 2-1-51 所示。单击“装配”选项卡中的“放置”按钮，导入创建好的主体零件作为装配基础零件，如图 2-1-52 所示。

图 2-1-50　完成钥匙扣

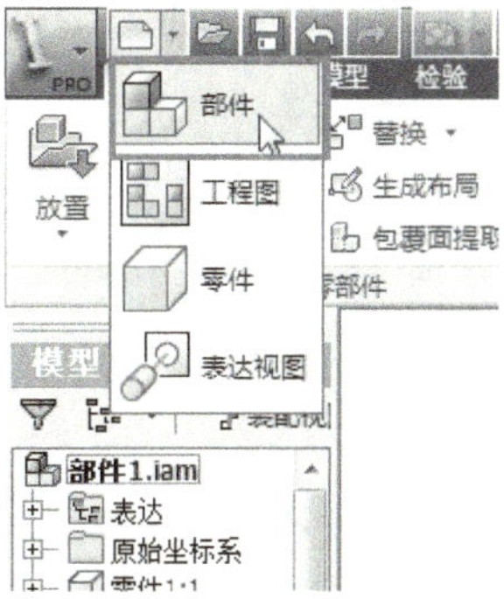

图 2-1-51　新建部件

24）利用同样的方法，将算盘珠零件也导入到装配文件中，但要一次导入 50 个。单击“装配”选项卡中的“旋转”按钮适当调整算盘珠的方向，以便适应装配到主体上，如图 2-1-53 和图 2-1-54 所示。

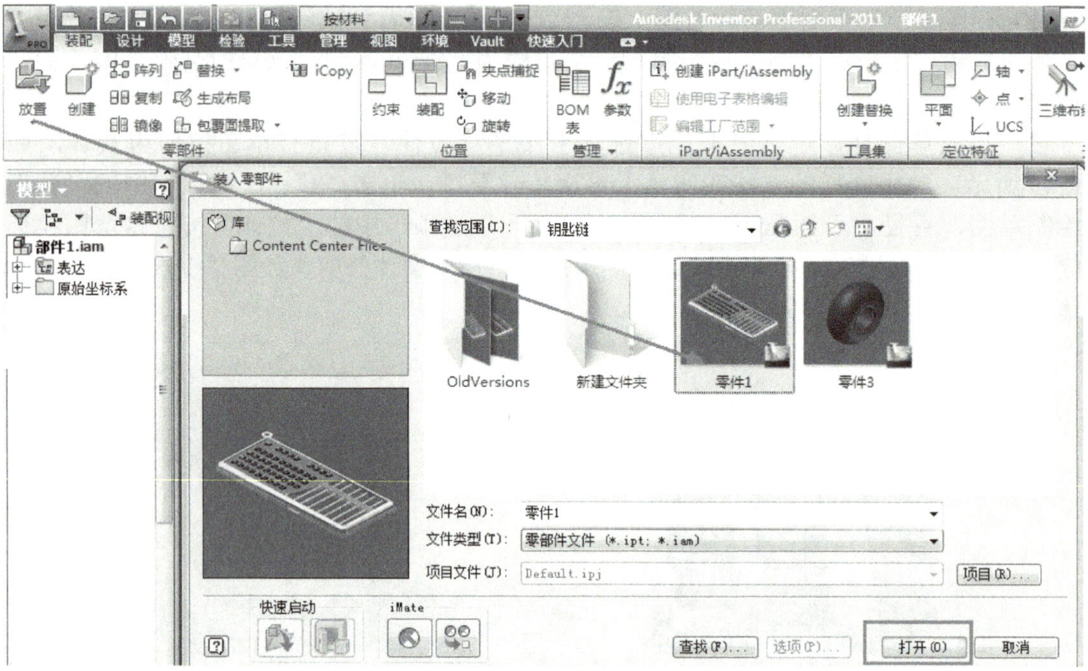

图 2-1-52　放置零件文件

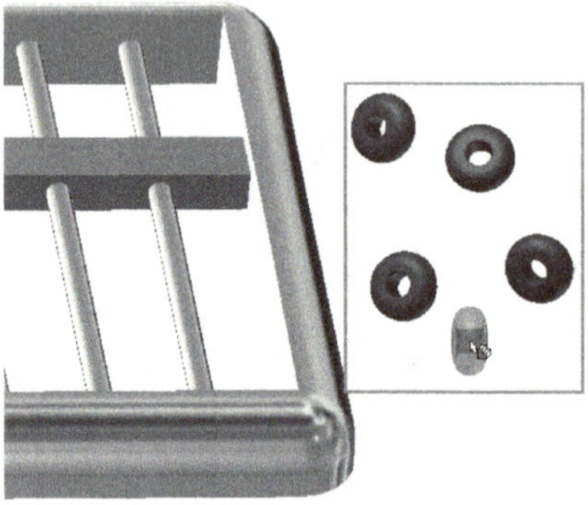

图 2-1-53　放置算盘珠

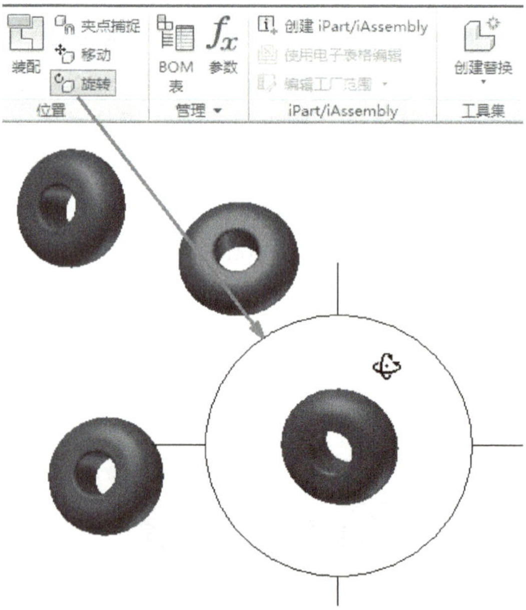

图 2-1-54　旋转调整

25）单击“装配”选项卡中的“约束”按钮，设置约束类型为“配合”。将鼠标移动到算盘珠中心，在实体上将提示要被选择的红色线，单击鼠标左键选择第 1 个装配对象为“算盘珠中心轴”。将鼠标移动到算盘主体处，单击鼠标左键选择第 2 个装配对象为“算盘柱体中心轴”，单击“放置约束”对话框中的“应用”或“确定”按钮即可看到装配效果，如图 2-1-55 和图 2-1-56 所示。

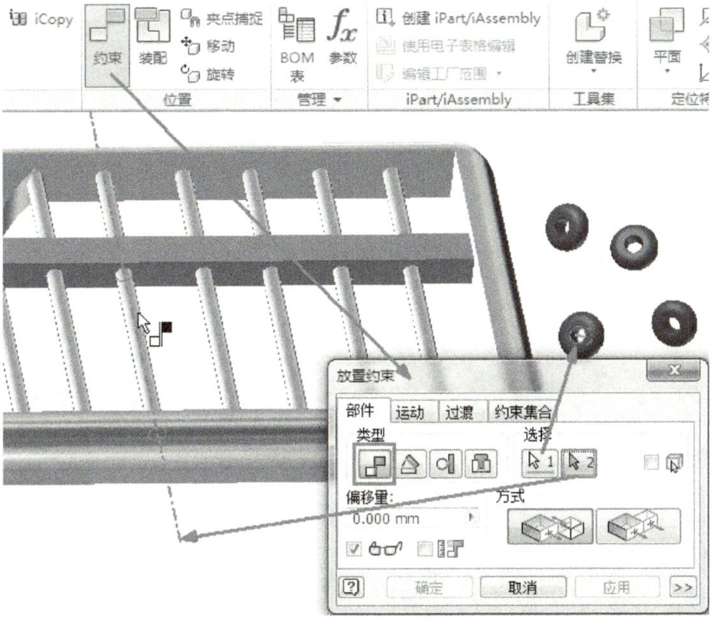

图 2-1-55　约束对象

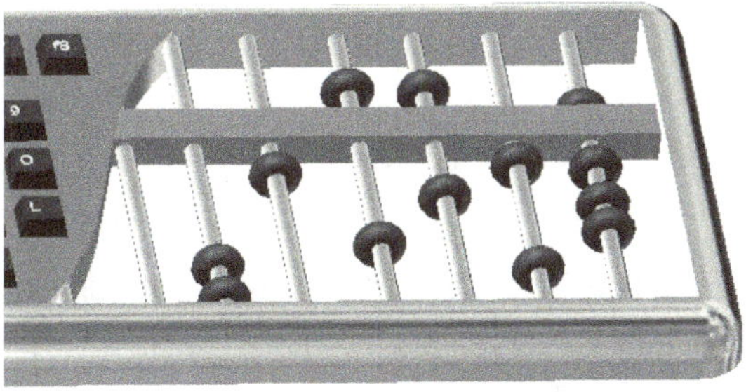

图 2-1-56　装配完成

26）按照约束的步骤分别将 50 个算盘珠逐一装配到主体上，完成最终效果如图 2-1-57 所示。根据实际情况需要，参照“键盘式钥匙扣”输出效果图的方法，分别为各部分零件添加材质，并单击“环境”选项卡中的“Inventor Studio”按钮，进入渲染工作界面，为实体输出效果图。

图 2-1-57　装配完成效果

任务 3　旋转式钥匙扣

作品展示

作品如图 2-1-58 所示。

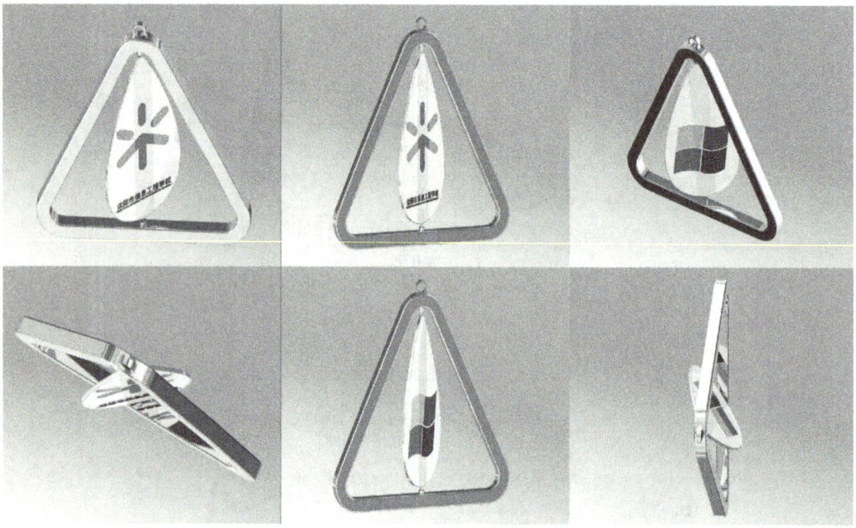

图 2-1-58　旋转式钥匙扣

任务分析及实施

作品整体造型是一个三角形支架，稳定而牢固。内部中心轴，上下贯穿“水滴式”标志牌。使标牌具有 360° 旋转功能，简洁大方、美观时尚。该设计作品注入了三维空间感，增强了灵活性，可根据使用者的心情拆分重组。

具体操作方法如下。

1）创建三角形整体支架。在“快速访问工具栏”中选择菜单“新建”→“零件”新建一个零件。单击“草图”选项卡中的“直线”按钮，绘制等边三角形。单击“草图”选项卡中的“圆角”按钮，分别将三个角倒圆角处理，半径为 4mm。单击“草图”选项卡中的“偏移”按钮将最外边草图向内部偏移 2mm 的距离，得到最终支架草图，如图 2-1-59 所示。

提示：Inventor 软件提供很多种绘制草图的工具命令，得到如图 2-1-59 所示的草图效果还可以使用其他绘制方法。设计者可根据自己的想法自我发挥绘制。

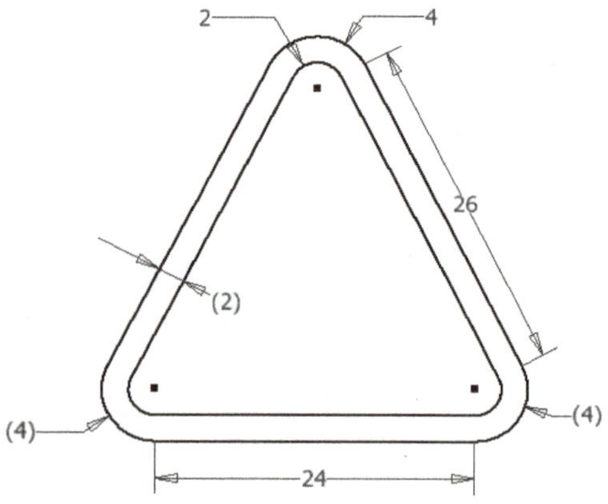

图 2-1-59　绘制支架草图

2）完成草图后，单击“模型”选项卡中的“拉伸”按钮将其向上拉伸 2mm 的距离，如图 2-1-60 所示。

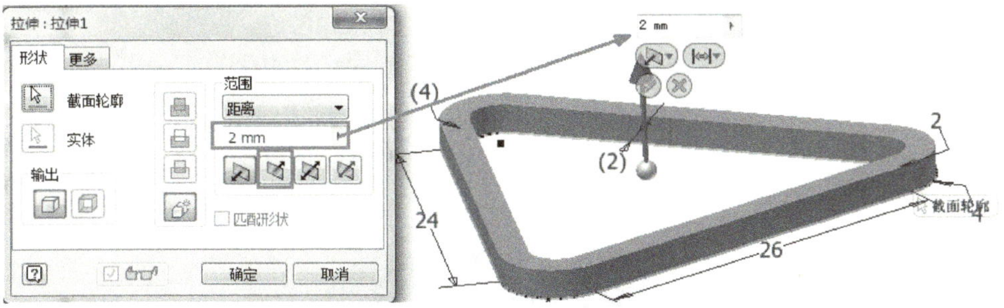

图 2-1-60　拉伸支架草图

3）为查看到较好的效果，选择实体为支架添加“合金”材质效果，如图 2-1-61 所示。单击“模型”选项卡中的“圆角”按钮，选择实体的周边轮廓，为其倒圆角处理，半径为 0.2mm，如图 2-1-62 所示。

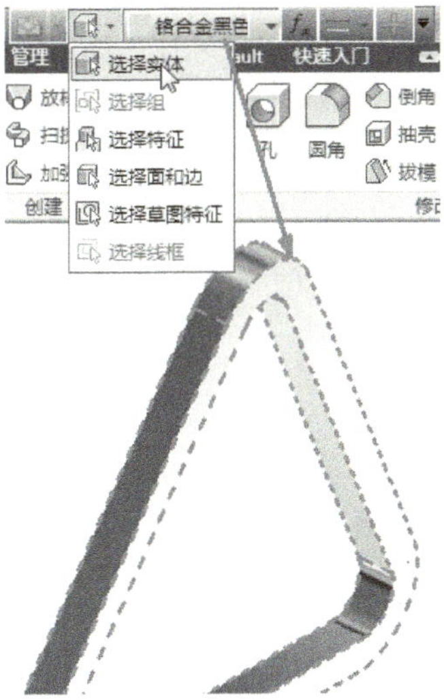

图 2-1-61　为支架添加材质

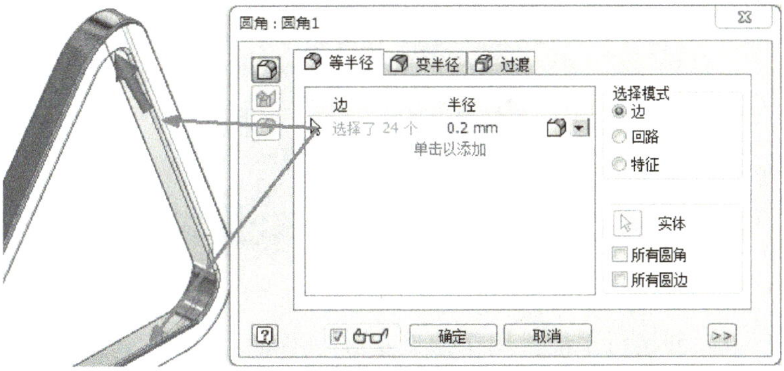

图 2-1-62　为支架实体周边轮廓倒圆角

4）在实体上创建中心平面。单击“模型”选项卡中的“平面”按钮，在“浏览器”中选择菜单“原始坐标系”→“XY 平面”命令，在实体中会显示出该平面。拖动鼠标将原始平面偏移至实体中心部位，如图 2-1-63 所示。

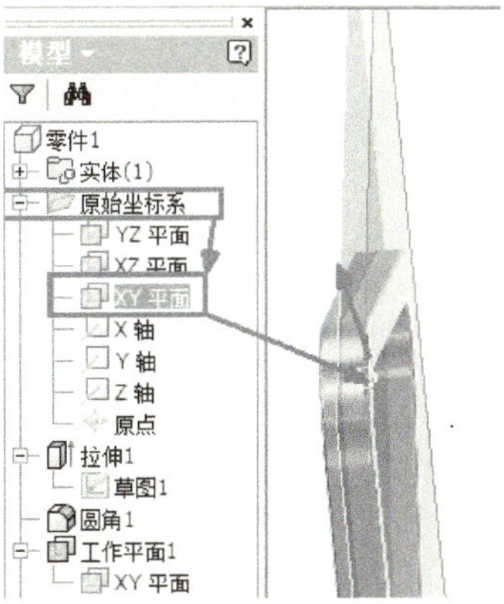

图 2-1-63　创建实体中心面

5）调整空间视图，在创建的实体中心平面上单击鼠标右键，选择“新建草图”命令新建草图，按 <F7> 键进入剖切面，单击“草图”选项卡中的“投影几何图元”按钮将边线投影出来，单击“圆”按钮绘制扣环草图，如图 2-1-64 所示。

提示：Inventor 软件提供很多种创建平面的方法，设计者可根据实际需求，单击“模型”选项卡中的“平面”按钮创建或是用鼠标单击选取第 1 个标准区域和第 2 个目标区域定位所生成的平面。

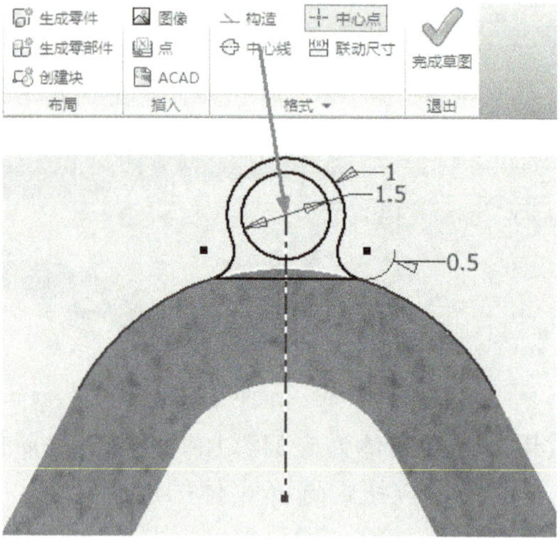

图 2-1-64　绘制扣环草图

6)完成草图后单击“模型”选项卡中的“拉伸”按钮，选择扣环截面轮廓，以“中心向两边”的方式拉伸 1mm 的距离，如图 2-1-65 所示。

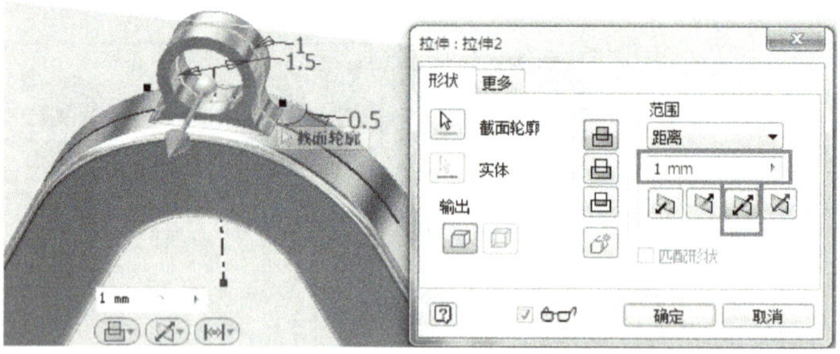

图 2-1-65　拉伸扣环草图

7）创建新平面，用于绘制主体中心轴。单击“模型”选项卡中的“平面”按钮在扣环上方创建一个新的平面，拖动鼠标将该平面向下偏移 -6mm，如图 2-1-66 所示。

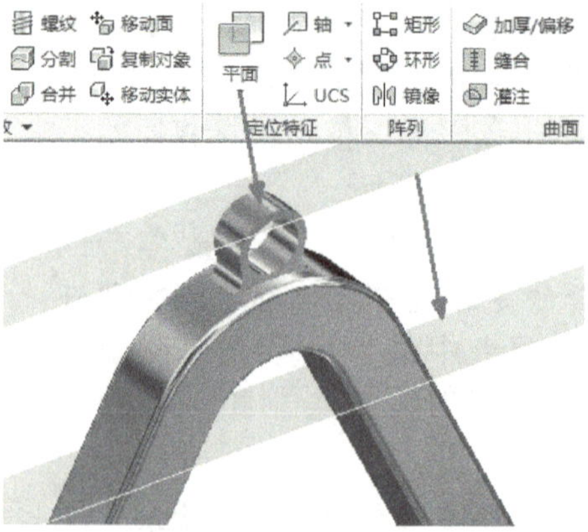

图 2-1-66　偏移平面

8）在新偏移的平面上新建草图，单击“草图”选项卡中的“圆”按钮绘制 2 个同心圆，直径分别为 1mm 和 0.5mm，如图 2-1-67 所示。完成草图后，单击“模型”选项卡中的“凸雕”按钮，将草图轮廓投影到实体上，效果如图 2-1-68 和图 2-1-69 所示。

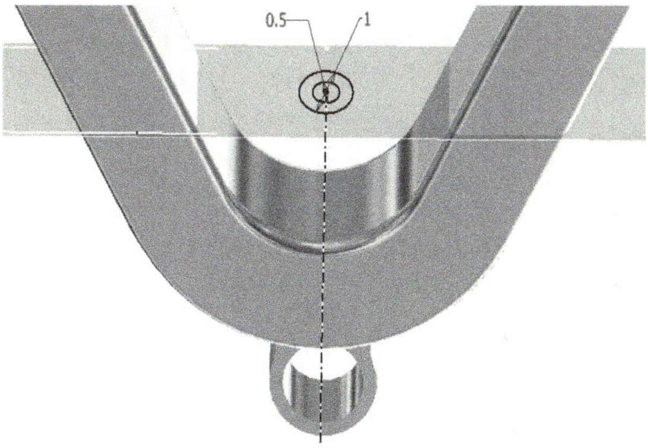

图 2-1-67　绘制同心圆草图

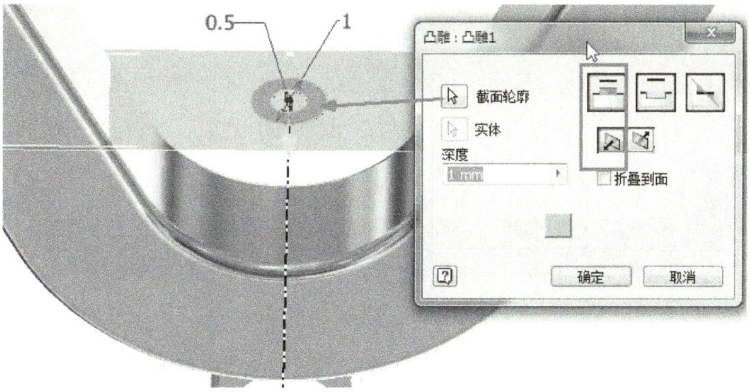

图 2-1-68　为同心圆进行凸雕处理

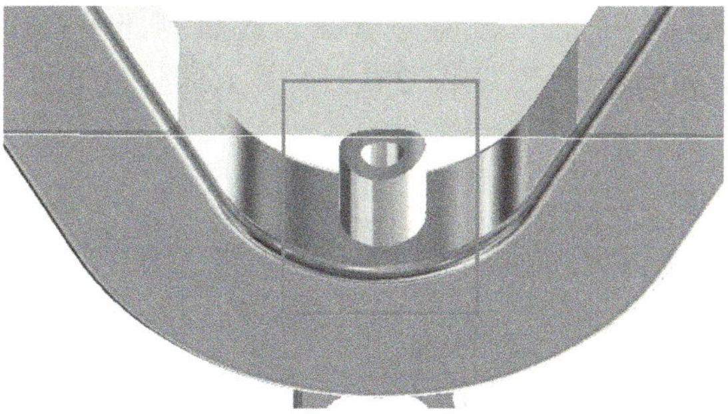

图 2-1-69　完成凸雕后的效果

9）为使凸雕完成后的效果更理想，可以拉伸实体修剪掉多余的实体内容。在平面上新建草图，单击“草图”选项卡中的“矩形”按钮绘制一个大于中心轴直径的矩形轮廓。单击“模型”选项卡中的“拉伸”按钮，设置拉伸范围为“贯通”，拉伸模式为“求差”，如图 2-1-70 所示。

10）创建支架底端的中心轴。单击“模型”选项卡中的“凸雕”按钮，截面轮廓仍然使用顶部中心轴的草图轮廓，深度为 0.5mm，效果如图 2-1-71 和图 2-1-72 所示。

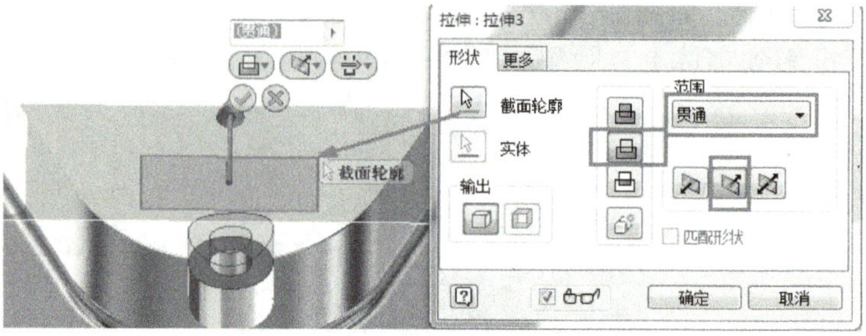

图 2-1-70　修剪多余的实体

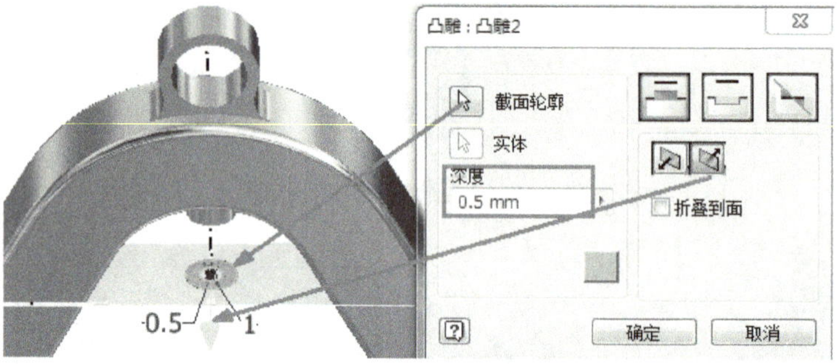

图 2-1-71　完成凸雕后的效果

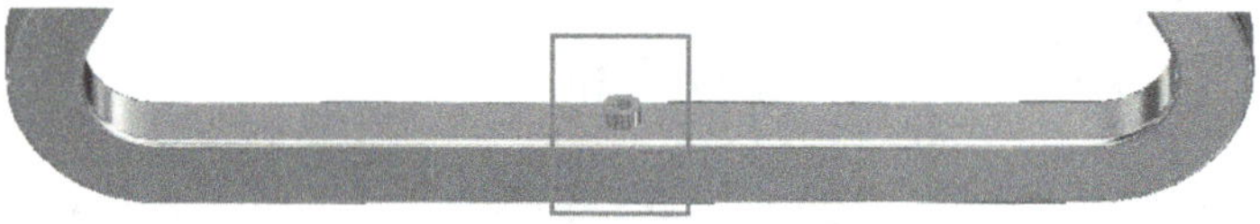

图 2-1-72　支架底端的中心轴

提示：在 Inventor 软件中，“拉伸”与“凸雕”都可以将草图轮廓变为实体，其效果最大的差别是：拉伸出的实体表面只会沿拉伸时设置的方向进行，而凸雕是将形成的实体适配于当前环境中。

11）单击“模型”选项卡中的“拉伸”按钮，参照制作中心轴的方法，创建从中心轴内部突出的旋转轴，效果如图 2-1-73 和图 2-1-74 所示。至此主体支架零件已全部完成了，将文件保存备用。

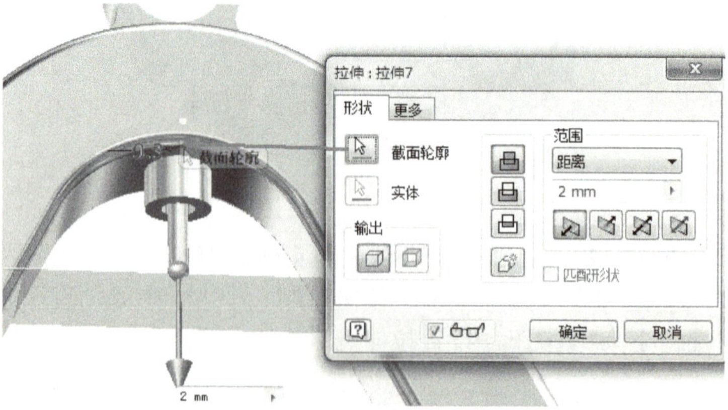

图 2-1-73　顶端旋转轴

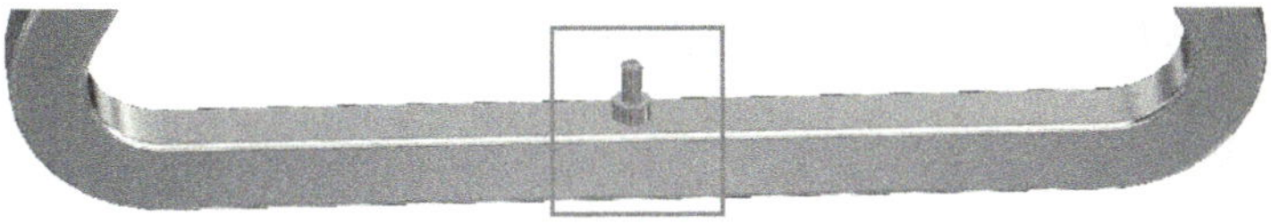

图 2-1-74 底端旋转轴

12）创建“水滴式”标志牌。在“快速访问工具栏”中选择菜单“新建”→“零件”新建一个零件。单击“草图”选项卡中的“样条曲线”按钮，绘制标志牌外轮廓。完成草图后，单击“模型”选项卡中的“拉伸”按钮将草图拉伸成实体，高度为 1mm，如图 2-1-75 所示。

13）调整空间视图到“顶视图”，在实体上方单击鼠标右键，创建新草图。单击“草图”选项卡中的“圆”按钮，绘制一个直径为 1mm 的圆，圆心应与整体轮廓图的中心线垂直。完成草图后，单击“模型”选项卡中的“拉伸”按钮将草图向下位伸，修剪已有实体，如图 2-1-76 所示。

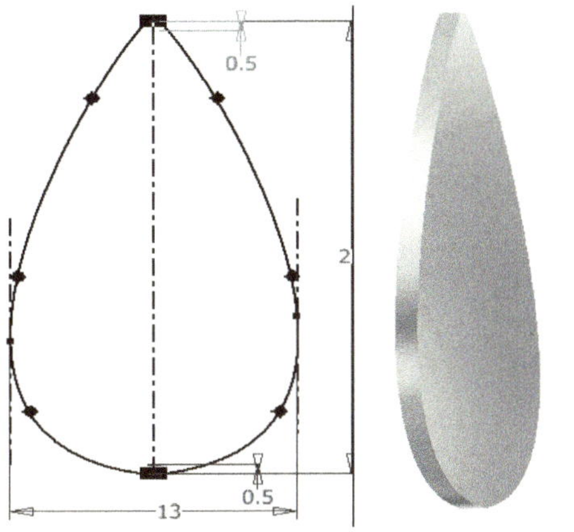

图 2-1-75 创建标志牌外形

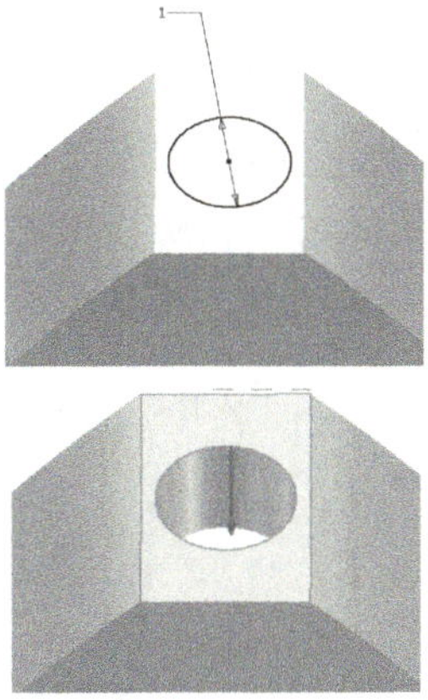

图 2-1-76 创建旋转轴顶孔

14）调整空间视图到“底视图”，在实体下方单击鼠标右键，创建新草图。单击“草图”选项卡中的“投影几何图元”按钮，将草图中可以显示出的圆投影出来，如图 2-1-77 所示。完成草图后，单击“模型”选项卡中的“拉伸”按钮将草图向下位伸，修剪已有实体。

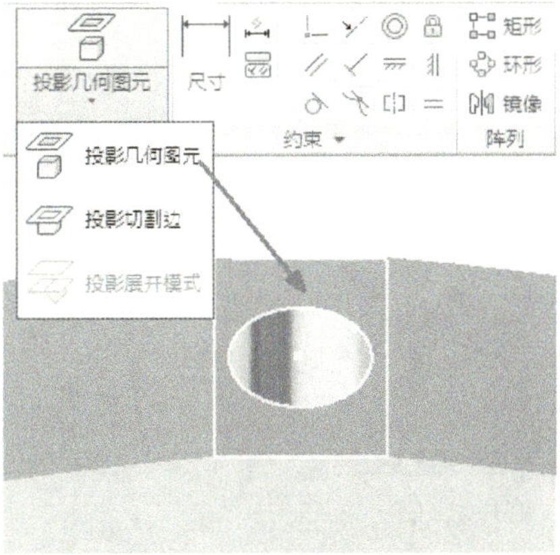

图 2-1-77 创建旋转轴底孔

提示：在创作过程中，要根据需要随时调整空间的视图，以符合当前的绘图环境。调整视图是可按住 <F4> 键。

15）为使实体更美观，单击“模型”选项卡中的“圆角”按钮将边缘作倒圆角处理，圆角半径为 0.1mm，如图 2-1-78 所示。

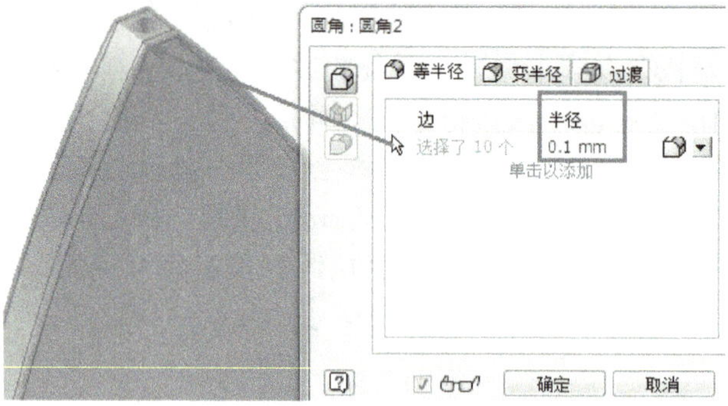

图 2-1-78　为边缘倒圆角

16）调整空间视图至“前视图”，新建草图。单击“草图”选项卡中的“投影几何图元”按钮，将实体内侧轮廓投影出来。完成草图后，单击“模型”选项卡中的“拉伸”按钮将草图向下拉伸 0.1mm，修剪已有实体，如图 2-1-79 所示。

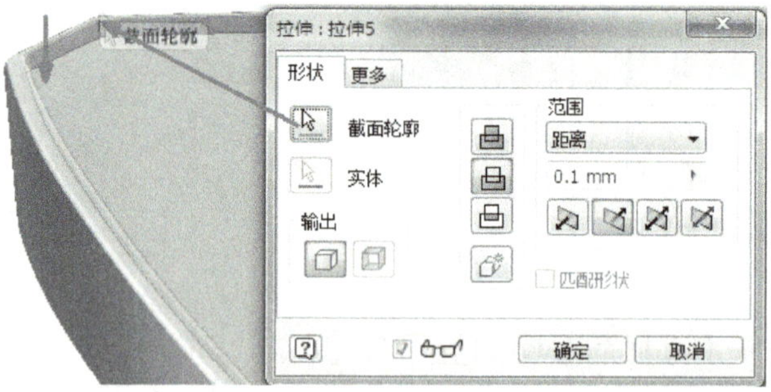

图 2-1-79　向下拉伸草图

17）调整空间视图为“前视图”，在实体正面新建草图，参照操作篇项目 1 任务 1 校标的创建方法，绘制标志草图。单击“模型”选项卡中的“拉伸”按钮，将草图拉伸 0.1mm，如图 2-1-80 所示。

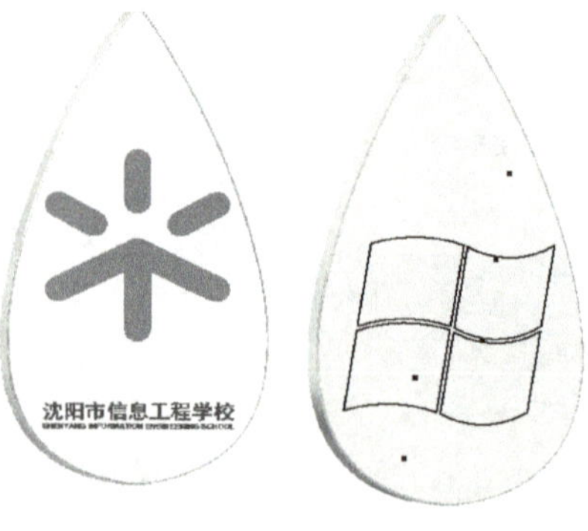

图 2-1-80　创建标志

18）为使标志效果更加美观，选择实体特征，为标志添加材质效果，如图 2-1-81 ～图 2-1-83 所示。

19）创建“部件”文件，将之前所完成的零件装配到一起，完成最后的整体效果。参照操作篇项目 1 任务 2 中部件装配方法，创建部件文件，单击“装配”选项卡中的“放置”按钮，导入创建好的两个零件，如图 2-1-84 所示。

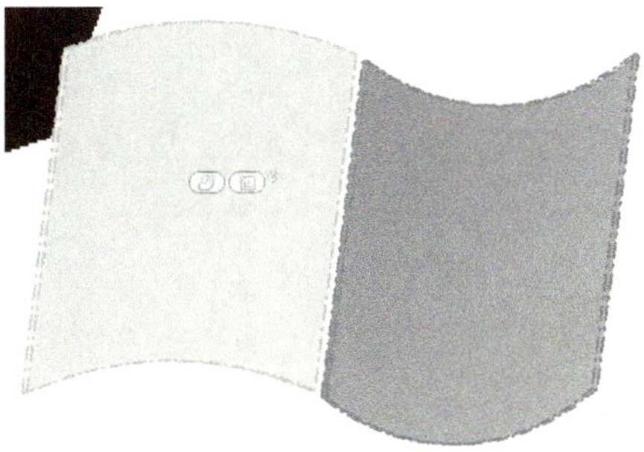

图 2-1-81　为标志添加材质 1

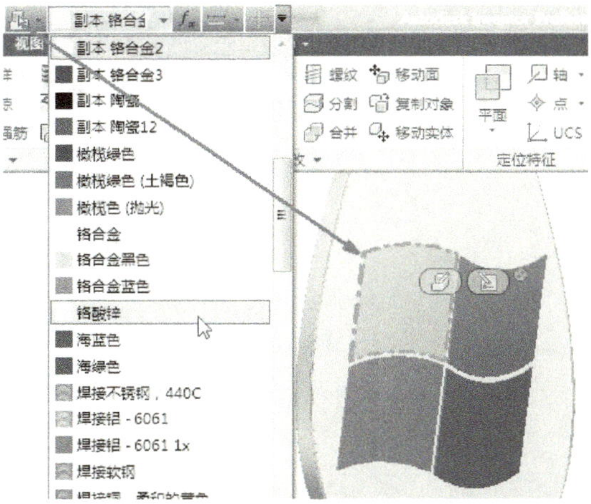

图 2-1-82　为标志添加材质 2

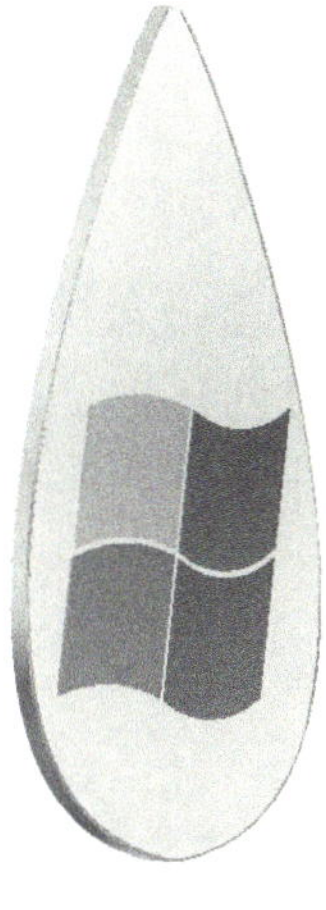

图 2-1-83　零件完成效果

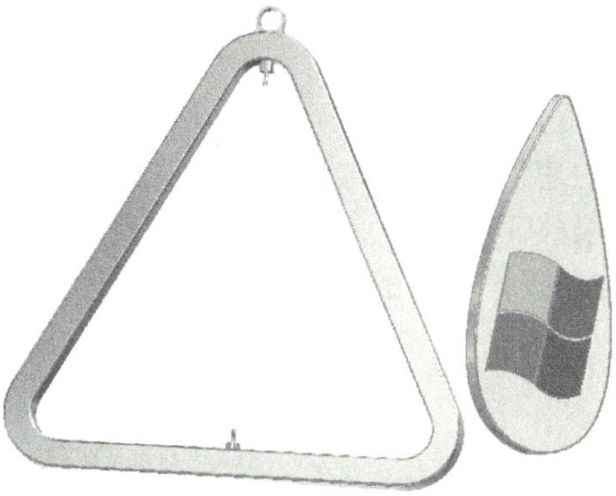

图 2-1-84　导入零件

20）单击“装配”选项卡中的“约束”按钮，单击鼠标左键选择标志牌上方孔的中心轴，选择支架上方中心轴，并应用约束，效果如图 2-1-85 和图 2-1-86 所示。

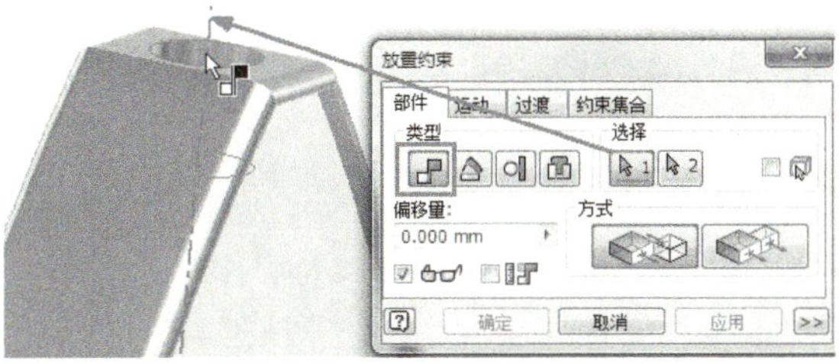

图 2-1-85　放置零件

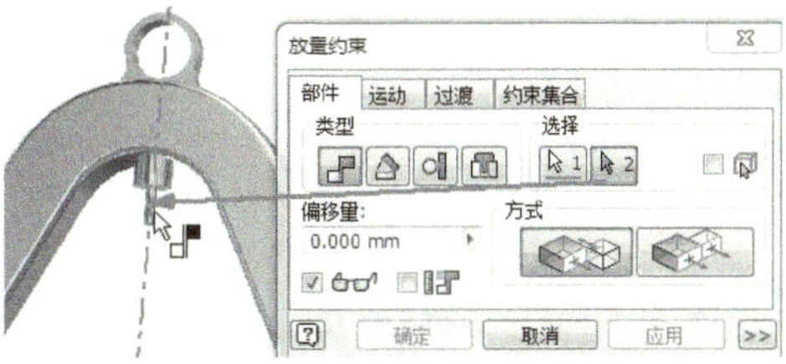

图 2-1-86　轴与轴之间放置约束

21）完成第一个约束效果后，鼠标仍然可以拖动标志牌上下移动。再次为其添加面与面之间的约束效果，使标牌只能在支架内部旋转，不可与支架分离。单击“装配”选项卡中的“约束”按钮，单击鼠标左键选择标志牌上方孔的内底面，接着选择支架上方中心轴底面，并应用约束，如图 2-1-87 所示。

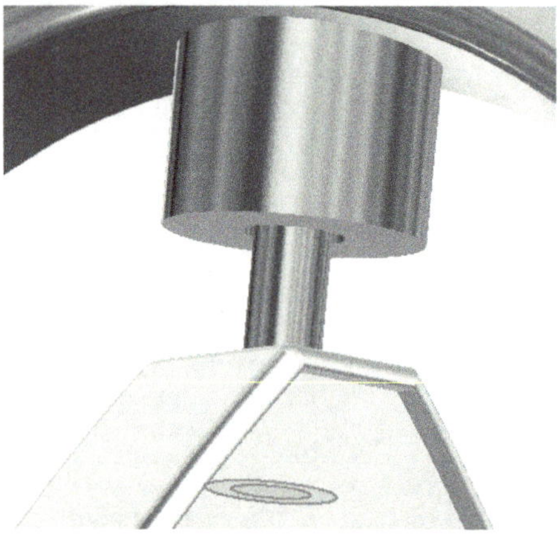

图 2-1-87　面与面之间约束

提示：单击“装配”选项卡中的“约束”按钮后，仍然可以单击“旋转”按钮，来调整零件的方向，便于选择对象。

项目小结

本项目通过设计制作 3 个纪念性钥匙扣，来分析研究在创建具有纪念性产品时，应如何进行前期的思路规划，如何实施设计制作。使读者可以深入学习创建曲面轮廓、草图放样、凸雕、偏移工作平面、应用文本的操作方法。并掌握创建部件文件、零件装配技术、Inventor Studio 图像渲染的操作方法。

项目 2　电子体温计与电子按摩枕的设计与制作

项目重点知识

※ 创建曲面轮廓
※ 草图凸雕
※ 草图打孔
※ 实体分割
※ 贴图、添加材质

项目分析

电子体温计是由温度传感器、液晶显示器、纽扣电池、专用集成电路及其他电子元器件组成的，能快速准确地测量人体的体温。与传统的水银玻璃体温计相比，具有读数方便、测量时间短、测量精度高、能记忆并有蜂鸣提示的优点，尤其是电子体温计不含水银，对人体及周围的环境无害，特别适合于家庭、医院等场合使用。

按摩枕是根据传统经络按摩与现代医学按摩原理而研制的一种保健产品。它采用独特的红外温热灸方式，可以减轻人体的紧张和压迫感，促进新陈代谢，增强血液循环，缓和神经痛，消除肌肉疲劳，理气养血，调整内脏功能，增强人体免疫力，从而达到防病保健强身的效果。

任务 1 电子体温计

作品展示

作品如图 2-2-1 所示。

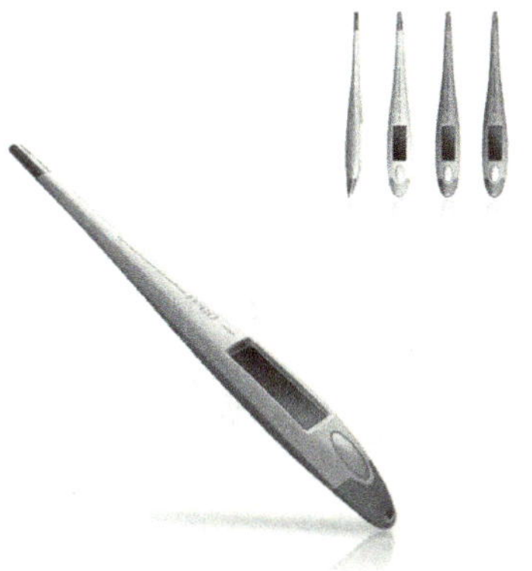

图 2-2-1　电子体温计

任务分析及实施

本实例产品设计是根据目前市场上比较畅销的电子体温计设计而成。其特点是外观精致小巧，携带方便。曲线型轮廓设计，更显时尚美观，主体部位为电子显示屏，可以方便查看数据。产品末端可拆卸，内部安放纽扣电池。

具体操作方法如下。

1）在“快速访问工具栏”中选择菜单“新建”→“零件”命令新建一个零件。单击“草图”选项卡中的“样条曲线”按钮，在“前视图”拖动鼠标绘制出产品截面轮廓，总高度为37mm，如图 2-2-2 所示。

2）完成草图后，单击“模型”选项卡中的“旋转”按钮，将绘制完成的截面轮廓全部旋转成实体，如图 2-2-3 所示。

3）单击“模型”选项卡中的“平面”按钮，在旋转完成的实体底面创建平面，以此为标准在实体的左侧面创建出第 2 个平面，如图 2-2-4 所示。

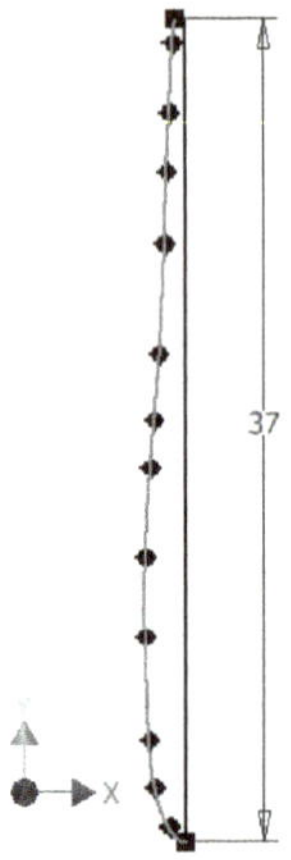

图 2-2-2　绘制截面轮廓

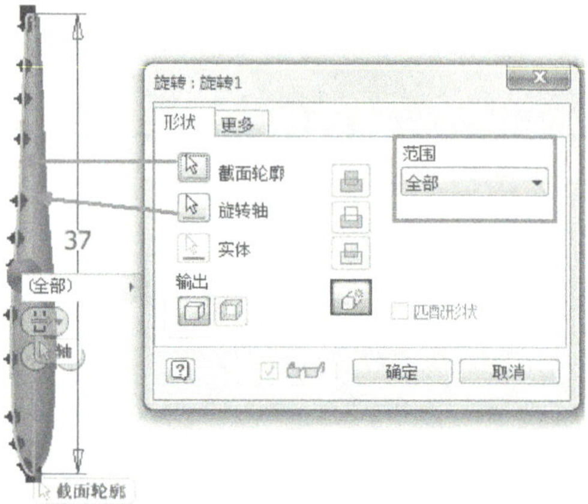

图 2-2-3　旋转截面轮廓图

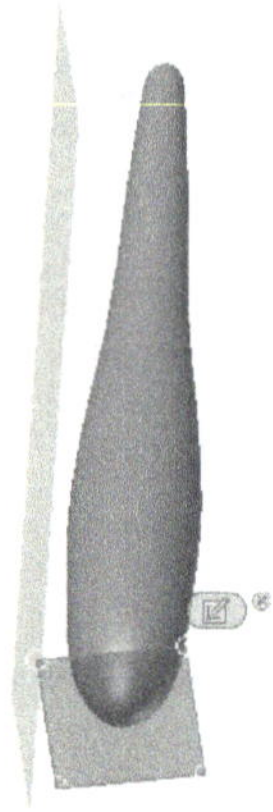

图 2-2-4　创建平面

4）调整空间视图为“左视图”，单击“草图”选项卡中的“样条曲线”按钮在平面上创建截面轮廓，用于修剪多余的实体部分。完成草图后，单击“模型”选项卡中的“拉伸”按钮将轮廓拉伸贯通，拉伸模式选择“求差”，如图 2-2-5 和图 2-2-6 所示。

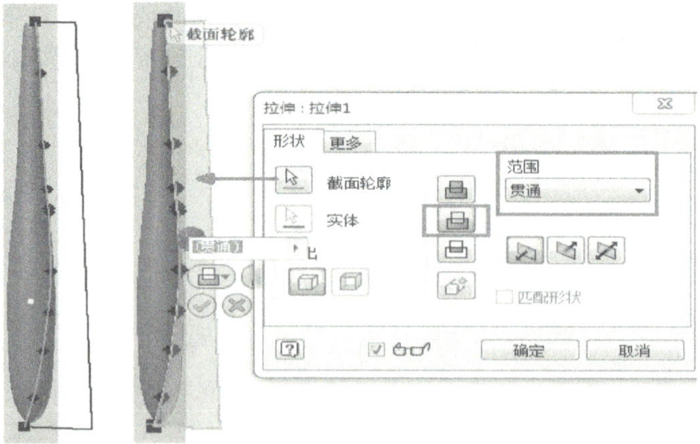

图 2-2-5 拉伸截面轮廓

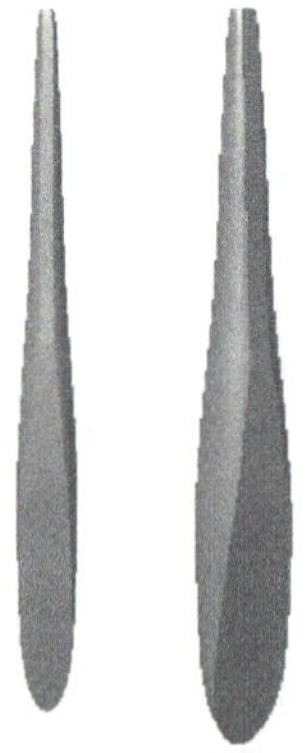

图 2-2-6　拉伸修剪实体

5）为使实体更加美观，为边缘添加倒圆角处理，圆角半径为 0.2mm，如图 2-2-7

所示。

6）调整空间视图，在实体尾端创建体温计的电子显示屏。单击“模型”选项卡中的“平面”按钮，在实体尾端创建平面。在平面上方单击鼠标右键选择“新建草图”命令，绘制屏幕草图轮廓，如图 2-2-8 所示。

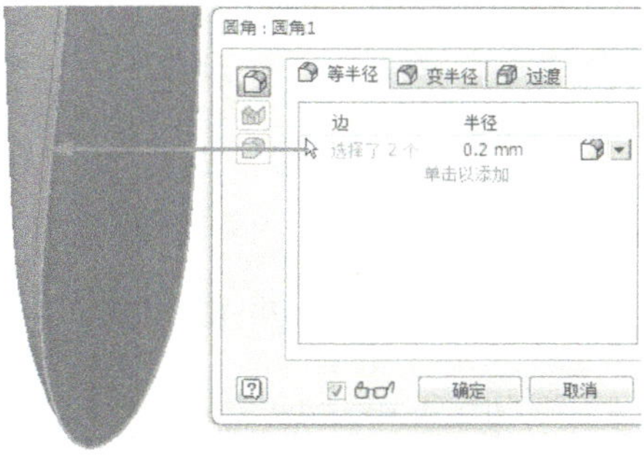

图 2-2-7　对边缘倒圆角

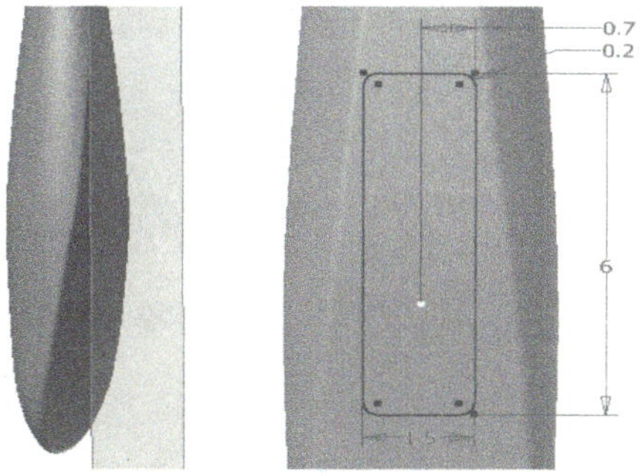

图 2-2-8　创建屏幕草图轮廓

7）完成草图后，单击“模型”选项卡中的“拉伸”按钮将草图拉伸 1.8mm 的距离，修剪原有实体。完成拉伸效果后，单击“圆角”按钮将修剪完成的区域进行倒圆角处理，如图 2-2-9 和图 2-2-10 所示。

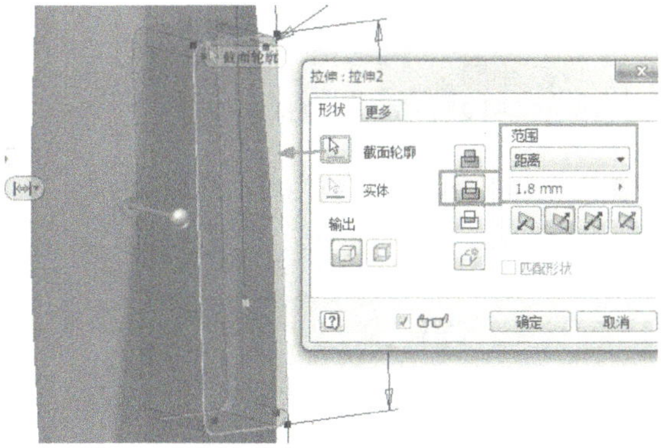

图 2-2-9　拉伸草图

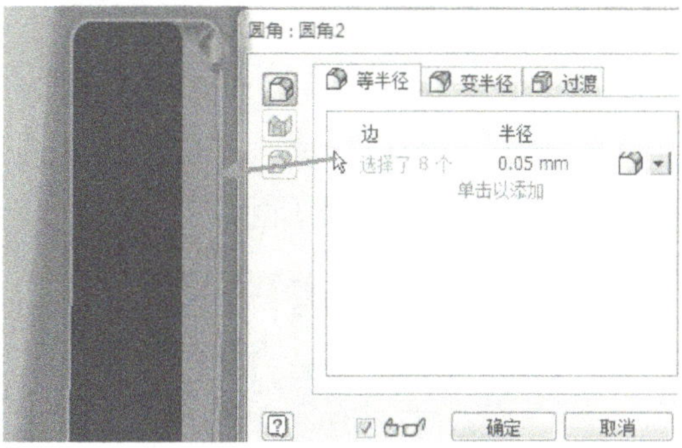

图 2-2-10　进行倒圆角

提示：在绘图过程中，要根据实际的绘图需要创建平面，当完成草图后，平面又会影响下一步的操作。这时可以在平面上单击鼠标右键，设置“可见性”为非选中状态即可将该平面隐藏，隐藏的平面可以通过“浏览器”中的菜单查看。

8）为实体添加材质。在标题栏上方单击“选择实体”按钮选择实体，为主体添加“塑料（白色）”材质，如图 2-2-11 所示。

9）为实体显示屏添加材质。在标题栏上方单击“选择实体”按钮，为显示屏添加“玻璃（绛红）”材质，如图 2-2-12 所示。

10）调整空间视图，从“浏览器”中找到之前在实体表面创建的“平面”，单击鼠标右键选中“可见性”将平面显示出来。在平面上新建草图，单击“草图”选项卡中的“直线”“圆”“圆弧”按钮绘制体温计按钮草图轮廓，如图 2-2-13 和图 2-2-14 所示。

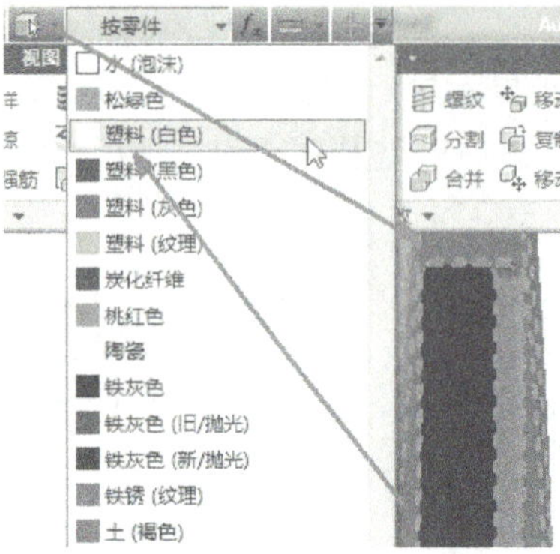

图 2-2-11　为主体添加材质

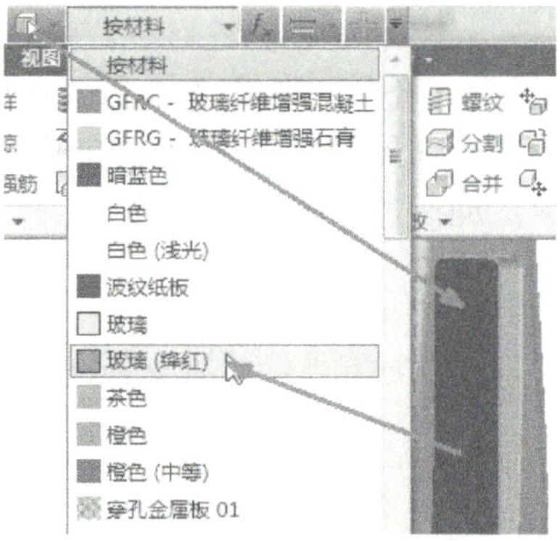

图 2-2-12　为显示屏添加材质

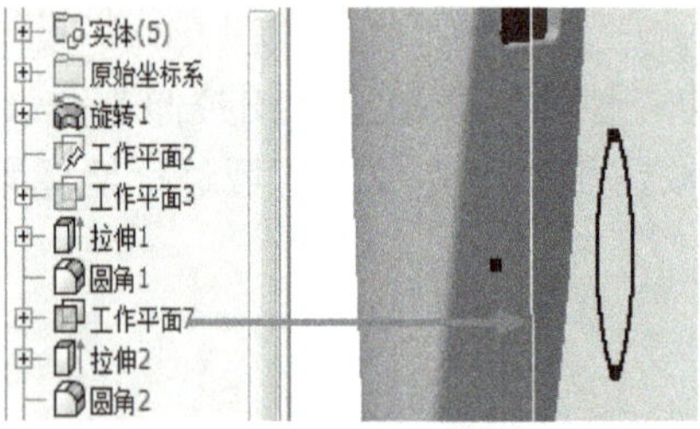

图 2-2-13　创建按钮平面

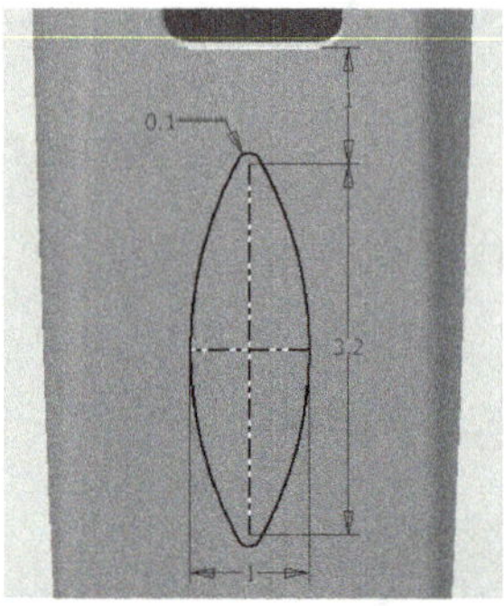

图 2-2-14　绘制按钮草图

11）完成草图后，单击“模型”选项卡中的“凸雕”按钮将草图刻入实体内部，深度为 0.2mm，如图 2-2-15 所示。

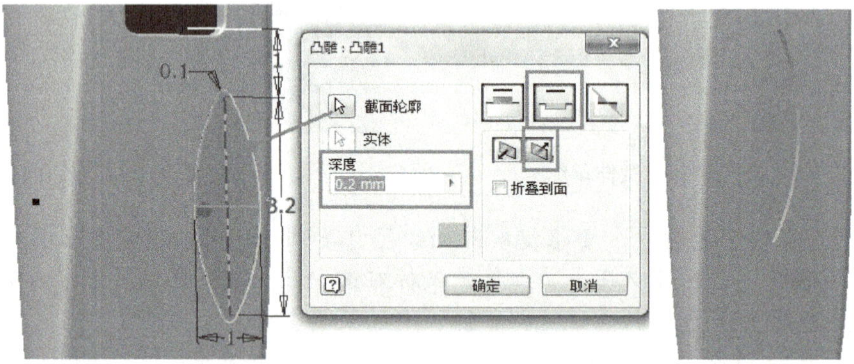

图 2-2-15　对按钮进行凸雕处理

12）单击“模型”选项卡中的“圆角”按钮，将凸雕后的内部边缘倒半径为 0.05mm 的圆角，并将底面添加“蓝色（天蓝）”材质效果，以便于区分主体，如图 2-2-16 所示。

13）在“浏览器”中，将实体上方“平面”可视化显示，并在平面上新建草图。单击“草图”选项卡中的“投影几何图元”按钮，对实体外轮廓进行投影并单击“直线”“圆弧”按钮绘制草图，用于分割实体，如图 2-2-17 所示。

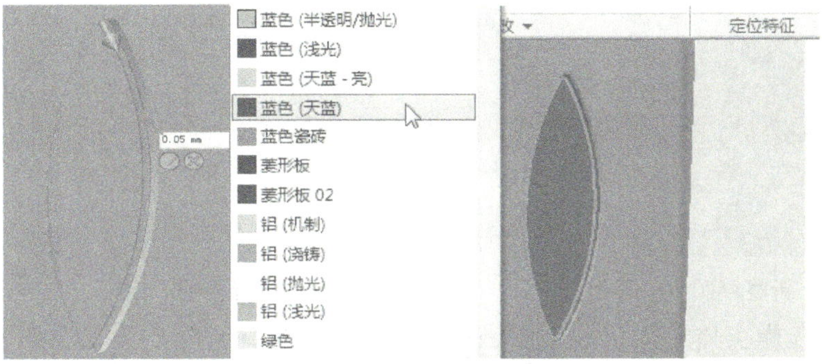

图 2-2-16　为底面添加材质

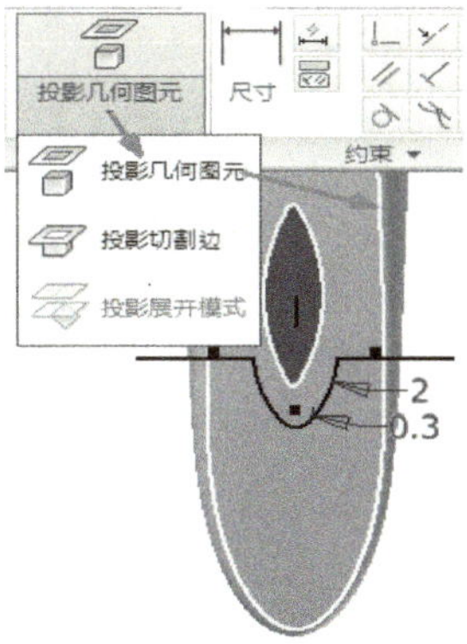

图 2-2-17　创建分割草图

14）完成草图后，单击“模型”选项卡中的“分割”按钮，选择第 3 个图标“分割实体”。单击鼠标左键选择实体，这时实体表面会显示出虚线。将之前的草图作为分割工具，单击轮廓线，设置完成后单击“确定”按钮应用分割命令，如图 2-2-18 所示。

15）分割完成后，单击标题栏中的“选择实体”按钮，选择已分割完成的实体，添加“蓝色（天蓝）”材质，如图 2-2-19 所示。

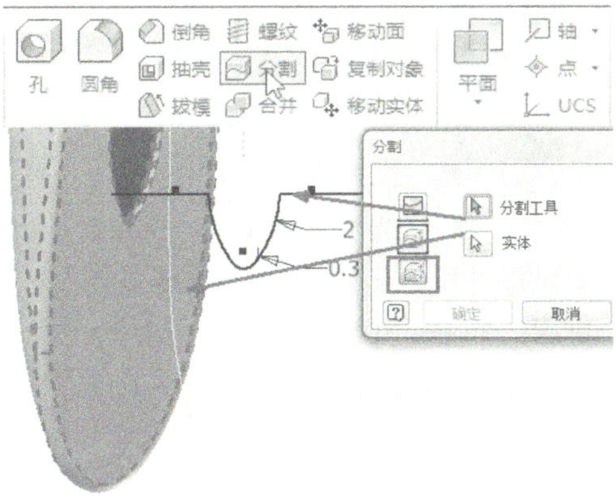

图 2-2-18　分割实体

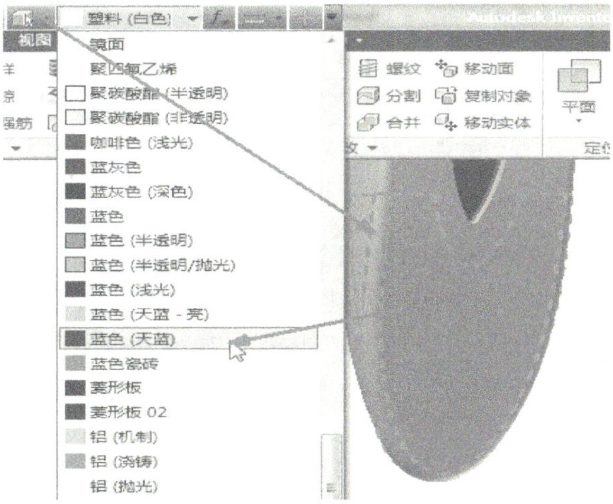

图 2-2-19　为实体添加材质

提示：使用“分割”，可以将零件分割成为 2 个实体。也可以在实体和曲面体上执行面分割。用户可以使用工作平面分割零件，也可以在工作平面或零件面上绘制草图用作“分割实体”的分割工具。作为分割工具的图形可以是直线、圆弧或样条曲线。选择三维曲线作为分割工具时，系统将禁用“修剪实体”和“分割实体”选项。

16）调整空间视图到“左视图”，在“浏览器”中找到实体左侧平面，单击鼠标右键选中“可见性”。在平面上新建草图，单击“草图”选项卡中的“圆弧”按钮绘制一个半径为 2.5mm 的圆弧，作为体温计金属头的分割工具。完成草图后，单击“模型”选项卡中的“分割”按钮，参照产品尾部的分割方法完成实体分割，效果如图 2-2-20 和图 2-2-21 所示。

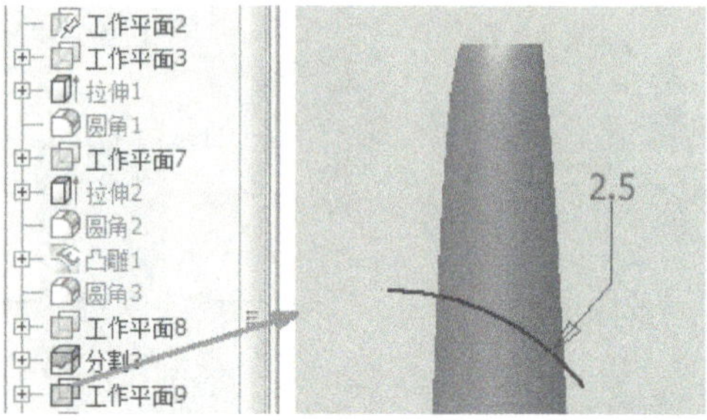

图 2-2-20　在平面上新建草图

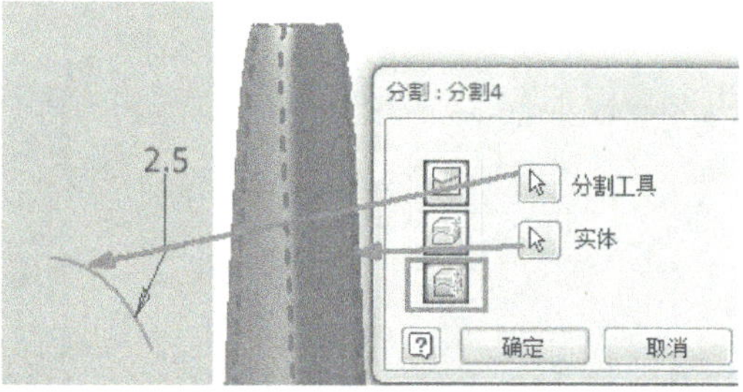

图 2-2-21　进行分割

17）单击标题栏中的“选择实体”按钮，选择已被分割出来的实体部分，为其添加“铬合金”材质，如图 2-2-22 所示。

18）在“浏览器”中找到实体前视图上方的平面，选中平面的“可见性”。在平面上新建草图，单击“草图”选项卡中的“文本”按钮输入“－－－－OGOL－－－－”文字标志。完成草图后，单击“模型”选项卡中的“凸雕”按钮将文字标志嵌入到实体中，深度至少为 0.05mm，如图 2-2-23 所示。

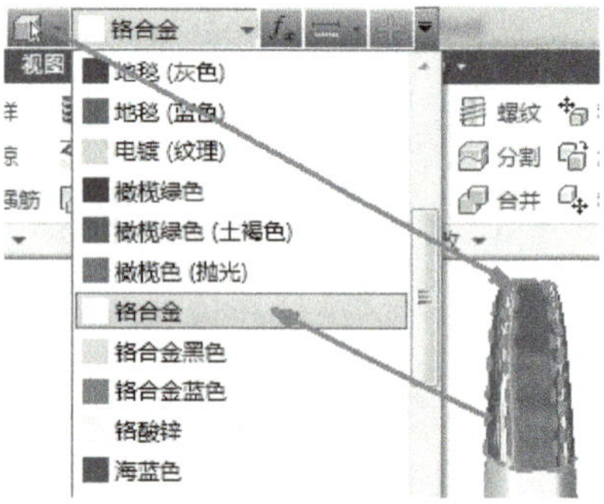

图 2-2-22　添加金属材质

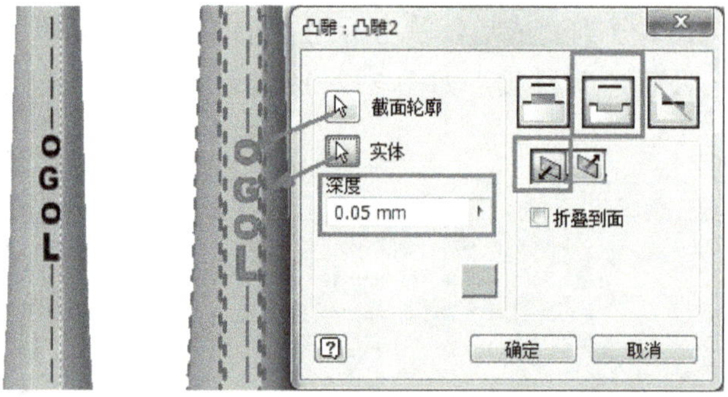

图 2-2-23　凸雕文字效果

19）在平面上新建草图，单击“草图”选项卡中的“投影几何图元”按钮将体温计按钮轮廓投影到平面上。如图 2-2-24 所示。完成草图后，单击“模型”选项卡中的“拉伸”按钮将轮廓拉伸出来，拉伸范围选择“到表面或平面”，如图 2-2-25 所示。

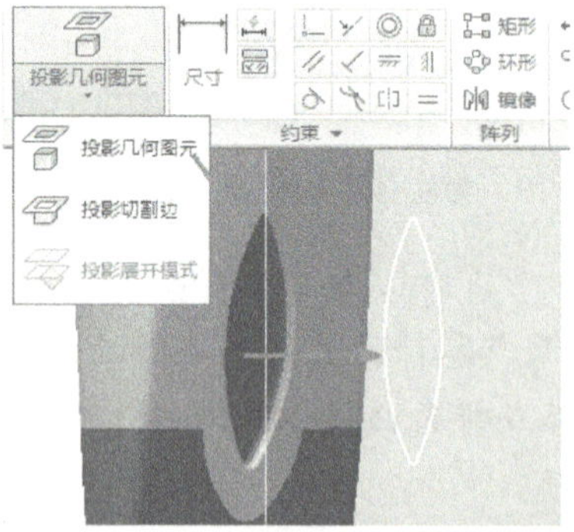

图 2-2-24　投影几何图元

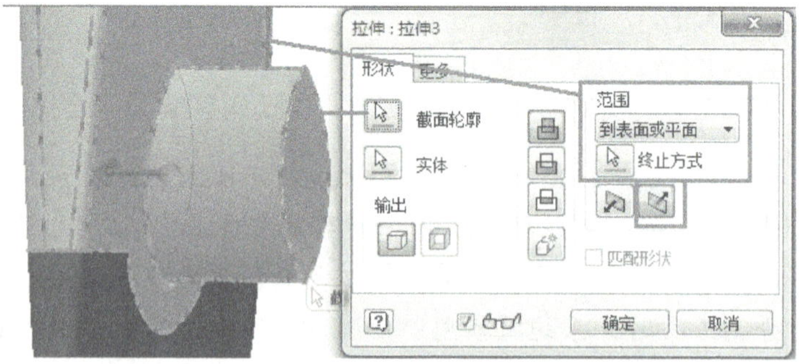

图 2-2-25　拉伸草图轮廓到平面

20）调整空间视图到“左视图”，在“浏览器”中选择菜单“原始坐标系”→“YZ 平面”，设置平面“可见性”。在平面上新建草图，按 <F7> 键进入实体剖切面。单击“草图”选项卡中的“直线”“样条曲线”按钮绘制截面轮廓，效果如图 2-2-26 和图 2-2-27 所示。

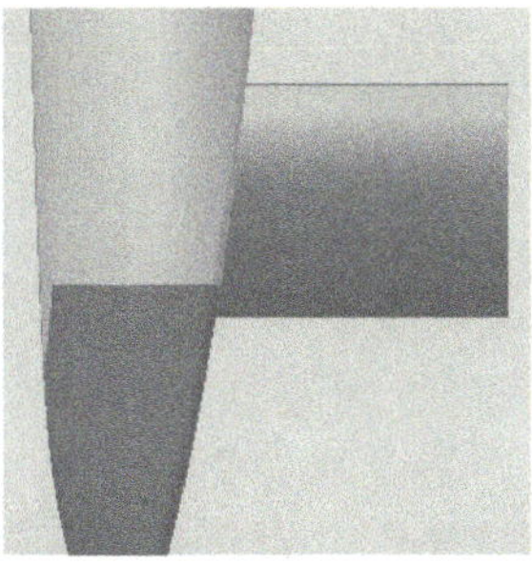

图 2-2-26　调整空间视图

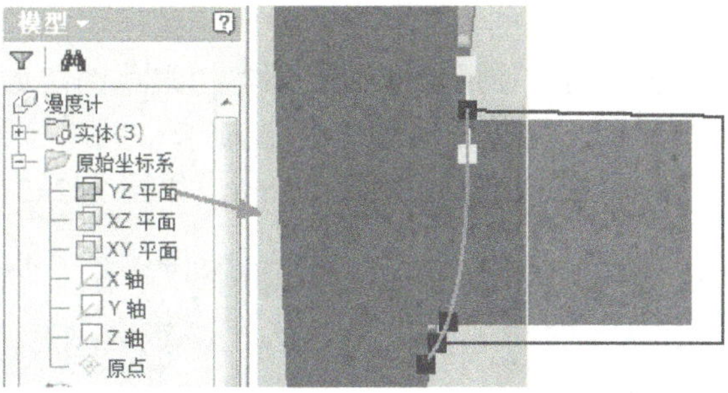

图 2-2-27　在剖切面绘制截面轮廓

21）完成草图后，单击“模型”选项卡中的“拉伸”按钮拉伸草图，距离应不小于体温计总体宽度，这里应用 5mm，拉伸方向为“两端”，拉伸模式为“求差”，如图 2-2-28 所示。最后为按钮边缘添加倒圆角效果，如图 2-2-29 所示。

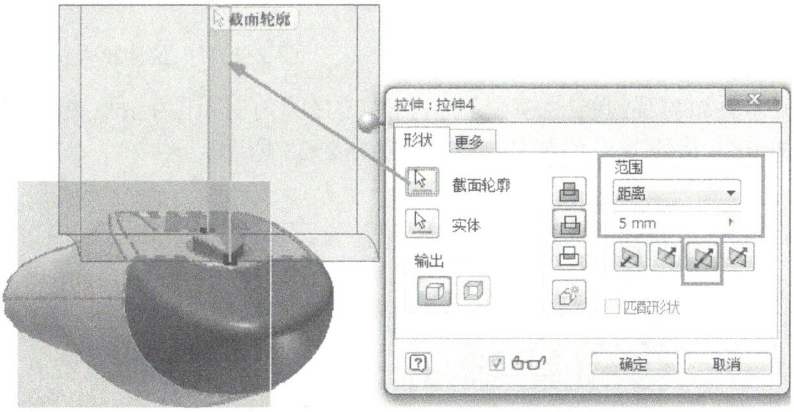

图 2-2-28　拉伸实体

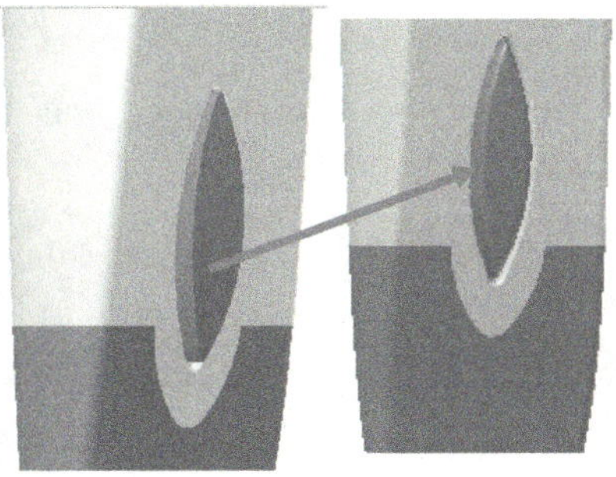

图 2-2-29　按钮完成效果

提示：“圆角”功能常用于对“边”“面”进行修饰，其特点是：“边圆角”为选择的边创建圆角。圆角可以是等半径和变半径圆角、不同大小的圆角、不同连续性的圆角，它们都可以通过一个单独的操作创建。在同一次操作中创建的不同大小的所有圆角将成为单个特征。“面圆角”在两个面或面集之间创建的圆角，面不需要共享一条边。任何小型边和不规则几何图元都通过圆角过渡。“全圆角”与 3 个相邻面或面集相切的变半径圆角，中心面集由变半径圆角代替。

22）创建体温计尾部扣眼。调整空间视图至“前视图”，调出实体表面上方“平面”。在平面上方新建草图，使用绘制命令创建扣眼草图，如图 2-2-30 所示。

23）完成草图后，单击“模型”选项卡中的“拉伸”按钮将草图拉伸修剪原有实体，距离应大于产品的总厚度，这里取 10mm，如图 2-2-31 所示。

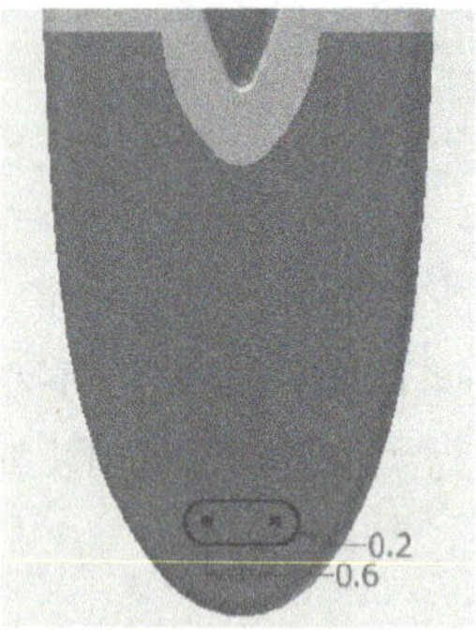

图 2-2-30　创建扣眼草图

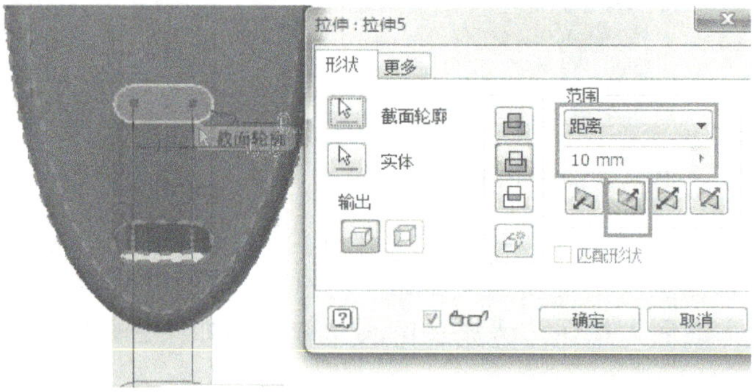

图 2-2-31　拉伸扣眼

24）为使实体更加美观，单击“模型”选项卡中的“圆角”按钮为扣眼边缘添加倒圆角效果，圆角半径为 0.1mm，最终效果如图 2-2-32 和图 2-2-33 所示。

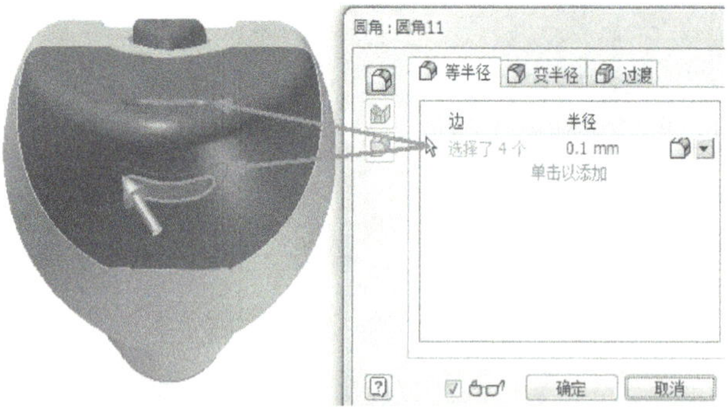

图 2-2-32　为扣眼边缘倒圆角

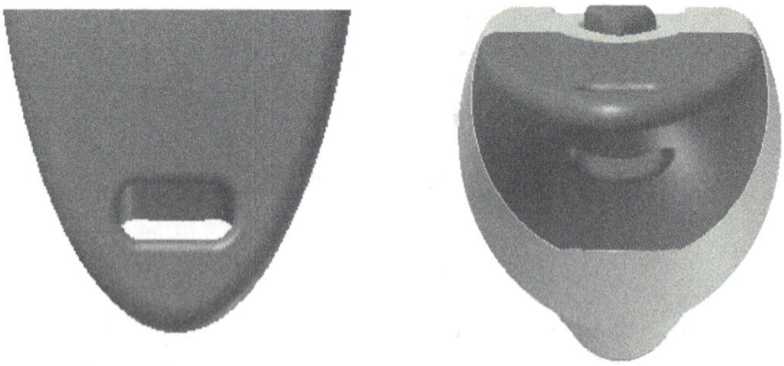

图 2-2-33　完成效果

25）至此，整个产品的模型就完成了。可根据实际需要修整细节，为产品添加不同材质效果，并单击“环境”选项卡中的“Inventor Studio”按钮进入渲染工作界面，为实体输出效果图。

提示：使用 Inventor Studio 渲染功能，还可以完成零件和部件的动画渲染，使用一个或多个照相机从一个或多个动画创建视频，在一个部件文件或零件文件中创建并保存多个动画并可以在动画之间重复使用约束或参数，重复使用目标和照相机位置的位置值。渲染和动画环境会随用户在零件文件或部件文件中所作的后续更改而更新。

任务 2 按摩枕

作品展示

作品如图 2-2-34 所示。

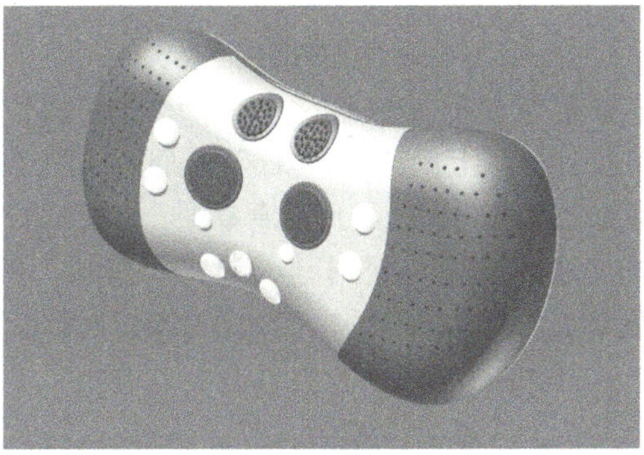

图 2-2-34　按摩枕

任务分析及实施

该产品的设计亮点在于结合了传统的穴位按摩理疗方法创建了按摩贴。产品整体外形设计是符合人们头部、颈椎弧线形的曲线轮廓，枕在上面非常舒适。考虑产品的可开发和使用性，产品在通电运行时可根据需要调整震荡波动，达到按摩效果。产品表面设计出了几个较小的远红外线输出贴。

具体操作方法如下。

1）在“快速访问工具栏”中选择菜单“新建”→“零件”命令新建一个零件。调整空间视图至“前视图”。单击“草图”选项卡中的“样条曲线”按钮，绘制枕状轮廓草图，如图 2-2-35 所示。

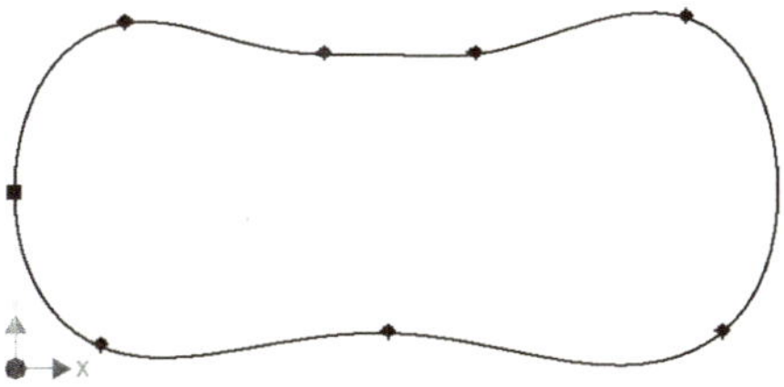

图 2-2-35　绘制轮廓草图

2）完成草图后，单击“模型”选项卡中的“拉伸”按钮将草图轮廓拉伸成实体，拉伸距离为 20mm，如图 2-2-36 所示。

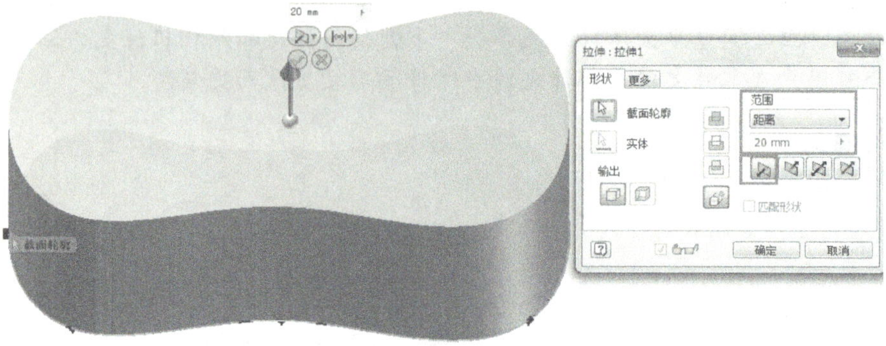

图 2-2-36　将草图拉伸为实体

3）在“浏览器”中选择菜单“原始坐标系”→“XZ 平面”命令，单击“模型”选项卡中的“平面”按钮在“XZ 平面”上偏移出一个新平面，如图 2-2-37 所示。

4）调整空间视图至“顶视图”，在新平面上新建草图，单击“草图”选项卡中的“样条曲线”按钮绘制一个“～”形曲面轮廓。封闭轮廓时建议单击“直线”按钮，且该截面轮廓的宽度要大于实体的最大宽度，便于之后的拉伸操作，如图 2-2-38 所示。

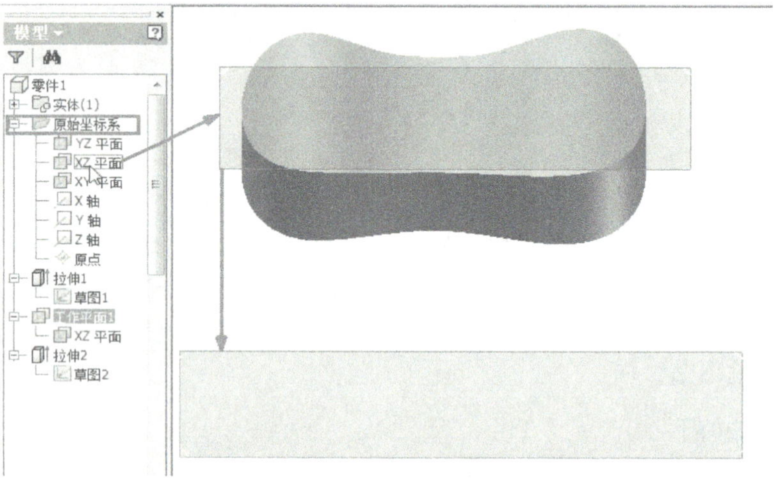

图 2-2-37　偏移平面

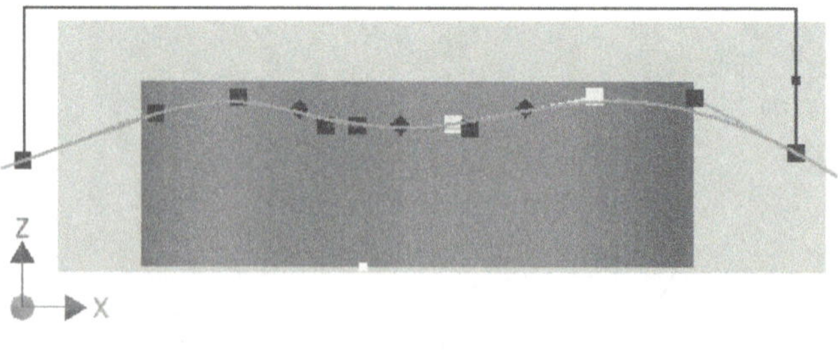

图 2-2-38　绘制“～”形曲面轮廓

5）完成草图后，单击“模型”选项卡中的“拉伸”按钮将草图拉伸 80mm，使用“求差”修剪原有实体，如图 2-2-39 所示。

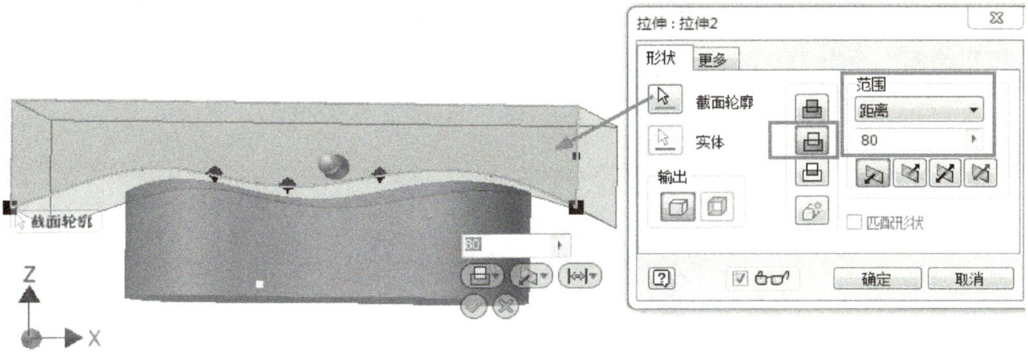

图 2-2-39 拉伸截面轮廓

6）调整空间视图至“前视图”，调用原始坐标系 XZ 平面。单击“模型”选项卡中的“平面”按钮偏移出一个新平面，并在平面上新建草图。单击“草图”选项卡中的“样条曲线”按钮绘制截面轮廓，如图 2-2-40 所示。

7）完成草图后，单击“模型”选项卡中的“拉伸”按钮拉伸草图，修剪完成实体底面的曲线轮廓，效果如图 2-2-41 所示。

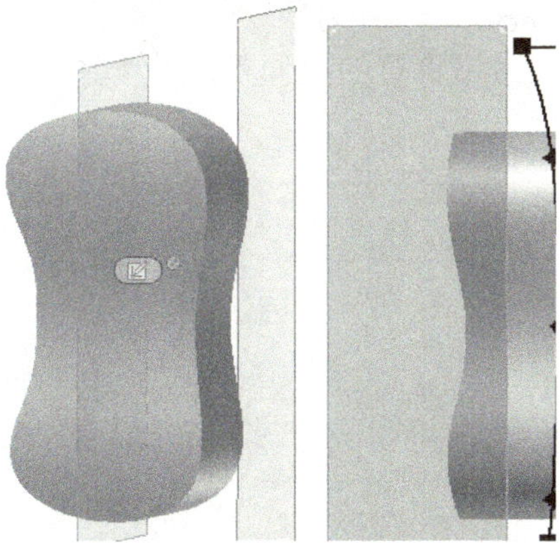

图 2-2-40 偏移平面并新建草图

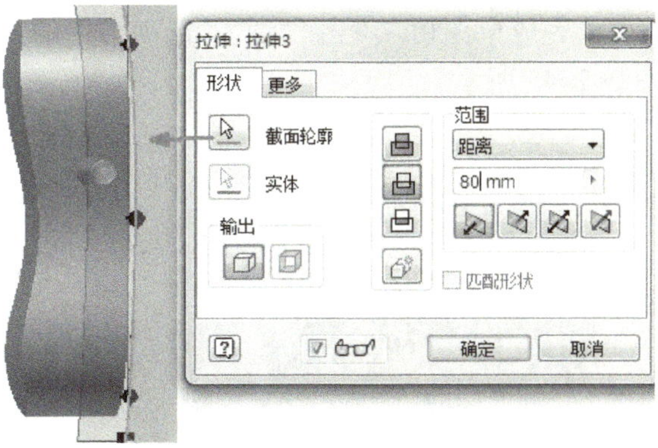

图 2-2-41 拉伸修剪实体底面轮廓

8）为实体添加倒圆角效果。单击“模型”选项卡中的“圆角”按钮，分别为实体上边、下边倒圆角。倒角半径分别为 7mm 和 6mm，效果如图 2-2-42 和图 2-2-43 所示。

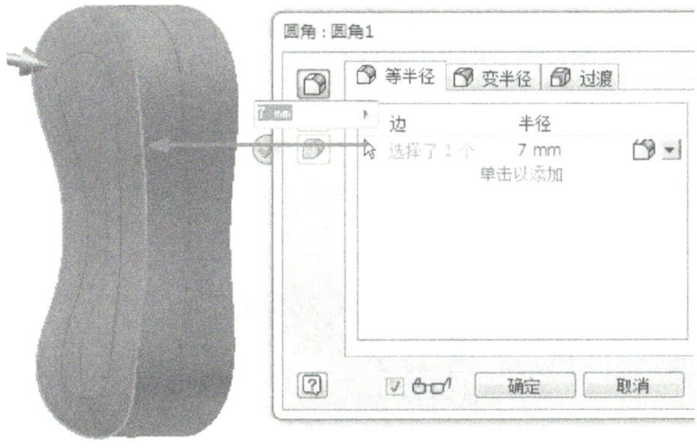

图 2-2-42 为实体边缘倒圆角

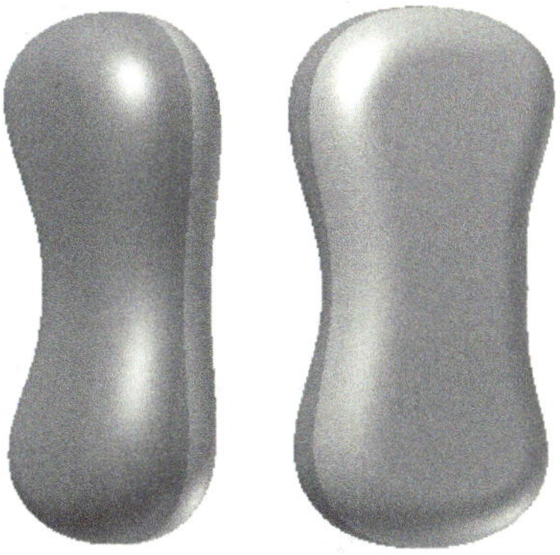

图 2-2-43 倒圆角后的实体效果

9）调整空间视图到“顶视图”，在原有的平面上新建草图。单击“草图”选项卡中的“矩形”按钮绘制一个宽为 0.05mm，长大于实体总长的矩形，如图 2-2-44 所示。

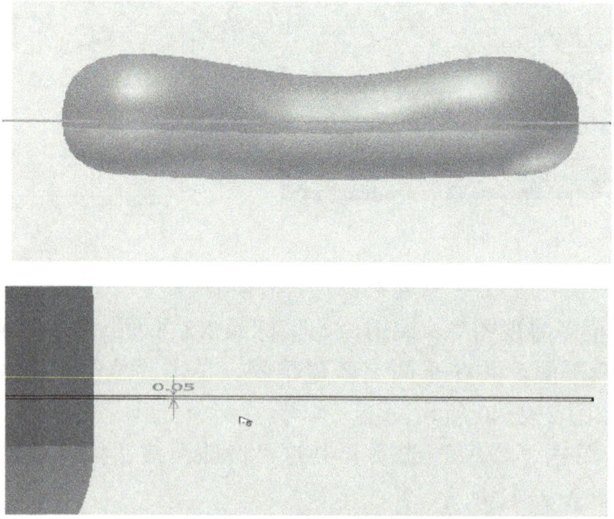

图 2-2-44　绘制矩形草图

10）完成草图后，单击“模型”选项卡中的“拉伸”按钮将草图拉伸贯通，修剪已有实体，如图 2-2-45 所示。

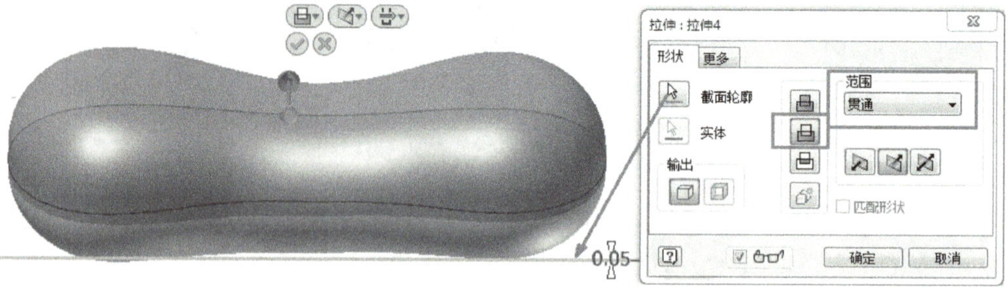

图 2-2-45　拉伸修剪实体

11）拉伸完成后，原有实体将被分割出来。单击标题栏中的“选择实体”按钮，选择实体上的分割面。添加“蓝色”材质，便于区别产品的各部分结构，如图 2-2-46 所示。

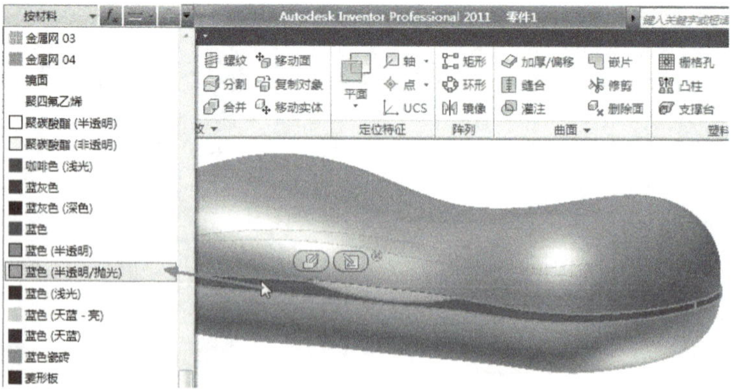

图 2-2-46　为分割面添加材质

12）调整空间视图至“顶视图”，在“浏览器”中调用实体底面“XY 平面”。单击“模型”选项卡中的“平面”按钮将 XY 平面偏移至实体上方，如图 2-2-47 所示。

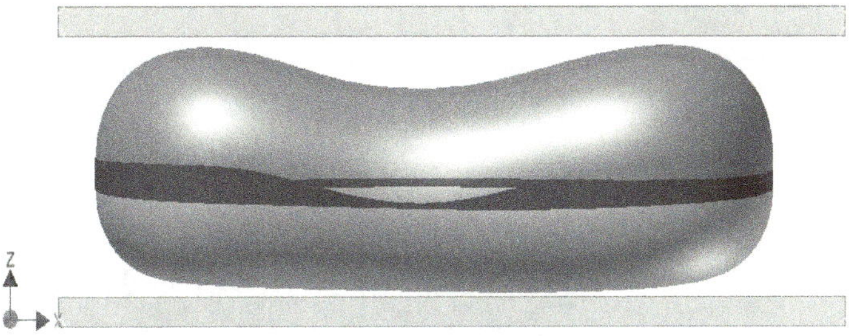

图 2-2-47　偏移新平面

13）在实体上方新平面上新建草图，单击“草图”选项卡中的“圆弧”按钮绘制两条弧，如图 2-2-48 所示。单击“草图”选项卡中的“偏移”按钮分别将圆弧向外偏移 0.04mm，单击“直线”按钮将偏移出的圆弧与原始弧封闭，如图 2-2-49 所示。

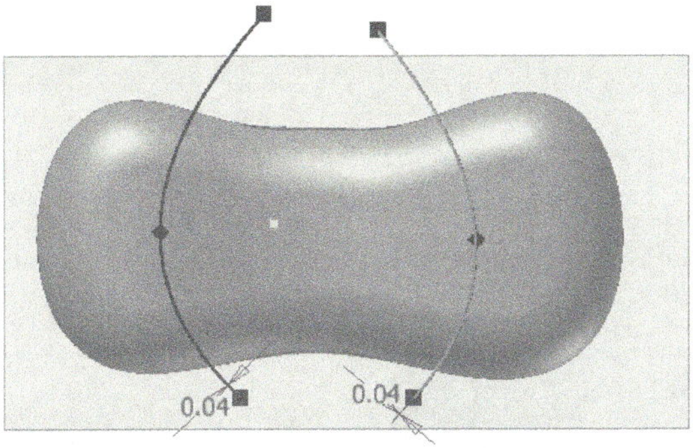

图 2-2-48　绘制草图

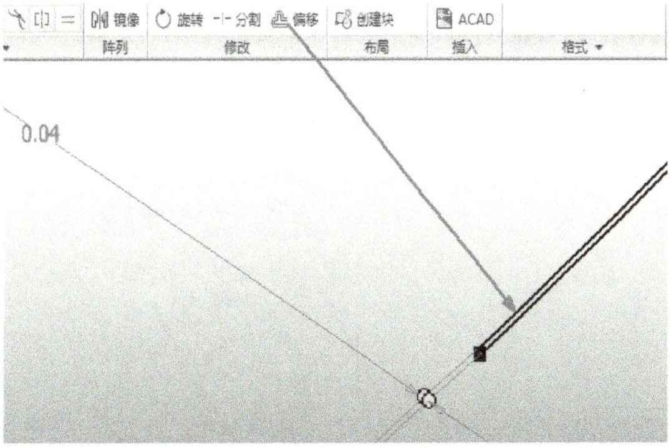

图 2-2-49　偏移新平面

14）完成草图后，单击“模型”选项卡中的“拉伸”按钮，将草图拉伸至少 10mm，修剪原有实体，如图 2-2-50 所示。

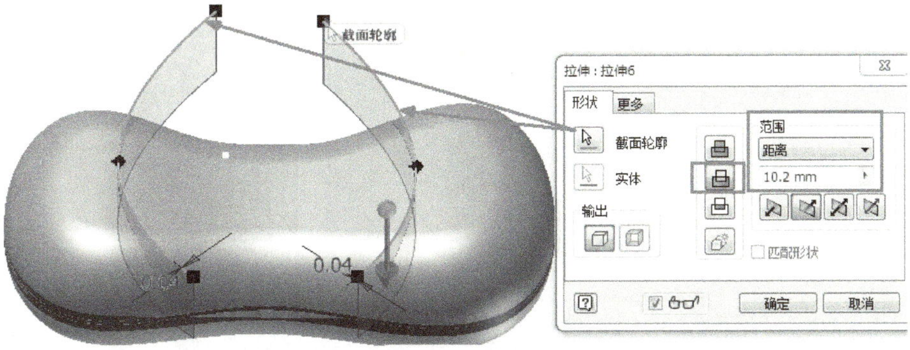

图 2-2-50　拉伸草图

15）拉伸完成后，原有实体将被分割出来。单击标题栏中的“选择实体”按钮，选择实体上的分割面。添加“蓝色”材质，便于区别产品的各部分结构，如图 2-2-51 所示。

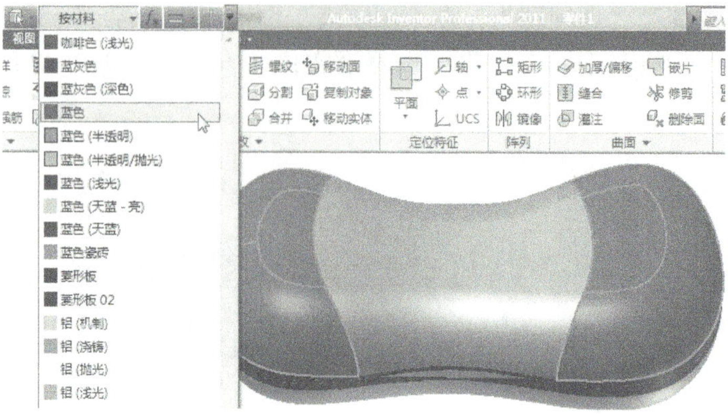

图 2-2-51　为分割面添加材质

提示：在选择实体上的某些面时，按 <Shift> 键可以连续选择多个面。

16）调整空间视图至“顶视图”，在“浏览器”中调用实体顶面上的“平面”。在该平面上新建草图，单击“草图”选项卡中的“点”按钮，在草图上单击鼠标左键，任意创建 20 ～ 30 个点，如图 2-2-52 所示。单击“模型”选项卡中的“孔”按钮添加打孔效果，如图 2-2-53 所示。

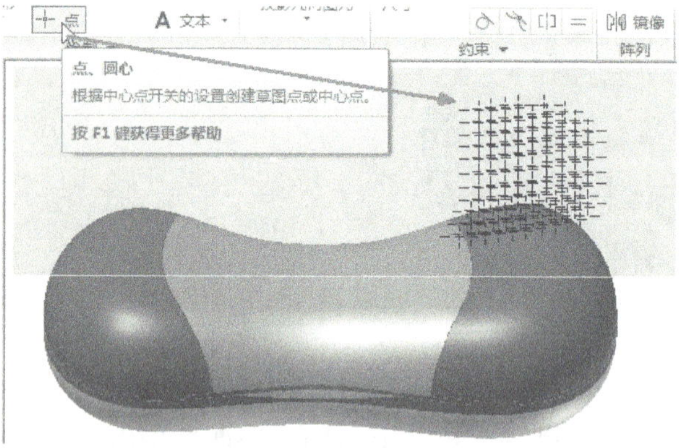

图 2-2-52　在草图上创建点

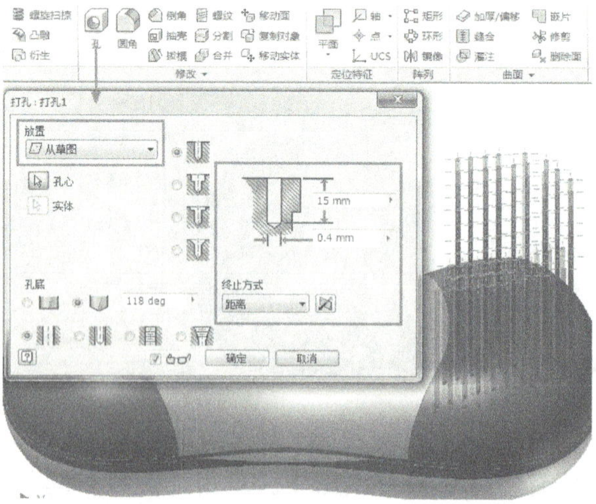

图 2-2-53　为草图添加打孔效果

提示：在零件和部件环境中，可以使用自定义螺纹和孔底创建沉头孔、倒角孔、沉头平面孔和钻孔，以满足几乎所有的设计要求。可以指定简单孔、螺纹孔、锥管螺纹孔或配合孔，并包括螺纹数据表中的螺纹类型。

17）使用同样的方法创建实体左侧的按摩孔，如图 2-2-54 所示。如果想让左右的按摩孔对称相等，也可以单击“模型”选项卡中的“镜像”按钮将已完成的孔特征以原始坐标平面为对称轴镜像到另一侧。

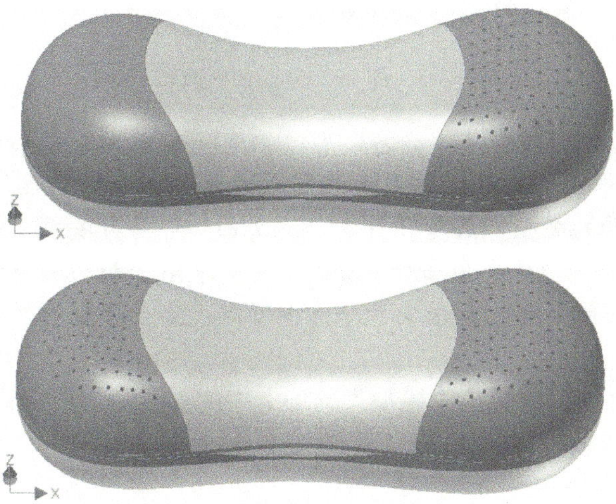

图 2-2-54 实体打孔效果

提示：“孔”功能的应用有 4 种方式。

“草图”—— 选择带有通过“点 / 孔中心”功能创建的孔中心的草图。也可以在现有几何图元上选择端点或中心点作为孔中心。在单次孔操作中创建的所有孔都具有相同的配置（直径、终止方式和类型）。

“线性”—— 选择要放置孔的平面，然后选择用来标注孔放置的两条线性边。

“同心”—— 选择要放置孔的平面或工作平面，然后选择与该孔同心的环形边或圆柱面。

“参考点”—— 选择要设为孔中心的工作点，然后选择与孔的轴垂直的平面或工作平面，或者选择与孔的轴平行的边或轴。

18）调整空间视图，调用实体上方平面新建草图。单击“草图”选项卡中的“圆”按钮绘制大小两个圆，如图 2-2-55 所示。对实体使用凸雕，如图 2-2-56 所示。

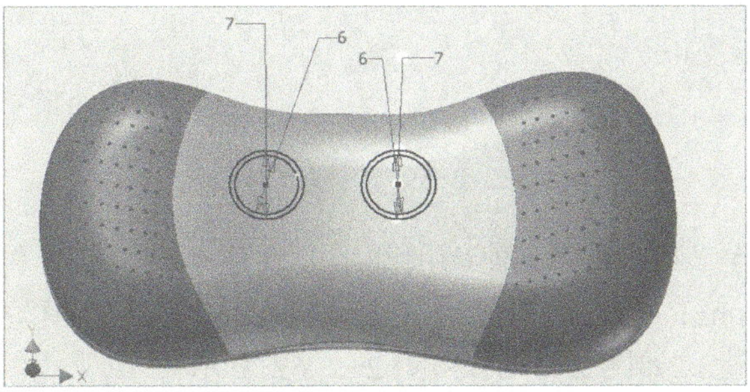

图 2-2-55 绘制草图

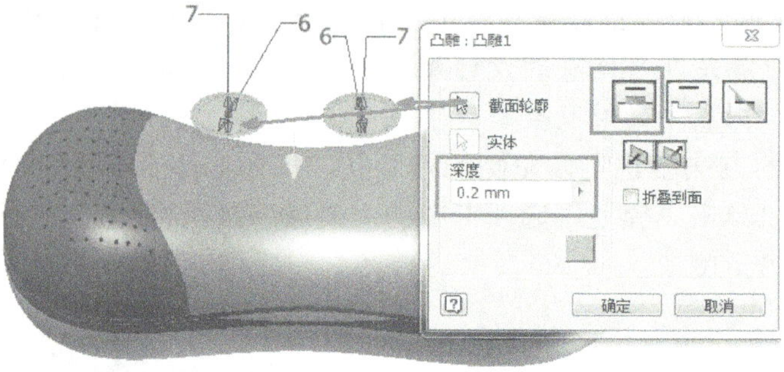

图 2-2-56　使用凸雕

提示：“凸雕”是通过将截面轮廓以指定的深度和方向相对于模型面升高或凹进以创建凸雕特征。凸雕区域可以提供用于贴图或着色的面，凹雕区域可以为部件中的其他零部件提供焊缝。凸雕的类型一共有 3 种。“从面凸雕”将升高截面轮廓区域。“从面凹雕”将凹进截面轮廓区域。“从平面凸雕 / 凹雕”将从草图平面向两个方向或一个方向拉伸，向模型中添加和从中去除材料。如果向两个方向拉伸，则会根据相对于零件的截面轮廓位置删除和添加材料。

19）完成凸雕效果后，单击“模型”选项卡中的“圆角”按钮将按摩贴片边缘圆滑处理，倒角半径为 0.1mm，效果如图 2-2-57 和图 2-2-58 所示。

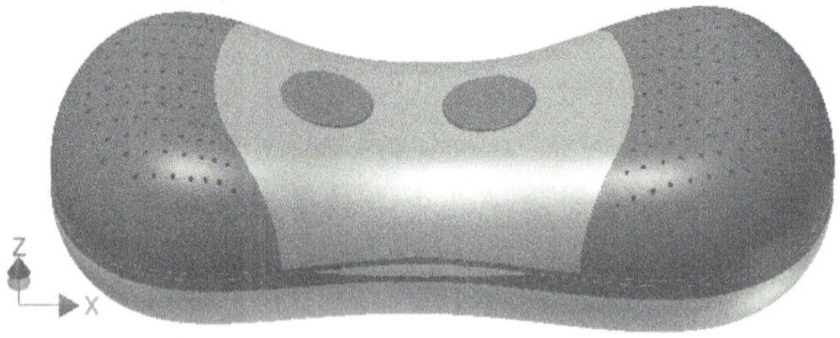

图 2-2-57　完成凸雕

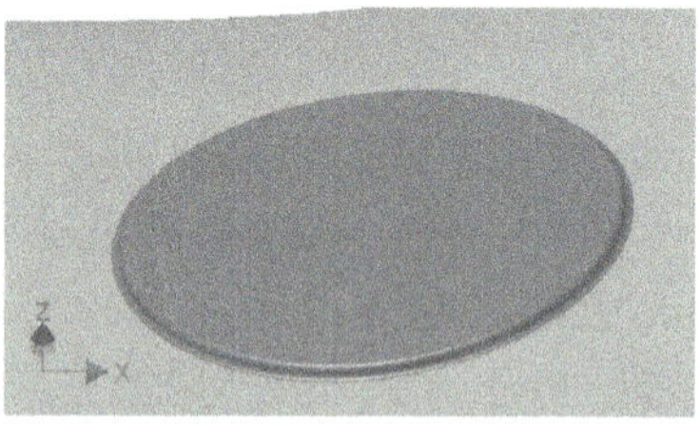

图 2-2-58　为按摩贴片边缘倒圆角

20）依次绘制出按摩贴片上方的放射孔，如图 2-2-59 所示。

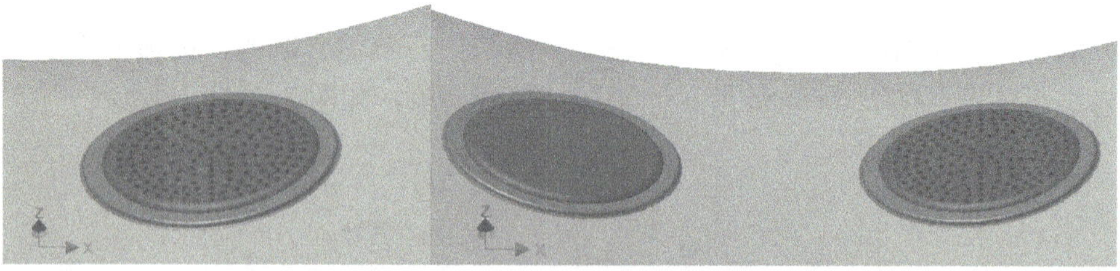

图 2-2-59　创建放射孔

21）调整空间视图至“顶视图”，使用顶部平面新建草图。单击“草图”选项卡中的“圆”按钮绘制 2 个半径为 5mm 的圆，效果如图 2-2-60 所示。单击“模型”选项卡中的“凸雕”按钮将草图雕刻到实体上，如图 2-2-61 和图 2-2-62 所示。

22）完成实体其他位置的按摩贴和放射孔的制作，效果如图 2-2-63 所示。

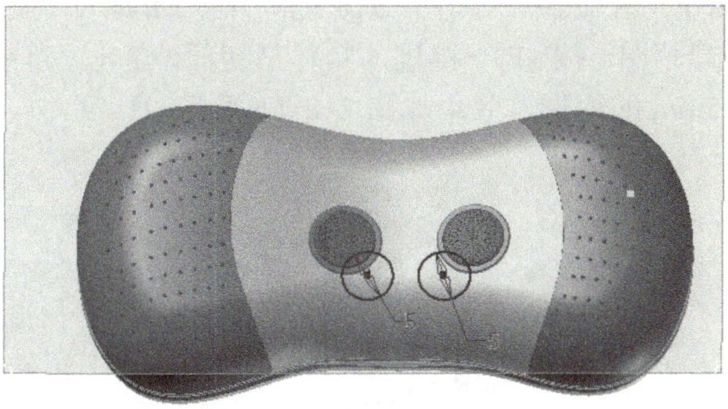

图 2-2-60　新建草图

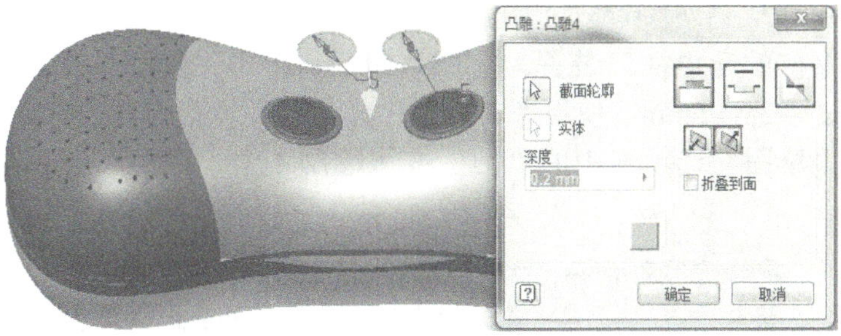

图 2-2-61　为放射孔进行凸雕处理

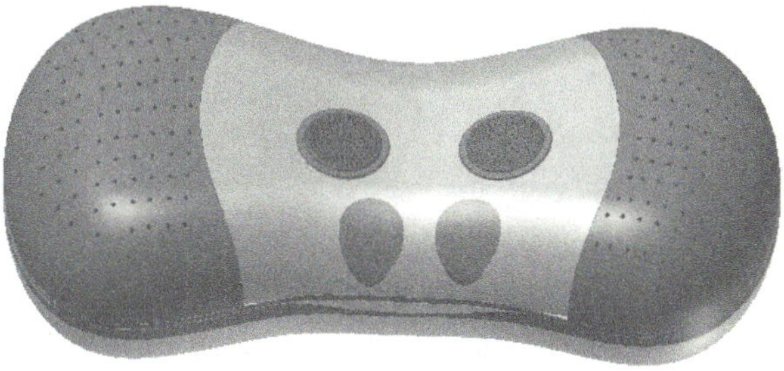

图 2-2-62　完成凸雕效果

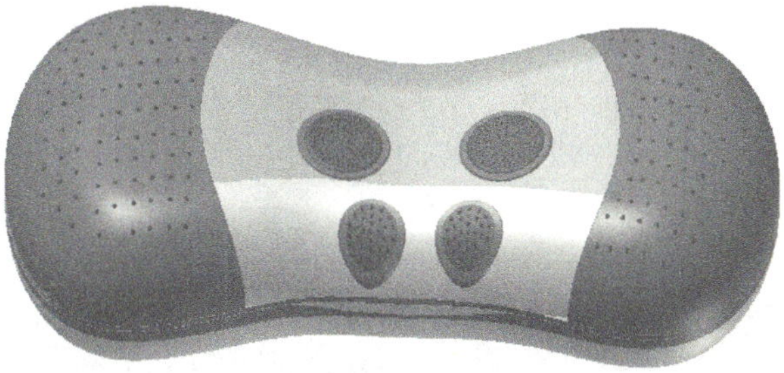

图 2-2-63　添加按摩垫

23）仍然使用顶视图平面新建草图，绘制圆形按摩垫。在应用“拉伸”及“凸雕”效果后，对凸出实体表面的圆形特征添加“白色”材质，效果如图 2-2-64 所示。

24）调整空间视图至“左视图”，在“浏览器”中选择菜单“原始坐标系”→“XY 平面”命令，在平面上新建草图。按 <F7> 键进入实体剖切面，单击“草图”选项卡中的“矩形”按钮绘制一个 8mm×1.5mm 的矩形，效果如图 2-2-65 所示。

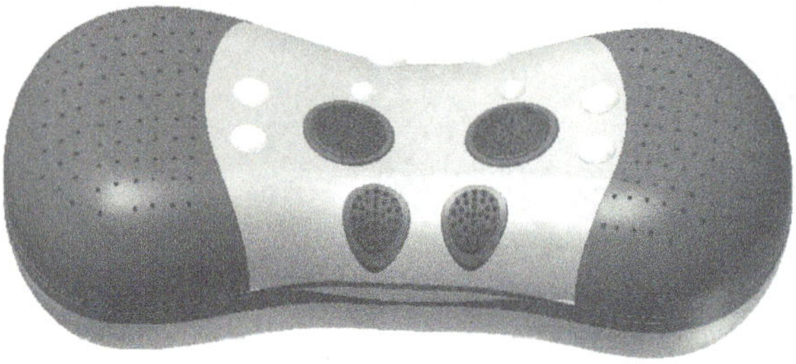

图 2-2-64　完成实体表面效果

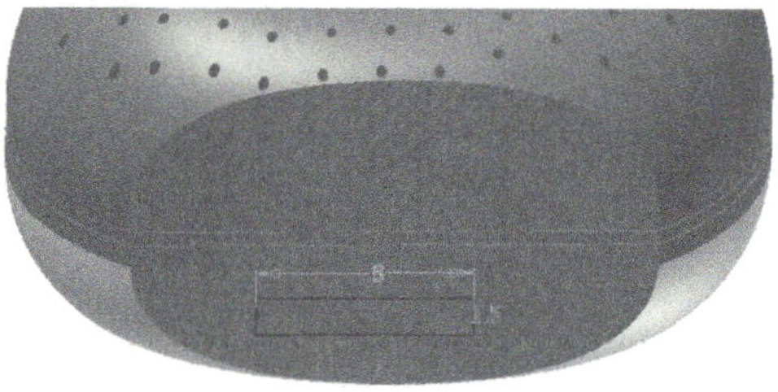

图 2-2-65　新建草图

25）创建按摩枕的充电插口装置。完成草图后，单击“模型”选项卡中的“拉伸”按钮将草图向内部拉伸 3 ～ 5mm，使用“求差”修剪已有实体。单击修剪完成的凹槽的内面，新建草图。单击“草图”选项卡中的“圆”按钮绘制 4 个半径为 0.5mm 的圆，草图效果如图 2-2-66 所示。

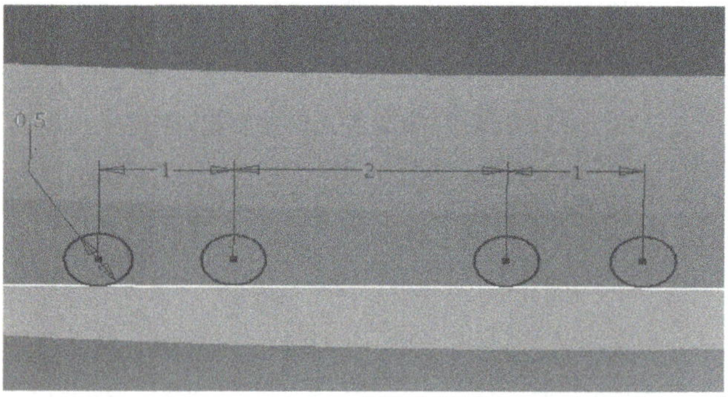

图 2-2-66　凹槽的内面新建草图

26）完成草图后，单击“模型”选项卡中的“拉伸”按钮将圆向内拉伸 1mm，使用“求差”修剪原有实体。该处将作为电源线接口，如图 2-2-67 所示。

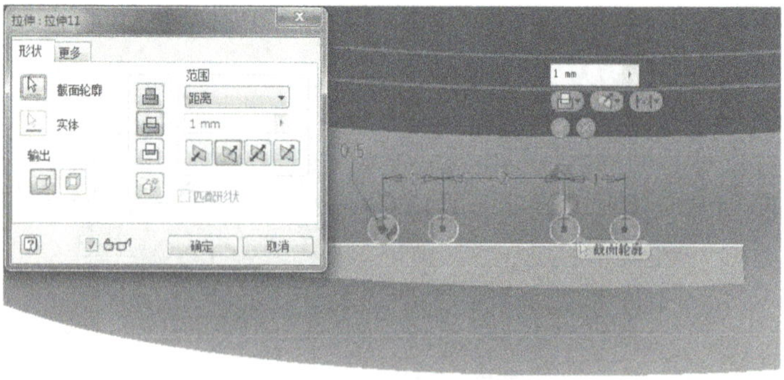

图 2-2-67　拉伸圆

27）为分辨产品结构，为接口添加“金属”材质效果，最终完成产品的设计，效果如

图 2-2-68 和图 2-2-69 所示。

图 2-2-68　为接口添加金属材质效果

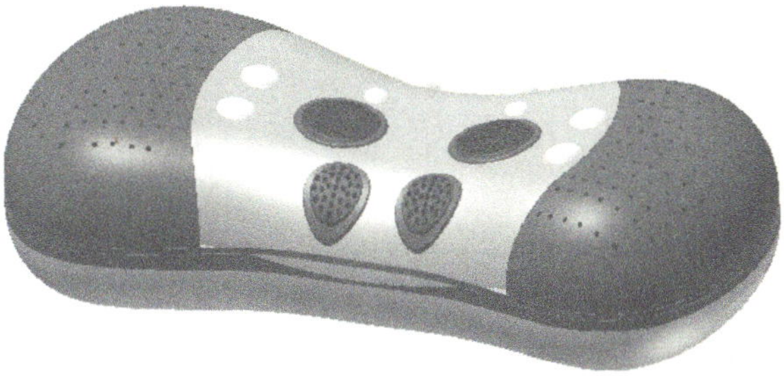

图 2-2-69　最终效果

28）根据实际需要，可通过 Autodesk Inventor 软件渲染功能为产品输出效果。

项目小结

本项目通过设计制作 2 个生活中的电子产品，来介绍 Autodesk Inventor 软件中凸雕、分割面、打孔的操作方法。使读者可以深入学习产品设计制作的创新理念，并掌握创建分割草图、生成曲面的设计技巧。

项目3　创新台式多功能小电扇的设计与制作

项目重点知识

※ 创建电扇页片曲面轮廓
※ 旋转命令的应用
※ 添加螺纹、使用抽壳
※ 扫掠命令的应用
※ 环形阵列、装配零件

项目分析

生活中的电风扇不仅样式多样，还有着很多名称，在我国被称为“风扇”，在日本及韩国则被称为“扇风机”。其主要功能是清凉解暑和流通空气，广泛用于家庭、办公室、商店、医院和宾馆等场所。

如今的电风扇已经一改人们印象中的传统形象，在外观和功能上都更追求个性化，而电脑控制、自然风、睡眠风、负离子功能等这些本属于空调器的功能，也被众多的电风扇厂家采用，并增加了照明、驱蚊等更多实用功能。这些外观不拘一格并且功能多样的产品，彰显了产品革新的发展趋势。

任务1　台式遥控小电扇

作品展示

作品如图2-3-1所示。

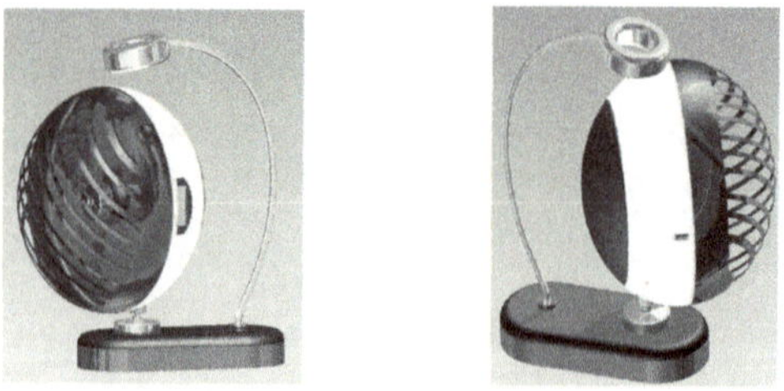

图2-3-1　台式遥控小电扇

任务分析及实施

作品整体造型，是根据办公桌上的地球仪模型联想到的。该产品在设计的过程中增设了各种新功能，比较实用的遥控开关、摇摆功能，也可手动上下调整俯仰角。使操作摆脱了一定的空间限制，再加上液晶屏幕的动态显示，查看风速、湿度、温控操作起来一目了然。在扇片中间的旋转轴内可放置香片，这样就可以具有“飘香”的功能。随着扇片的转动，悠悠花香也随之飘出，并且可随意更换香片。

此款产品设计最为理想化的地方还在于添加了一个 USB 电源线接口，用户可自行购买 USB 变压器供电，也可以借助电脑来充电。产品本身体积较小，不占用空间，携带方便，并且在使用过程中安全、无噪声。设计既彰显了个性，也在无形中提高了档次。

具体操作方法如下。

1）创建风扇台式座架。在“快速访问工具栏”中选择菜单“新建”→“零件”命令新建一个零件。单击“草图”选项卡中的“矩形”、“圆”按钮，绘制底座草图。完成草图后，单击“模型”选项卡中的“拉伸”按钮，将草图拉伸 6mm，如图 2-3-2 和图 2-3-3 所示。

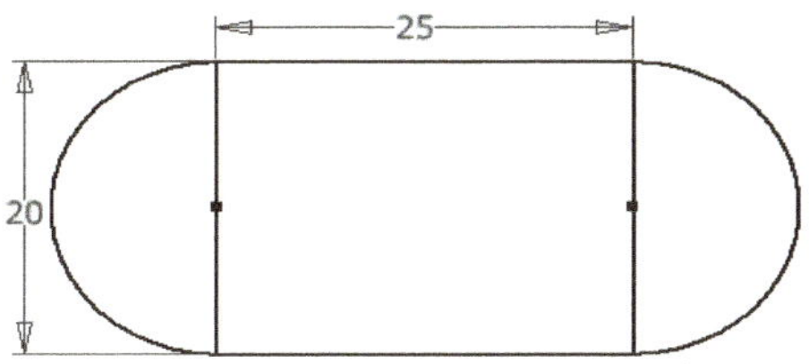

图 2-3-2　底座草图

图 2-3-3　拉伸草图

提示：在设计制作结构复杂的产品时，为了能更好地分辨出各零件，建议在完成一个实体后就为其添加适当的材质。

2）单击“模型”选项卡中的“圆角”按钮，为底座上边缘倒圆角处理，倒角半径为 2mm，如图 2-3-4 所示。

3）调整空间草图至“顶视图”，在实体上方新建草图。单击“草图”选项卡中的“圆”按钮以支架圆为圆心绘制一个直径为 4mm 的圆，如图 2-3-5 所示。完成草图后，单击“模型”选项卡中的“拉伸”按钮将草图向上拉伸 1mm，如图 2-3-6 所示。

图 2-3-4　倒圆角

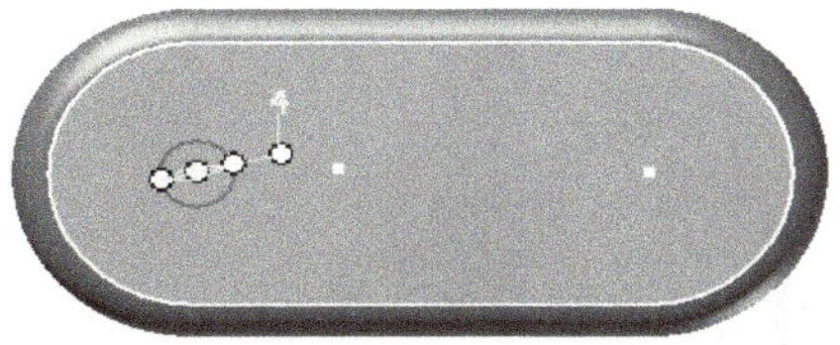

图 2-3-5　绘制直径 4mm 的圆

4）完成拉伸效果后，在实体顶面新建草图。单击“草图”选项卡中的“圆”按钮绘制直径为 1.5mm 的圆，如图 2-3-7 所示。

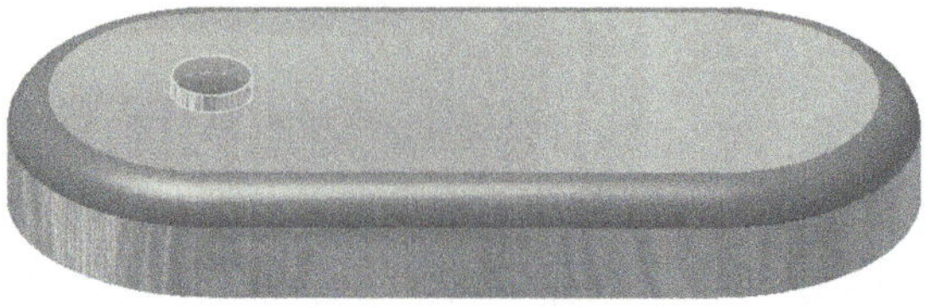

图 2-3-6　拉伸草图

图 2-3-7　绘制直径 1.5mm 的圆

5）调整空间视图至“左视图”，单击“草图”选项卡中的“投影几何图元”按钮，将直径为 1.5mm 的圆形投影出来，单击“样条曲线”按钮绘制一条弯曲的线段，作为底座支架，如图 2-3-8 所示。

6）完成草图后，单击“模型”选项卡中的“扫掠”按钮（也可以按 <Ctrl+Shift+S> 组合键），将直径 1.5mm 的圆作为截面轮廓，以样条曲线为路径进行扫掠，如图 2-3-9 所示。

图 2-3-8　绘制样条曲线

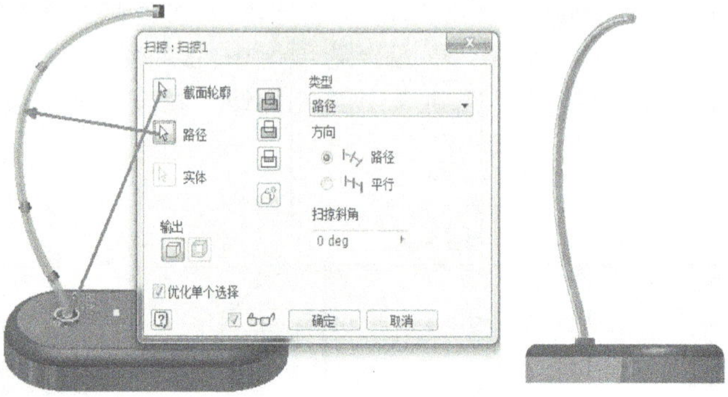

图 2-3-9　进行扫掠

提示：在“模型”选项卡的“创建”选项组中，单击“扫掠”按钮可以进行扫掠。扫掠是通过沿选定路径扫掠一个或多个草图截面轮廓来创建特征或实体。如果使用多个截面轮廓，则它们必须存在于同一个草图中。闭合截面轮廓可用于创建实体或曲面扫掠特征，而开放截面轮廓仅可用于创建曲面扫掠特征。沿路径创建扫掠时，首先要在相交的平面上绘制截面轮廓和路径，且路径必须穿透截面轮廓平面。

7）调整空间视图，在扫掠完成后的实体面上新建草图。单击“草图”选项卡中的“圆”按钮绘制直径为 2.5mm 的圆，如图 2-3-10 所示。完成草图后，单击“模型”选项卡中的“拉伸”按钮将草图拉伸 0.5mm，如图 2-3-11 所示。

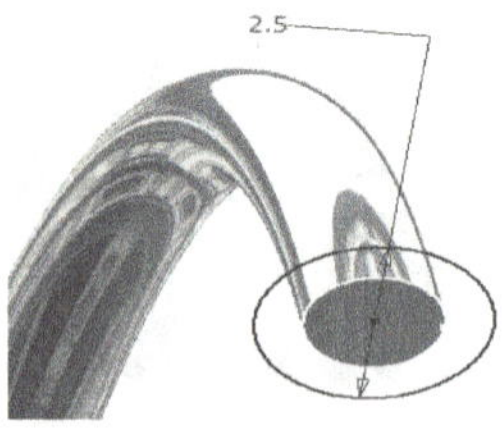

图 2-3-10　绘制草图

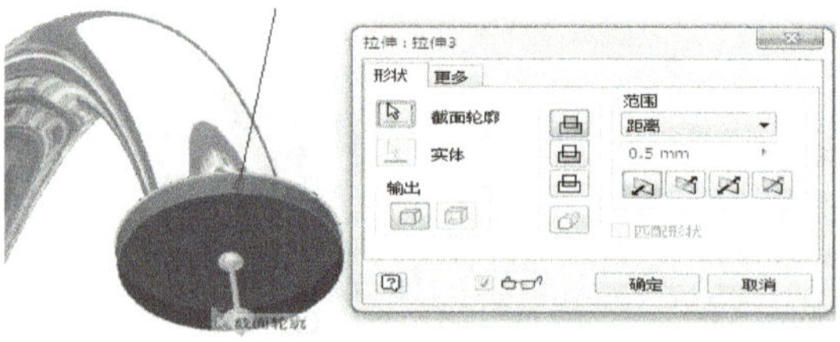

图 2-3-11　拉伸草图

8）单击“模型”选项卡中的“平面”按钮，创建支架中心平面。在中心平面上单击“草图”选项卡中的“矩形”按钮绘制一个 7mm×4.5mm 的矩形草图，如图 2-3-12 所示。

9）完成草图后，单击“模型”选项卡中的“旋转”按钮，将草图旋转为实体，且该实体与支架相连，如图 2-3-13 所示。

提示：在“模型”选项卡的“创建”选项组中，单击“旋转”按钮，可调出旋转对话框。该命令是通过绕轴旋转一个或多个草图截面轮廓来创建特征或新实体。轴和截面轮廓必须共面，第一个特征是基本体特征。单击“旋转”按钮创建部件特征，仅支持实体输出和“求差”操作。作为旋转的截面轮廓必须为封闭的。

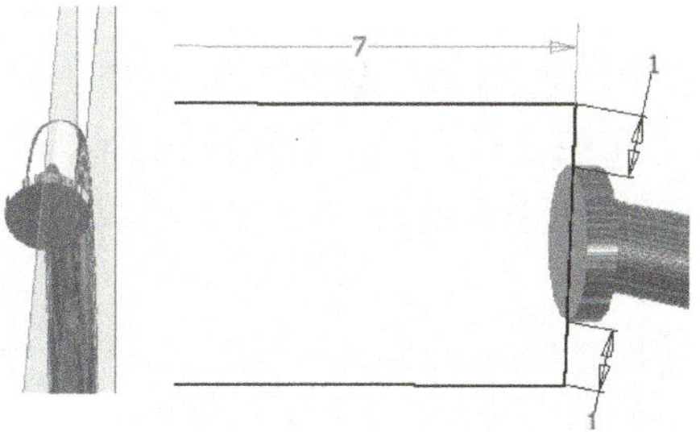

图 2-3-12 绘制截面轮廓

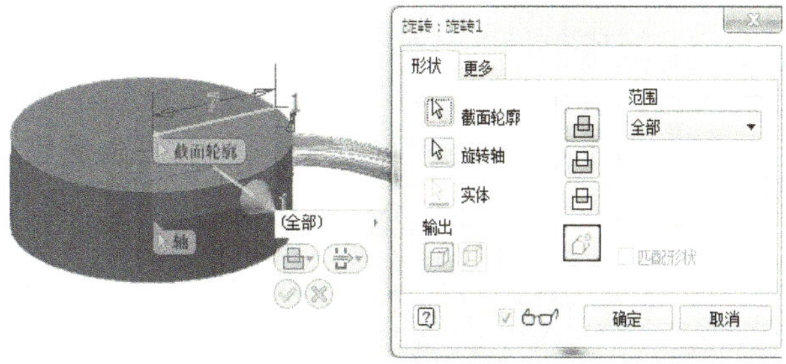

图 2-3-13 旋转截面轮廓

10）调整空间视图到“顶视图”，在实体上方新建草图。单击“草图”选项卡中的“圆”按钮，绘制直径为 8mm 的圆。完成草图后，单击“模型”选项卡中的“拉伸”按钮将草图拉伸贯通，修剪原有实体，如图 2-3-14 和图 2-3-15 所示。

11）完成拉伸效果后，单击“模型”选项卡中的“圆角”按钮，为实体边缘倒圆角处理。圆角半径为 1mm，如图 2-3-16 所示。

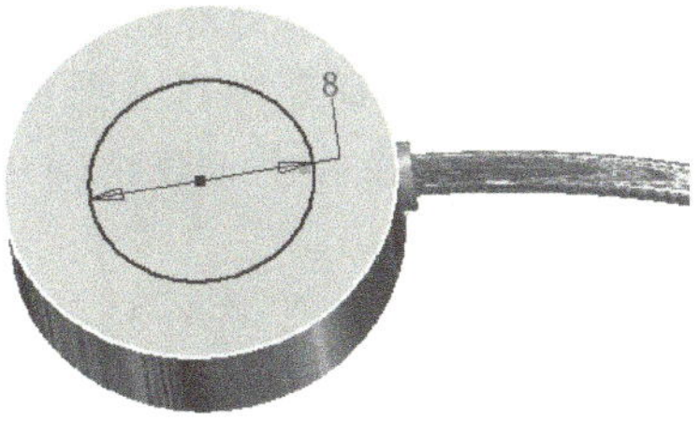

图 2-3-14 绘制草图

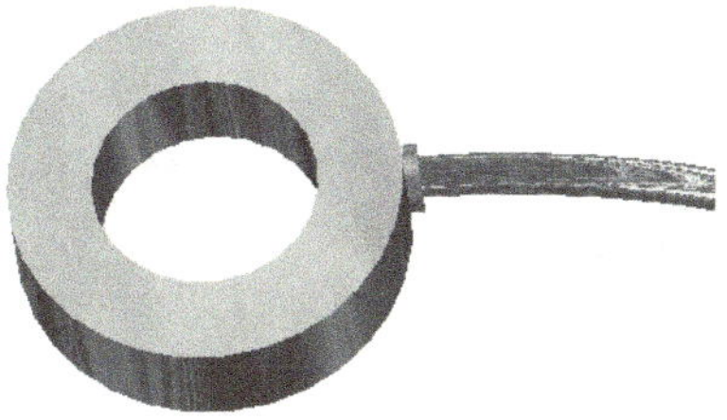

图 2-3-15 拉伸修剪实体

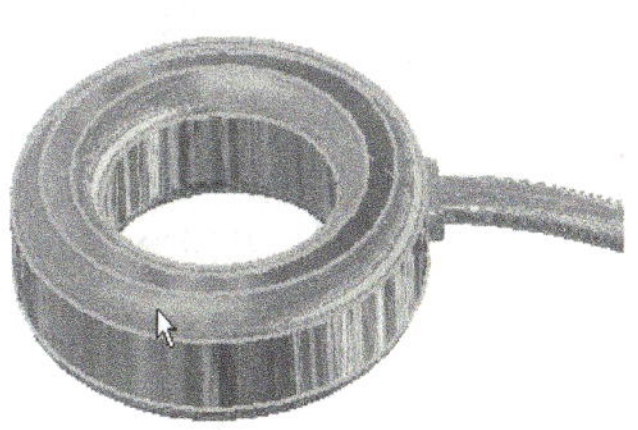

图 2-3-16 倒圆角

12）在底座表面新建草图，单击“草图”选项卡中的“圆”按钮绘制直径为 10mm 的圆，该圆心与支架圆心的间距为 5mm，并将草图拉伸 2mm。重复该步骤，依次创建出底座上的旋转支架，如图 2-3-17 所示。拉伸高度分别为 1mm、2mm，轴直径分别为 2mm、1mm，如图 2-3-18 ～图 2-3-20 所示。

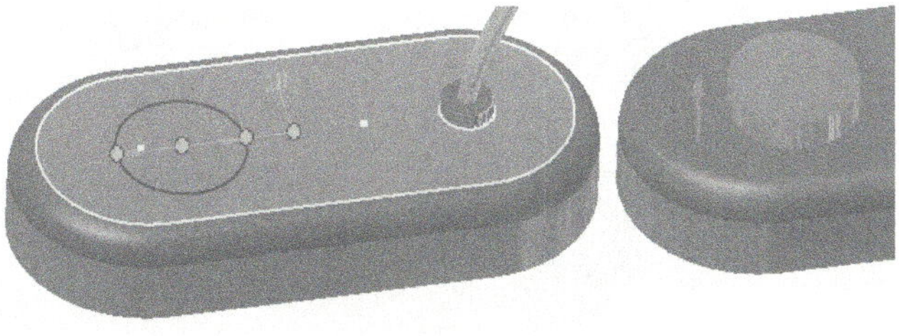

图 2-3-17 新建底座上的旋转支架

图 2-3-18 新建草图

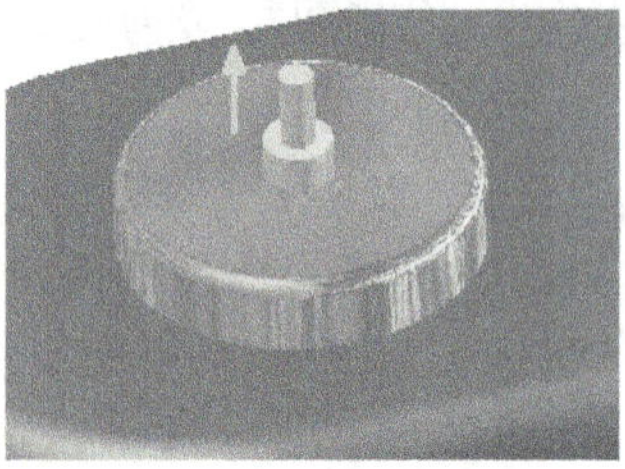

图 2-3-19　拉伸草图

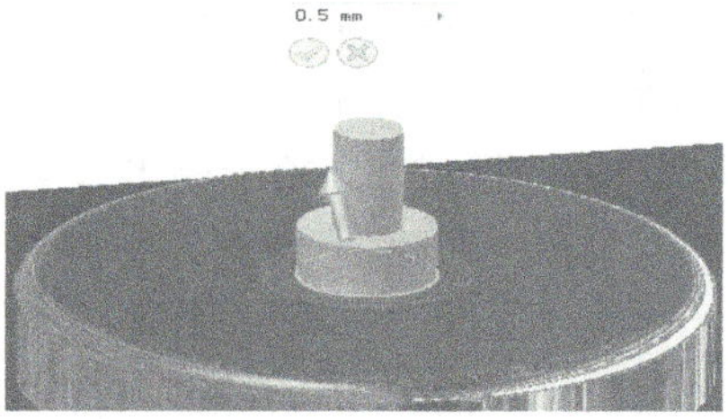

2-3-20　倒圆角

13）完成拉伸实体操作后，单击“模型”选项卡中的“圆角”按钮为底座和旋转支架连接处倒圆角处理，倒角半径分别为 0.5mm、0.2mm，如图 2-3-21 和图 2-3-22 所示。

14）为旋转轴添加全螺纹效果。选择轴表面，单击“模型”选项卡中的“螺纹”按钮，设置“全螺纹”，如图 2-3-23 所示。

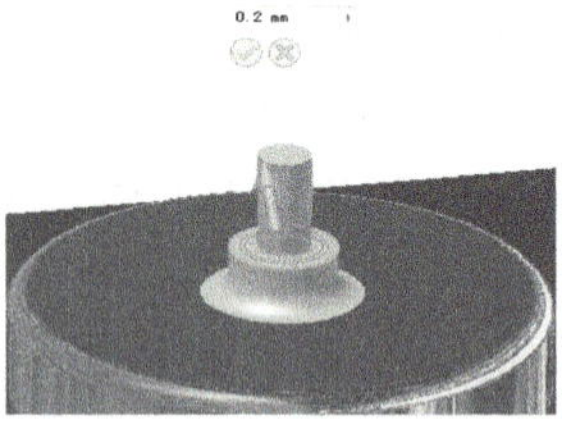

图 2-3-21　进行倒圆角

图 2-3-22　完成倒圆角

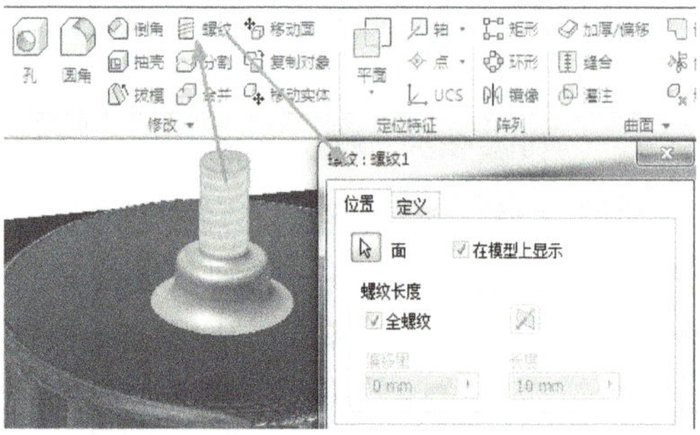

图 2-3-23　添加螺纹

提示：在“模型”选项卡的“修改”选项组中，单击“螺纹”按钮可以调出螺纹对话框，可以在孔中或圆柱体（例如轴、螺柱或螺栓）上创建螺纹效果，该螺纹特征可以在“浏览器”中看到。在工程视图中，可以添加螺纹尺寸来标注螺纹孔、轴或圆柱；在着色工程视图中，螺纹的显示和在模型环境中一样。

15）完成螺纹效果后，台扇底座支架零件就全部完成了，调整空间视图查看整体效果如图 2-3-24 所示。

16）创建风扇扇机盒与页片，整体效果如图 2-3-25 所示。在“快速访问工具栏”中选择菜单“新建”→“零件”命令新建一个零件。单击“草图”选项卡中的“圆”按钮，绘制直径为 7mm 的圆。完成草图后，单击“模型”选项卡中的“拉伸”按钮，将草图拉伸 4mm，如图 2-3-26 所示。

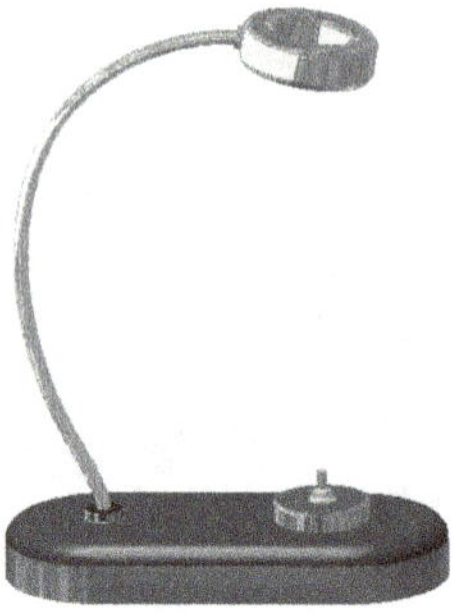

图 2-3-24　支架整体效果

图 2-3-25　扇页轴机盒与页片

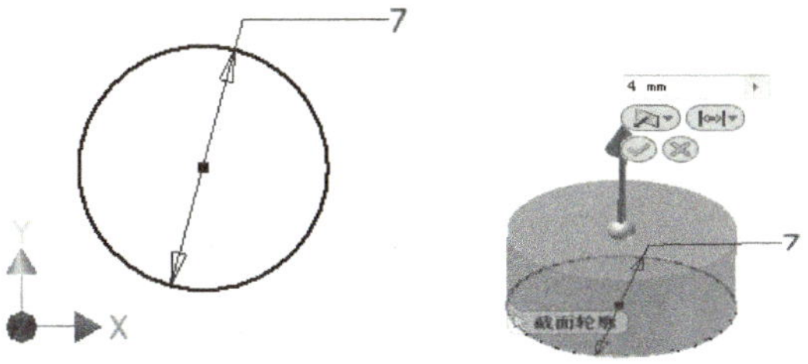

图 2-3-26 创建扇页轴机盒

17）完成拉伸效果后，单击“模型”选项卡中的“圆角”按钮，为实体边缘倒角，倒角半径为 0.5mm，如图 2-3-27 所示。

图 2-3-27 倒圆角

提示：在创建过程中，适时为实体添加材质效果，便于区分产品各部分结构零件。添加材质的方式及方法这里不再重复。

18）调整空间视图，选择菜单“平面”→“在两个平行平面之间的中间面”命令，分别选择实体上下两个面，创建通过实体的中心平面，如图 2-3-28 所示。

提示：在功能区中，单击“模型”选项卡中的“定位特征”选项组的“平面”下拉列表按钮来定义使用特征顶点、边、表面或其他定位特征的工作平面。当定位特征时，要求选择一个平面，这时便可以创建内嵌工作平面，而在部件中不可以创建内嵌工作平面。在部件中，单击“模型”选项卡中的“平面”按钮来定义位于部件中（而不是零件模型中）的工作平面。编辑零件时，可以在单个零件的平面中间创建工作平面，在部件中则不可以选择中点。

19）在平面上新建草图，单击“草图”选项卡中的“矩形”按钮绘制一个距实体圆心 3mm 的矩形。矩形大小为 14mm×15mm，圆心到矩形底边的间距为 9mm，并将该矩形设计为“中心线”。单击“草图”选项卡中的“样条曲线”按钮，在矩形内部绘制出风扇页片的轮廓图，如图 2-3-29 所示。

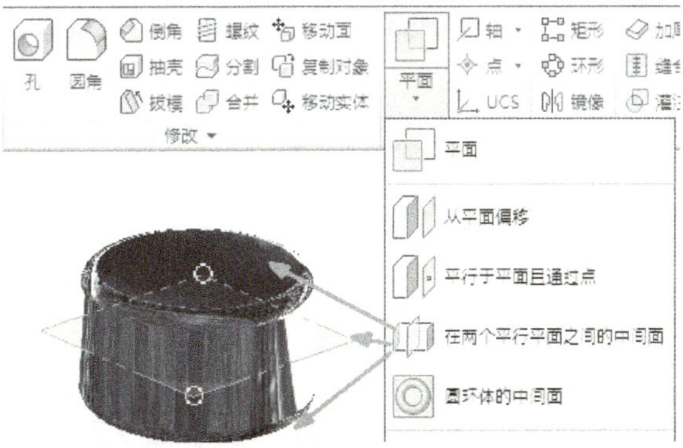

图 2-3-28 创建中心平面

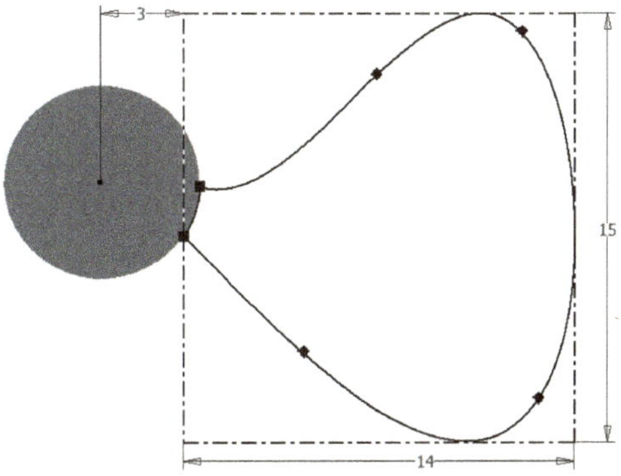

图 2-3-29 新建页片草图

20）完成草图后，单击“模型”选项卡中的“拉伸”按钮将草图拉伸为实体，拉伸距离为 1mm，拉伸模式为“对称”。单击“模型”选项卡中的“阵列”按钮或按 <Ctrl+Shift+Q> 键，将实体特征以原始坐标系的 Z 轴为旋转轴，阵列出另外两个页片，如图 2-3-30 和图 2-3-31 所示。

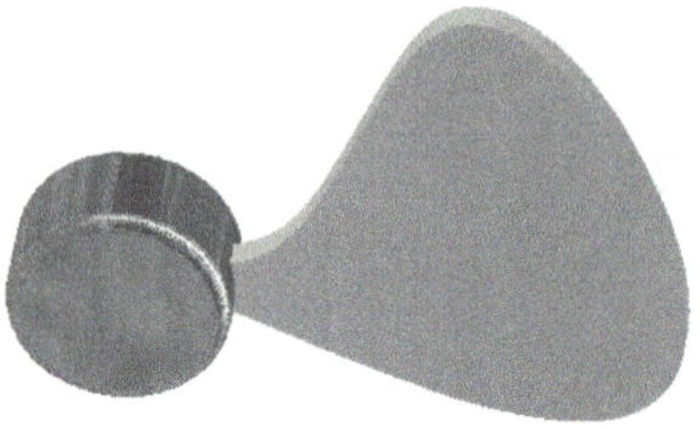

图 2-3-30　拉伸页片

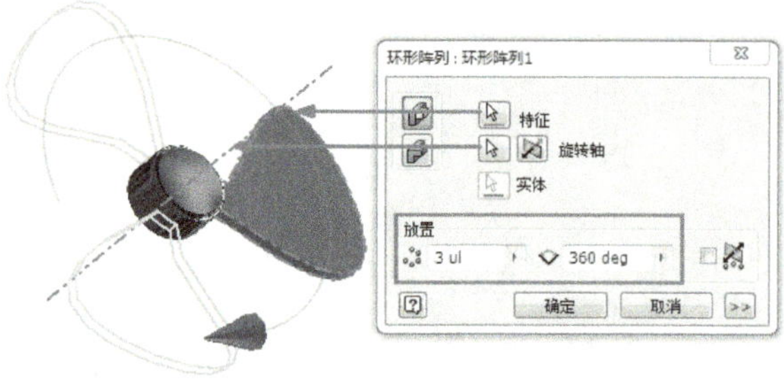

图 2-3-31　阵列页片

提示：在“模型”选项卡的“阵列”选项组中，单击“环形”按钮来复制零件特征 / 实体或部件特征，并以圆弧或环形排列生成的特征。在部件中，只能阵列草图部件特征，包括其从属的圆角和倒角，该命令无法阵列焊接特征。在阵列中可以抑制个别引用（除原始特征以外），以使阵列环绕另一个特征或按不规则形状排列，或者创建丢失齿阵列（方法是在“浏览器”中的“引用”上单击鼠标右键，然后选择“抑制”命令）。通过在“浏览器”中扩展阵列引用，并在所需特征上单击鼠标右键以设置可见性和半透明性选项，还可以控制曲面的可见性和半透明性以及定位特征的可见性。

21）完成阵列效果后，为三个页片的边缘添加倒圆角效果，倒角半径为 0.5mm，如图 2-3-32 所示。

22）调整空间视图，在中心轴面上方新建草图。单击“草图”选项卡中的“圆”按钮，绘制直径为 2mm 的圆，单击“模型”选项卡中的“拉伸”按钮，将草图拉伸贯通，如图 2-3-33 所示。

图 2-3-32　倒圆角

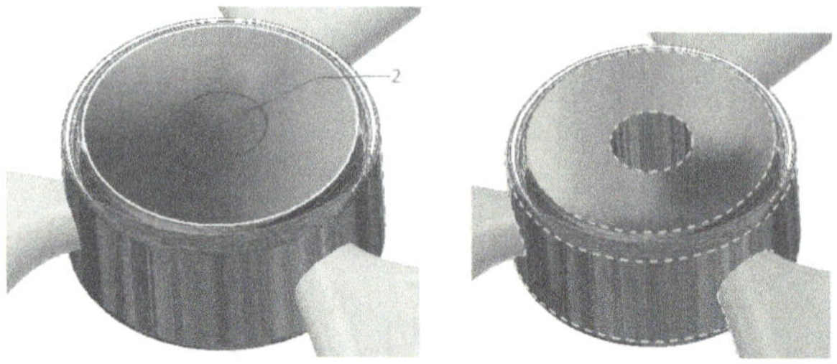

图 2-3-33　创建扇页轴机盒中心孔

23）将扇页实体抽空。单击“模型”选项卡中的“抽壳”按钮，单击中心轴实体上表面，抽壳厚度为 0.2mm，如图 2-3-34 和图 2-3-35 所示。

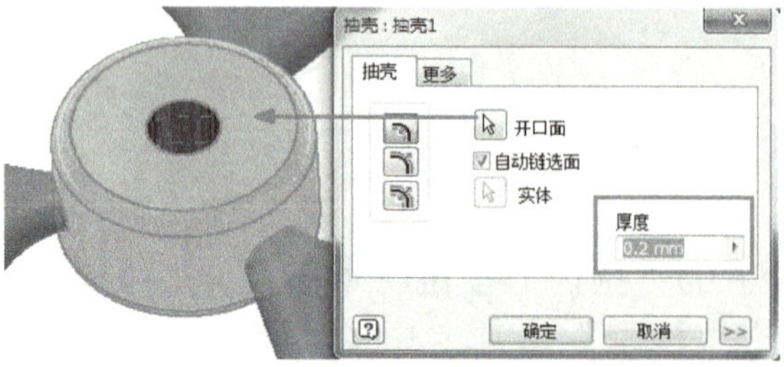

图 2-3-34　进行抽壳

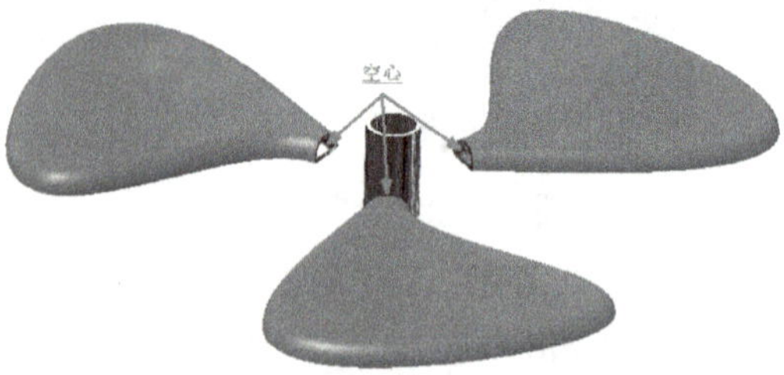

图 2-3-35　完成抽壳

提示：在“模型”选项卡的“修改”选项组中，单击“抽壳”按钮可打开抽壳命令对话框。抽壳是从零件内部去除材料，从而创建出具有指定壁厚的腔。默认情况下，Autodesk Inventor 可以提供精确抽壳方式。当精确方式不存在时，Autodesk Inventor 将尝试使用近似抽壳方式，由单一特征、一个零件或部件中的一个零件开始。

24）对实体进行抽壳处理后，原有实体将被删除，这时要重新建立扇页轴机盒。在“浏览器”中找到最初的圆形草图，在草图上单击鼠标右键，选择“共享草图”命令。原有草图将被分离出一个新的草图，再双击草图进行编辑。单击“草图”选项卡中的“圆”按钮创建直径为 2mm 的同心圆，如图 2-3-36 和图 2-3-37 所示。

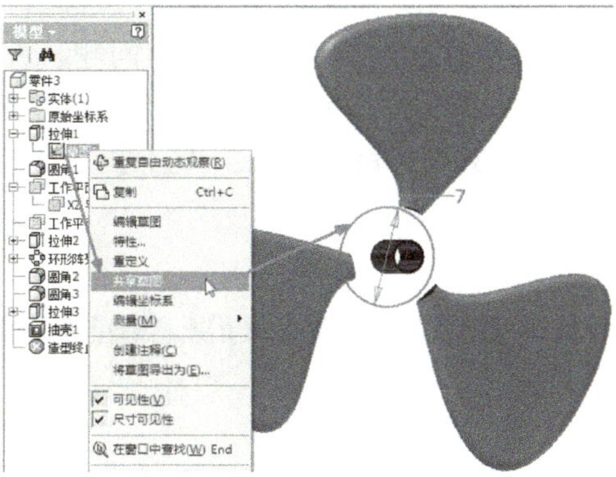

图 2-3-36　共享草图

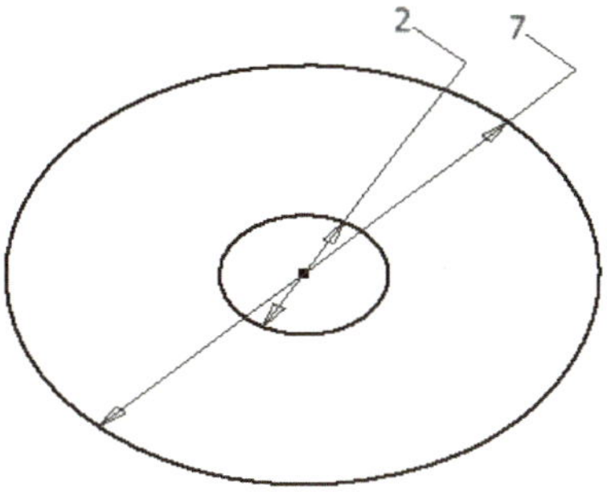

图 2-3-37　编辑草图

提示：草图共享是将已有的草图作为多个编辑对象使用。可以减少重复绘制草图的繁锁，提高制图效率。

25）完成草图后，单击“模型”选项卡中的“拉伸”按钮将草图拉伸 3mm，封闭机盒顶面，如图 2-3-38 所示。

26）创建机盒内部凹槽效果。调整空间视图，在机盒顶面上新建草图。单击“草图”选项卡中的“圆”按钮创建两个同心圆，直径分别为 6.5mm、5mm。单击“模型”选项卡中的“螺纹”按钮，为中心轴内部添加全螺纹，如图 2-3-39 所示。

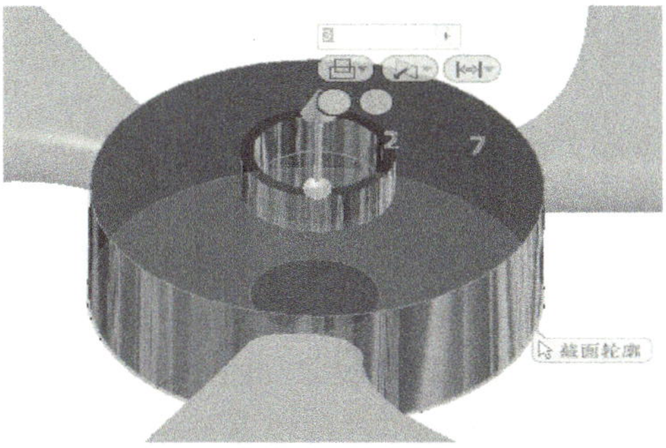

图 2-3-38　拉伸草图

图 2-3-39　新建草图

27）完成草图后，单击“模型”选项卡中的“拉伸”按钮，选择草图中同心圆中间间隔区域作为将要拉伸的截面轮廓。设置拉伸模式为“求差”，拉伸距离为 2mm。至此，风扇的整个扇页轴与扇页就完成了，效果如图 2-3-40 和图 2-3-41 所示。

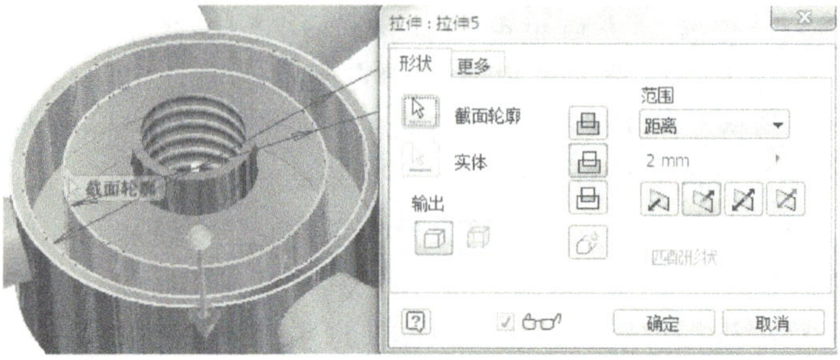

图 2-3-40　拉伸草图

图 2-3-41　完成效果

28）创建扇页轴机盒的上边盖。在创建实体的时候如果之前没有准确的工程图样，在创建产品的结构部件时，就很难把握零件与零件之间的相互吻合。为解决此类问题，在创建这个零件时我们利用软件的部件文件来生成。新建一个部件文件，单击“装配”选项卡中的“放置”按钮将已完成的风扇页零件导入到文件中，如图 2-3-42 所示。单击“创建”按钮创建新零部件如图 2-3-43 所示。

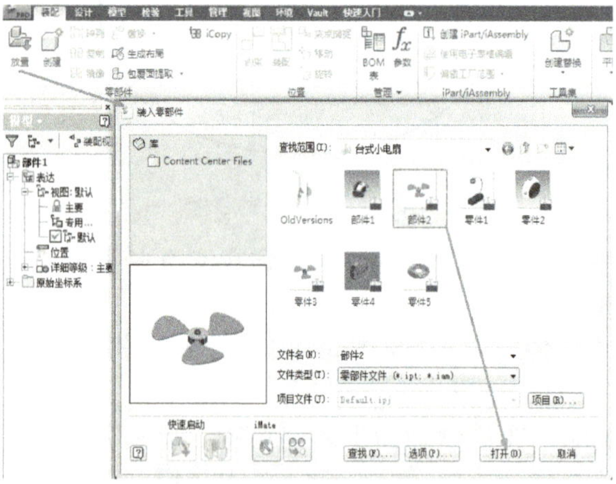

图 2-3-42　放置零件

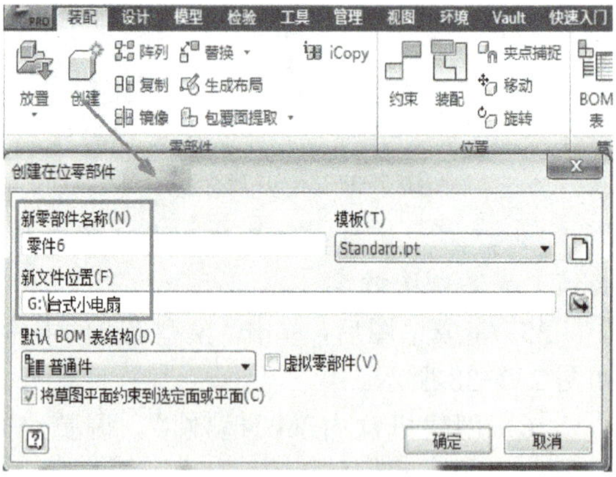

图 2-3-43　创建新零部件

29）完成创建零部件文件后，当前空间中的零件会以半透明的状态显示。单击“草图”选项卡中的“投影几何图元”按钮，将零件上面最外边缘和中心轴外缘轮廓投影到草图上，效果如图 2-3-44 所示。

提示：将现有草图中的边、顶点、定位特征、回路和曲线投影到当前草图平面上。可以将当前草图中的投影几何图元用作截面轮廓或路径，或者用来约束曲线或顶点或者为其添加标注。投影几何图元的尺寸和位置相对于原草图（参考几何图元）是固定的。可以将草图几何图元约束到投影几何图元。当父草图移动或改变时，投影几何图元随之移动或改变，约束到该投影几何图元的草图几何图元也会移动。在“应用程序选项”中的“草图”选项卡上选择相应选项，可以自动将参考几何图元投影到草图平面上。

30）完成草图后，单击“模型”选项卡中的“拉伸”按钮将草图向上拉伸 0.2mm，效果如图 2-3-45 所示。在实体上新建草图，单击“草图”选项卡中的“点 / 中心点”按钮创建 3 个任意位置的孔。完成草图后，单击“模型”选项卡中的“阵列”按钮沿外边圆形轮廓，阵列出多个点，如图 2-3-46 和图 2-3-47 所示。

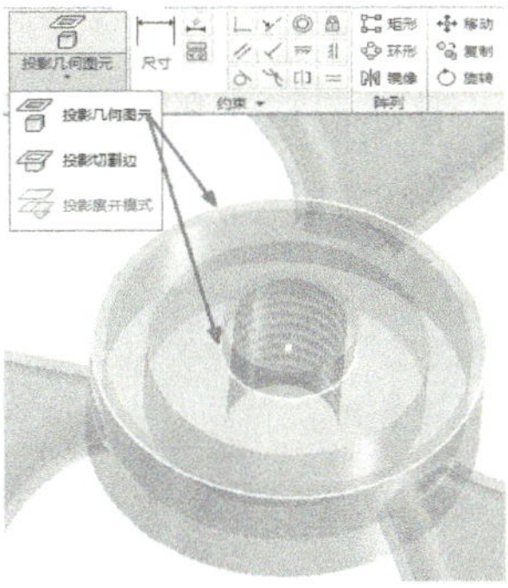

图 2-3-44 投影几何图元

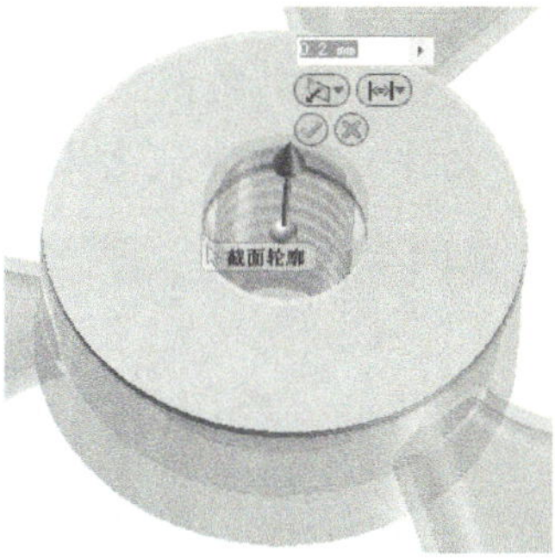

图 2-3-45 拉伸草图

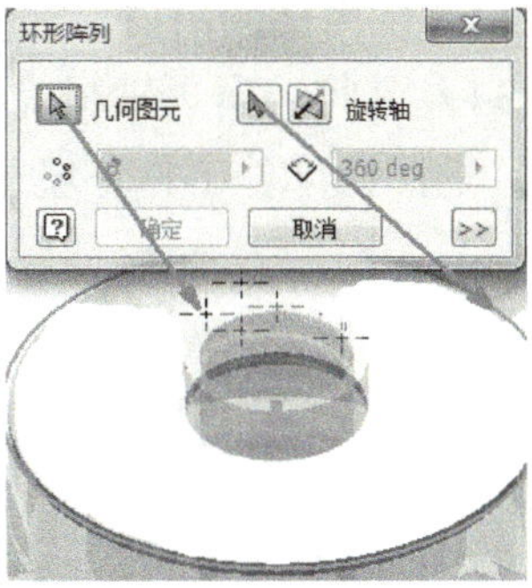

图 2-3-46 阵列点

提示：单击“草图”选项卡中的“点 / 中心点”按钮，在二维和三维草图中创建草图点或中心点。在二维草图中，点放置在草图平面上。随后点可能被标注尺寸或约束到草图内的其他几何图元。在三维草图中，点会根据当前的视图平面被放置在三维空间中，或者可以通过选择现有几何图元的顶点来放置点。随后点可能被标注尺寸或约束到草图内的其他几何图元，或被约束到其他草图或现有模型几何图元。删除关联几何图元时，将删除草图点，不会删除中心点。若要移动三维草图点，请在点上单击鼠标右键，然后选择“三维移动 / 旋转”命令，输入 X、Y 和 Z 坐标，在空间中重置该点。

31）完成草图后，单击“模型”选项卡中的“打孔”按钮，为实体表面打孔，孔深 2mm，宽 0.1mm，如图 2-3-48 所示。该处设计是为了将放置在扇页轴凹槽内的物质（如香料、驱蚊剂等）在风扇转动加热后可以从孔处散发出来。

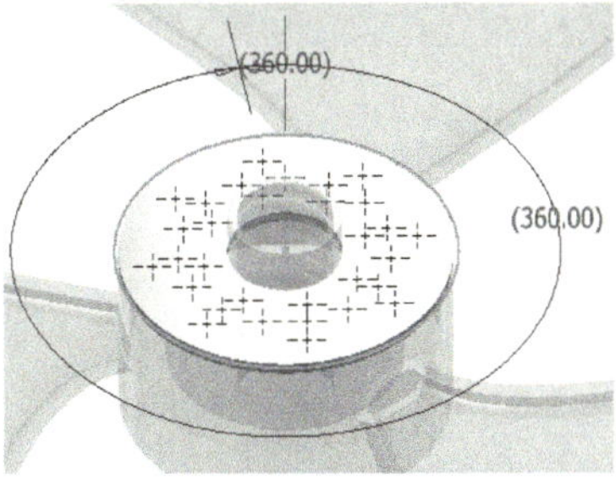

图 2-3-47 完成阵列

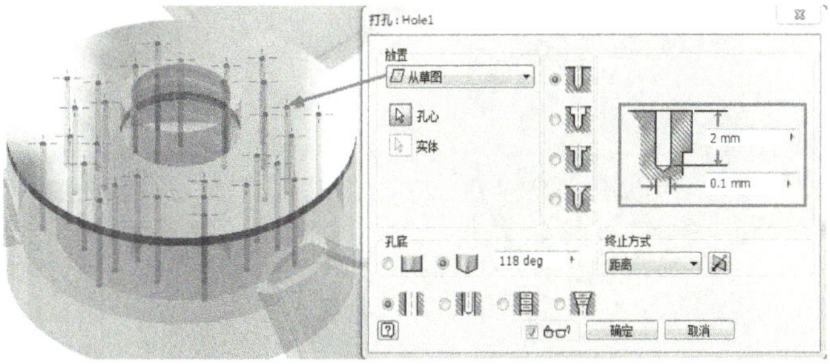

图 2-3-48 从草图打孔

32）创建机盒顶盖边沿。调整空间视图，在顶盖上方新建草图。单击“草图”选项卡中的“偏移”按钮，将原有圆向外偏移 0.2mm，得到一个新轮廓，效果如图 2-3-49 所示。完成草图后，单击“模型”选项卡中的“拉伸”按钮将截面轮廓向下拉伸 0.2mm，如图 2-3-50 所示。

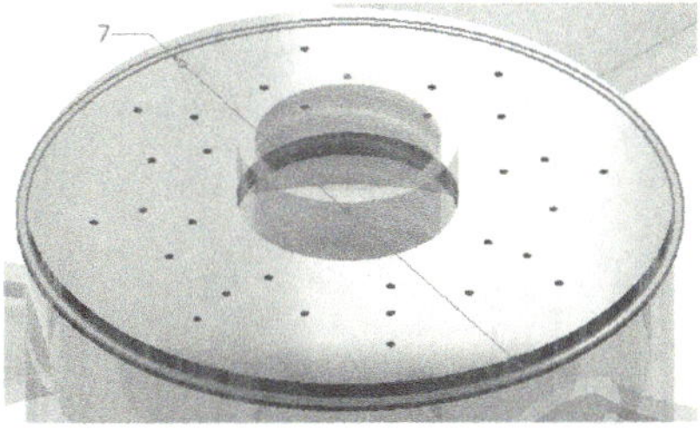
图 2-3-49 新建草图

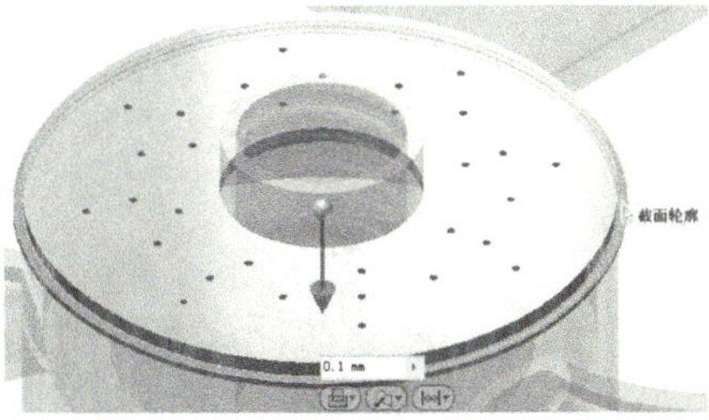

图 2-3-50 拉伸边沿

33）调整空间视图，参照步骤 32）新建草图，单击“模型”选项卡中的“拉伸”按钮完成中心轴内部的沿口，如图 2-3-51 和图 2-3-52 所示。

34）至此，扇页轴机盒盖就制作完成了，调整空间视图，单击标题栏上的“返回”按钮，返回到部件工作环境中并保存文件，最终完成效果如图 2-3-53 所示。

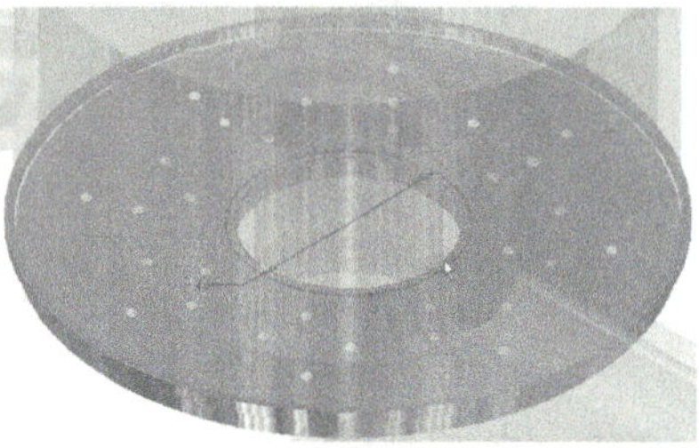

图 2-3-51　新建草图

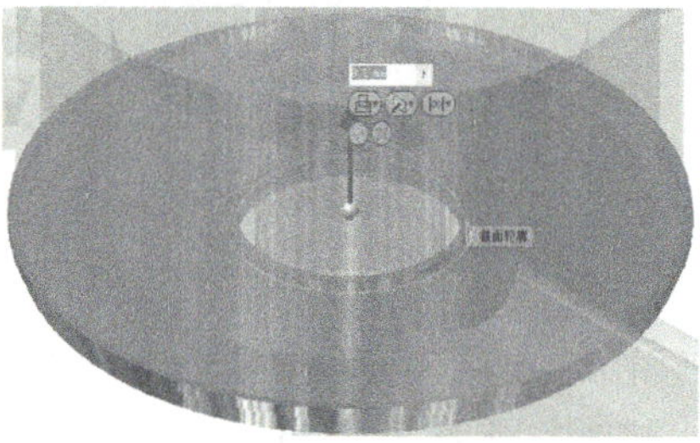

图 2-3-52　拉伸内部边沿

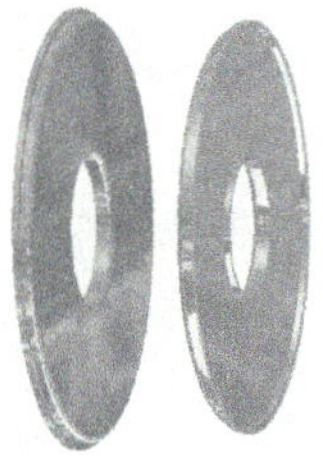

图 2-3-53　完成效果

35）创建小台扇的机头主体部分零件。在“快速访问工具栏”中选择菜单“新建”→“零件”命令新建一个零件。单击“草图”选项卡中的“圆”按钮，绘制直径为 40mm 的圆。单击“直线”按钮绘制出圆的水平中心线，如图 2-3-54 所示。完成草图后，单击“模型”选项卡中的“旋转”按钮，将草图旋转为半球体，如图 2-3-55 所示。

提示： 在“模型”选项卡的“创建”选项组中，单击“旋转”按钮可调出旋转对话框。旋转是通过绕轴旋转一个或多个草图截面轮廓来创建特征或新实体（轴和截面轮廓必须共面）。第一个特征是基本体特征。如果单击“旋转”按钮创建部件特征，则仅支持实体输出和“求差”操作。

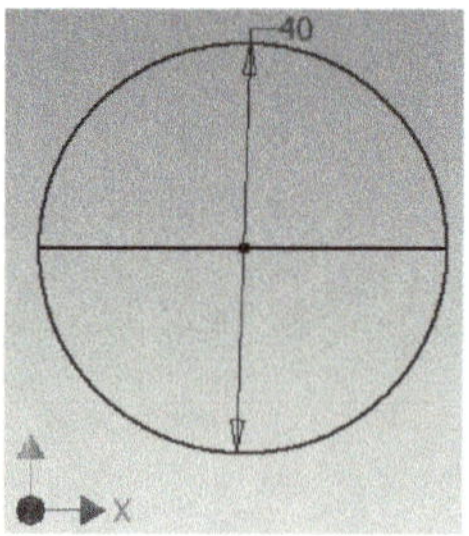

图 2-3-54　新建草图

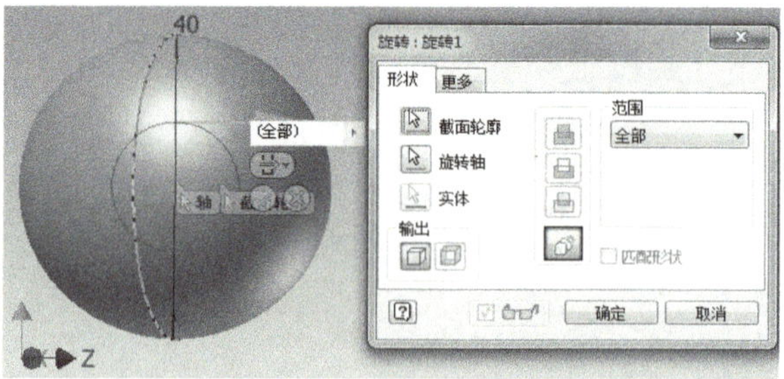

图 2-3-55　旋转草图

36）调整空间视图，在“浏览器”中选择“YZ 平面”命令，在该平面上新建草图。单击“草图”选项卡中的“圆”按钮以实体圆心为起始点，绘制直径为 10mm 的圆，如图 2-3-56 和图 2-3-57 所示。

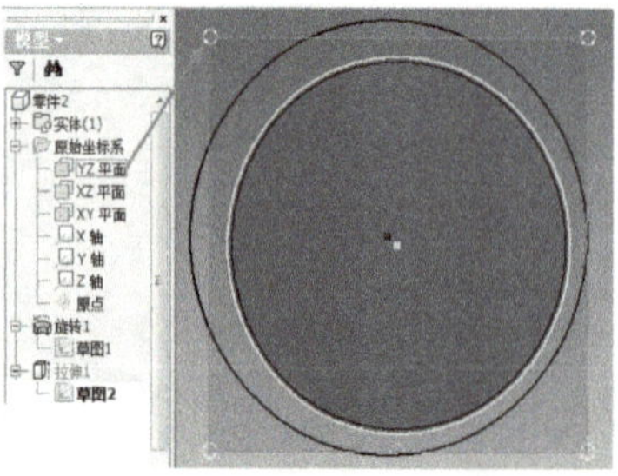

图 2-3-56　调用 YZ 平面

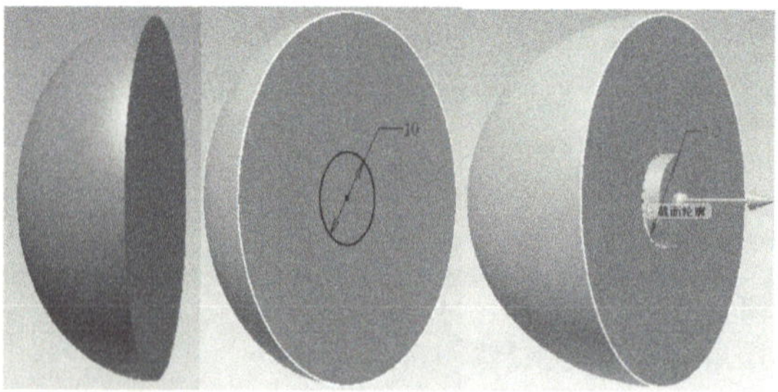

图 2-3-57　新建草图并进行拉伸

37）完成草图后，单击“模型”选项卡中的“拉伸”按钮将草图向外拉伸 2mm。重复操作一次，新建草图并绘制直径为 2mm 的圆。完成草图后，单击“模型”选项卡中的“拉伸”按钮将草图向外拉伸 3mm，如图 2-3-58 所示。

38）单击“模型”选项卡中的“圆角”按钮，为实体边缘倒圆角处理，倒角半径分别为 3mm、0.5mm，如图 2-3-59 所示。

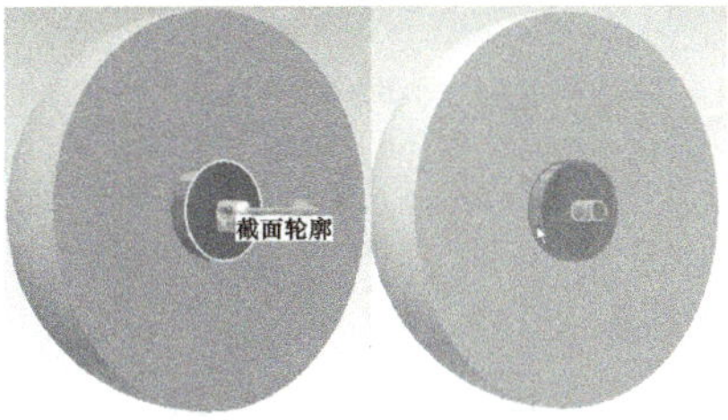

图 2-3-58　完成草图的拉伸

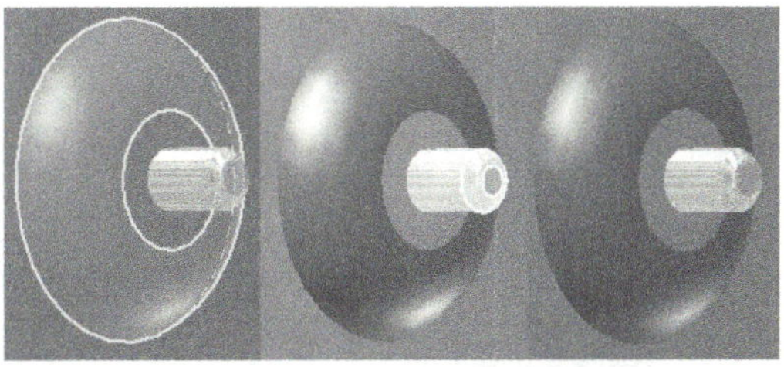

图 2-3-59　为实体倒圆角

39）分割实体，创建扇头背后结构。在“浏览器”中选择“YZ 平面”命令，单击“草图”选项卡中的“平面”按钮将 YZ 平面偏移出一个新平面。在平面上创建新草图，单击“草图”选项卡中的“圆”按钮绘制直径 30mm 的圆，并偏向内偏移出 0.12mm 的圆形，效果如图 2-3-60 所示。完成草图后，单击“模型”选项卡中的“凸雕”按钮将草图刻入实体 1mm，如图 2-3-61 所示。

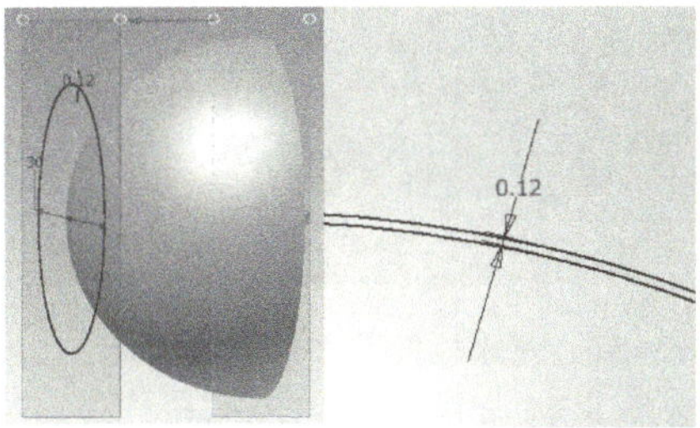

图 2-3-60　绘制直径 30mm 的圆

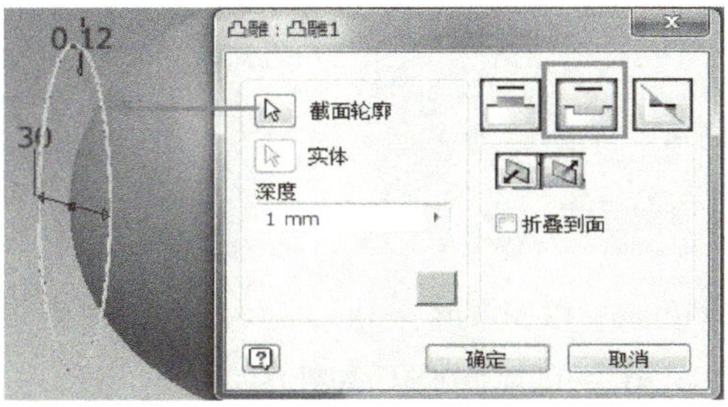

图 2-3-61　进行凸雕处理

提示：凸雕零件面，必须表示出模型面上的凸雕或凹雕草图区域。在草图中将截面轮廓创建为草图文本或草图几何图元，然后选择要投影或缠绕到模型上的截面轮廓。

40）调整空间视图，在实体背部平面上新建草图。单击“草图”选项卡中的“圆”按钮，绘制直径为 0.4mm 的圆形，单击“环形”按钮将圆形进行多行阵列，如图 2-3-62 所示。

41）完成草图后，单击“模型”选项卡中的“凸雕”按钮将草图雕刻到实体上，深度为 1mm，如图 2-3-63 所示。

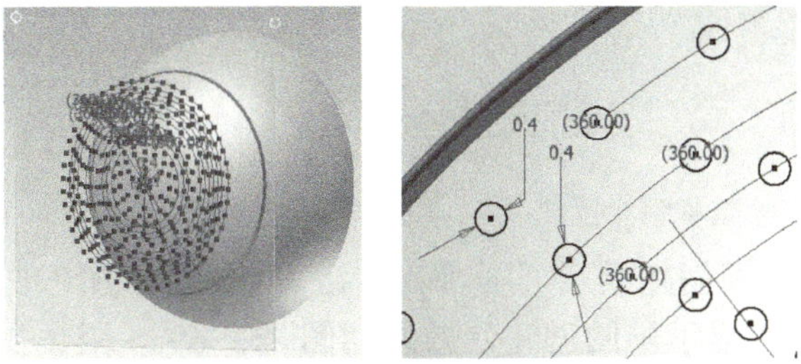

图 2-3-62　绘制直径为 0.4mm 的圆

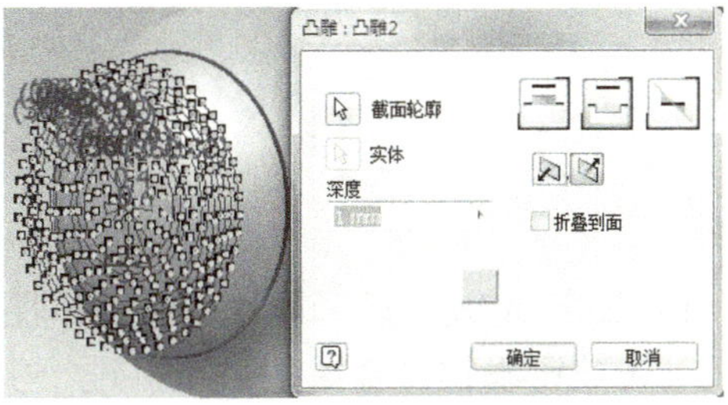

图 2-3-63　进行凸雕处理

42）创建产品的 USB 接口。在“浏览器”中选择菜单“原始坐标系”→“XY 平面”命令，单击“草图”选项卡中的“平面”按钮从 XY 平面偏移出一个新的平面，效果如图 2-3-64 所示。调整空间视图至实体侧面，在新偏移出的平面上新建草图，单击“矩形”按钮绘制 3mm×1mm 的矩形，完成草图后将其拉伸 2mm，删除现有实体部分，如图 2-3-65 所示。

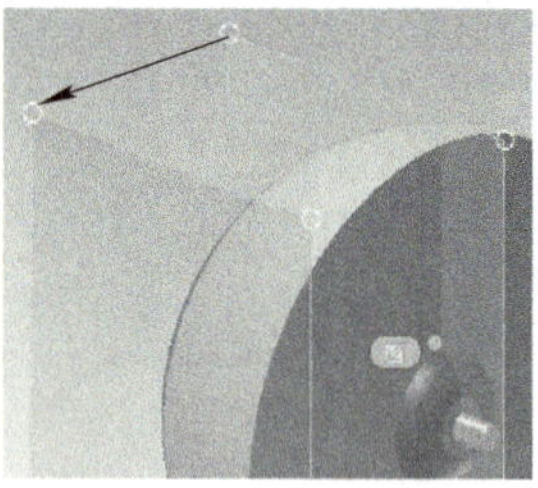

图 2-3-64　偏移平面

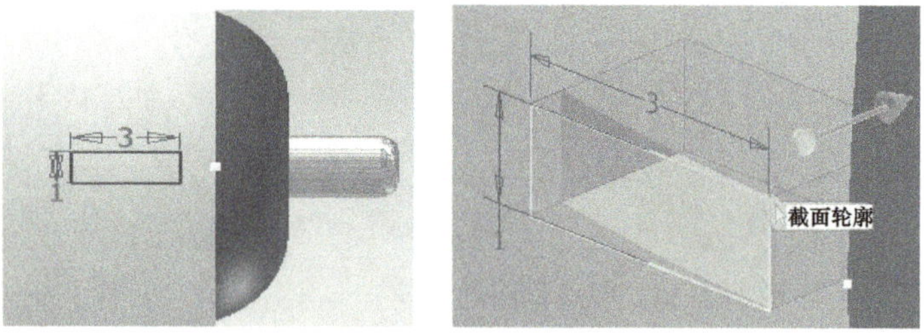

图 2-3-65　创建 USB 接口

43）调整空间视图至“左视图”，在接口内面新建草图。单击“草图”选项卡中的“矩形”按钮绘制草图，效果如图 2-3-66 所示。完成草图后单击“模型”选项卡中的“拉伸”按钮将草图向外拉伸 2mm，并为拉伸后的图形特征添加金属材质，如图 2-3-67 所示。

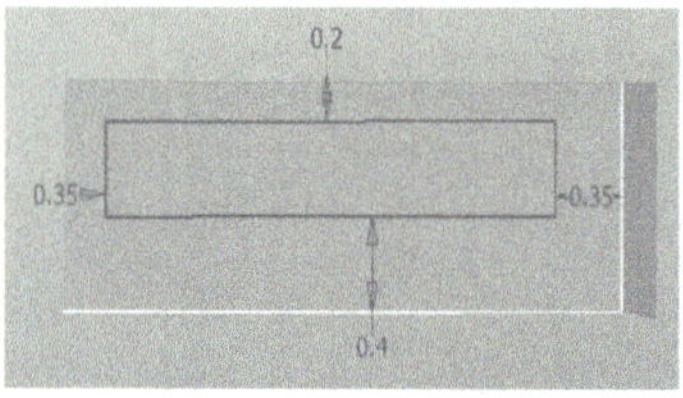

图 2-3-66　绘制矩形

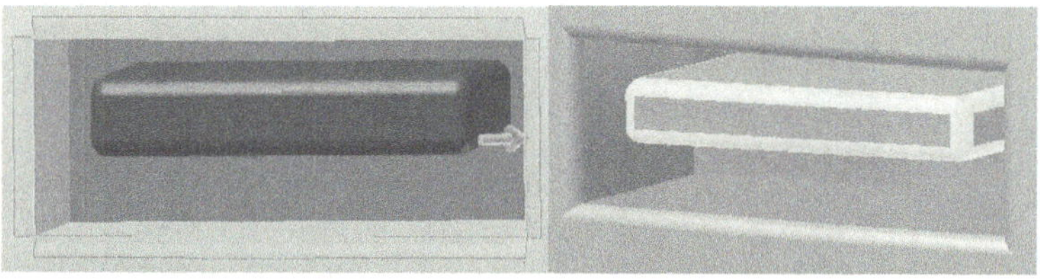

图 2-3-67　完成拉伸并添加金属材质

44）调整空间视图至“右视图”，选择菜单“原始坐标系”→“XY 平面”命令。单击“草图”选项卡中的“平面”按钮在 XY 平面偏移出一个新的平面并新建草图，单击“矩形”按钮绘制一个 5mm×10mm 的矩形。完成草图后将其向内拉伸 1mm，删除现有实体部分，得到的区域将作为台扇的电子显示屏区域。为区分产品各部分结构，为各部分图形特征添加相应的材质，效果如图 2-3-68 所示。

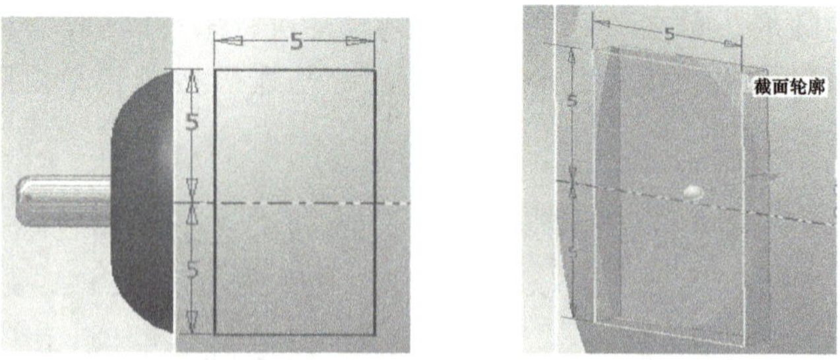

图 2-3-68　绘制草图并拉伸

45）在已完成的显示屏区域新建草图，分别创建显示屏屏幕和按钮。为屏幕添加“玻璃”材质，为按钮添加“金属”材质，进一步完成显示屏的创建，效果如图 2-3-69 ～图 2-3-71 所示。

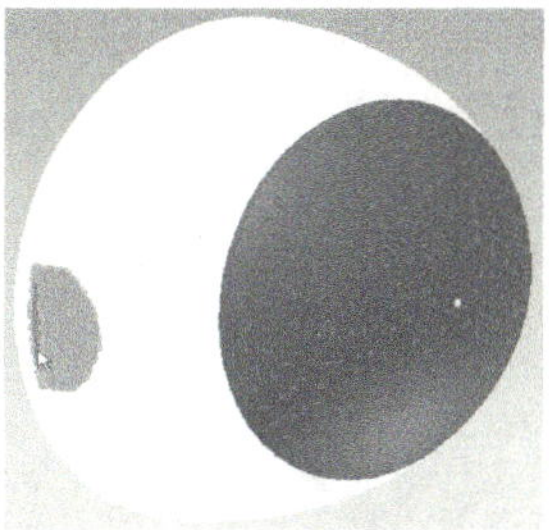

图 2-3-69　完成效果

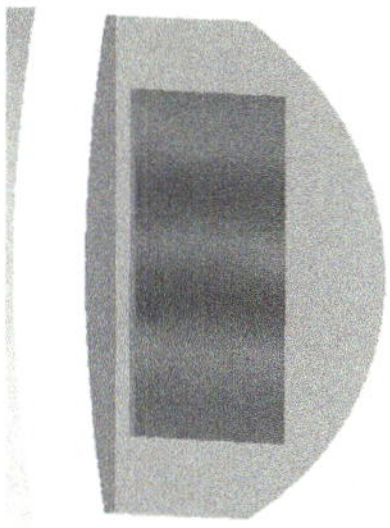

图 2-3-70　创建显示屏屏幕

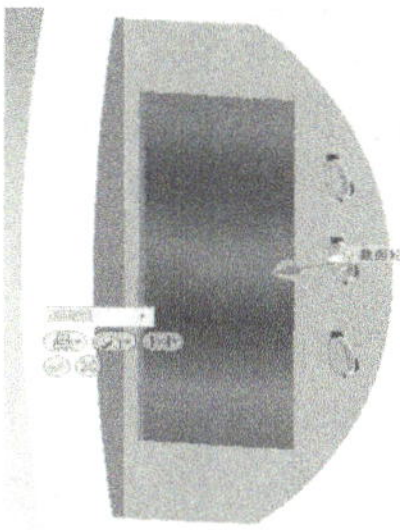

图 2-3-71　创建按钮

46）创建台扇头部的旋转轴接口。单击“草图”选项卡中的“平面”按钮在 XZ 平面偏移出一个新的平面并新建草图，单击“圆”按钮绘制直径为 2mm 的圆，该圆圆心在扇头的中心点上且垂直于 XZ 平面，如图 2-3-72 和图 2-3-73 所示。

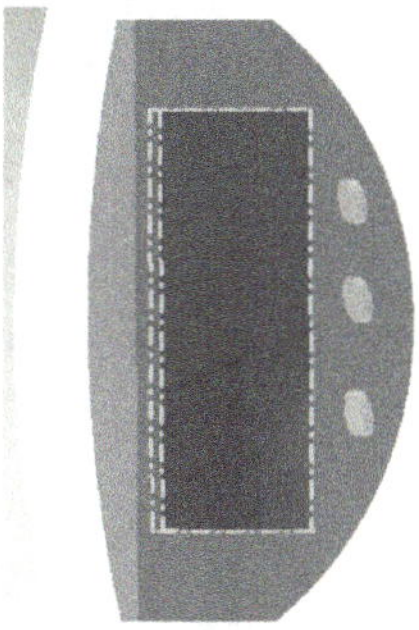

图 2-3-72　完成效果

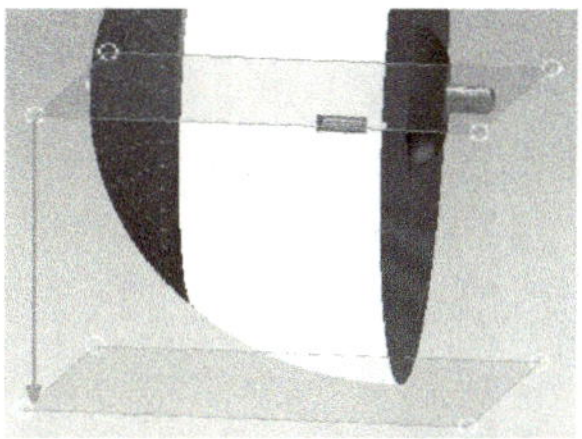

图 2-3-73　偏移平面

47）完成草图后单击“模型”选项卡中的“拉伸”按钮，将草图向内拉伸 4mm，修剪已有实体。完成拉伸后，为孔内添加全螺纹，如图 2-3-74 ～图 2-3-76 所示。

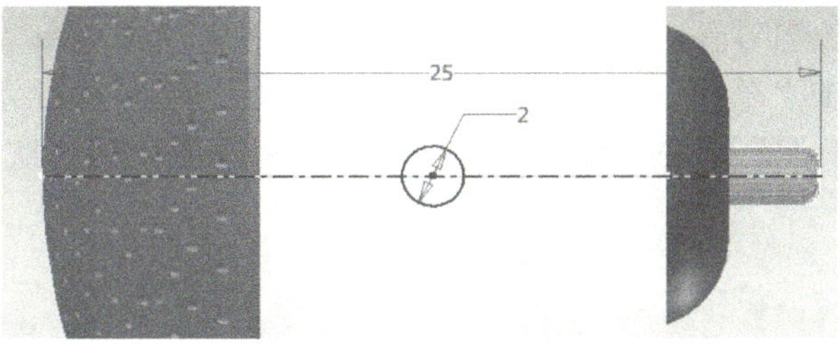

图 2-3-74　创建草图

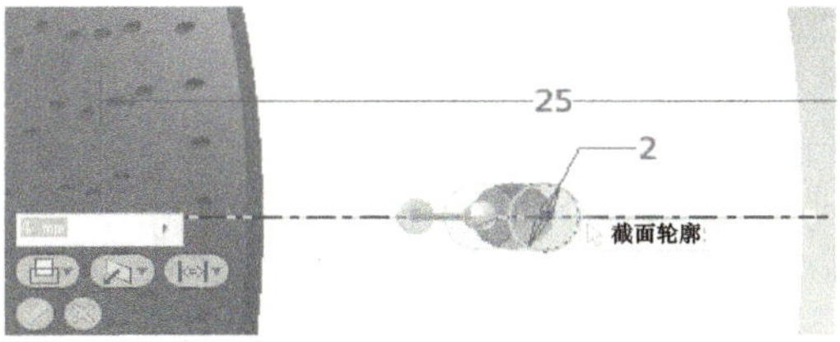

图 2-3-75　进行拉伸

图 2-3-76　添加全螺纹

48）仍然使用 XZ 平面，创建草图。单击“草图”选项卡中的“投影几何图元”按钮将螺纹孔圆投影出来，再绘制一个直径为 4mm 的同心圆。单击“模型”选项卡中的“拉伸”按钮将草图截面拉伸到扇头表面，并为边缘倒圆角。半径分别为 2mm、0.2mm，如图 2-3-77 所示。

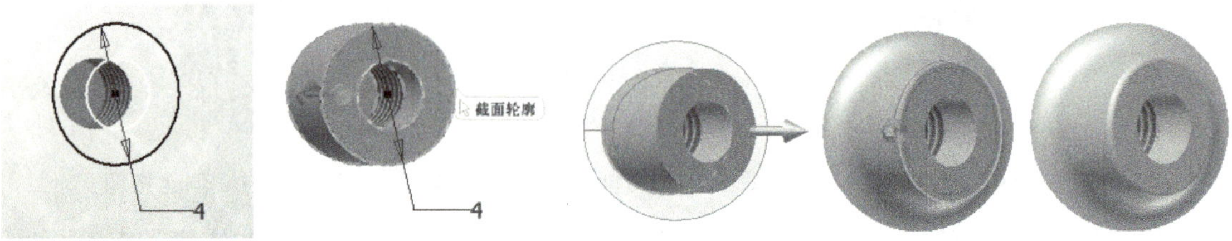

图 2-3-77　创建扇头底轴

49）创建台扇机头盒外沿。调整空间视图，在台扇台正面表面新建草图。单击“草图”选项卡中的“投影几何图元”按钮将圆形轮廓投影出来，并单击“偏移”按钮将轮廓偏移 0.2mm，效果如图 2-3-78 和图 2-3-79 所示。完成草图后，单击“模型”选项卡中的“拉伸”按钮将截面轮廓向外拉伸 0.3mm。至此，台扇扇头部分零件就全部完成了，如图 2-3-80 所示。

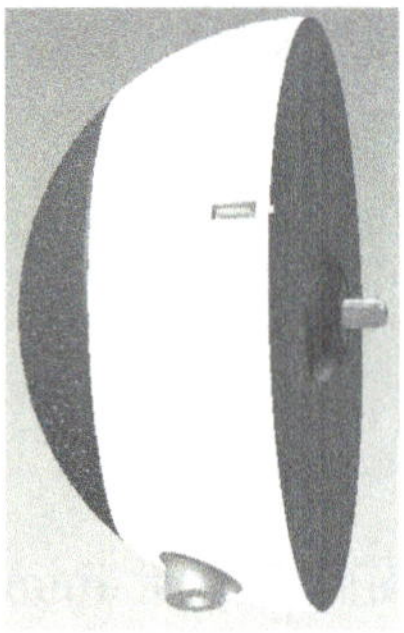

图 2-3-78　调整空间视图

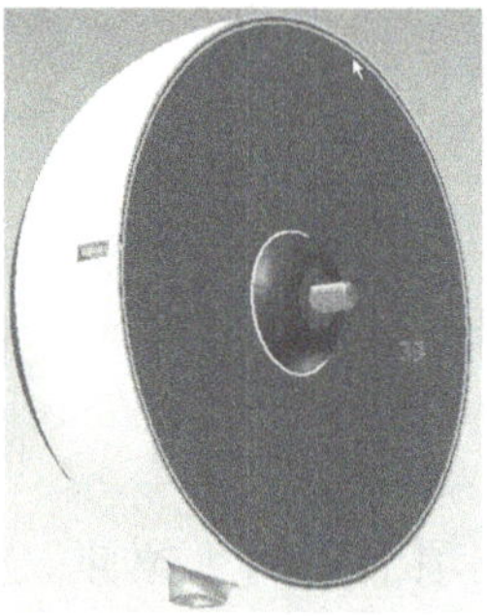

图 2-3-79　偏移外沿轮廓

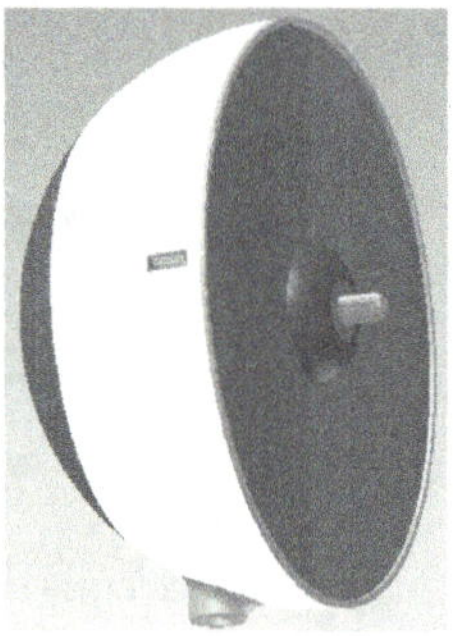

图 2-3-80　完成效果

50）创建扇头保护罩零件。在“快速访问工具栏”中选择菜单“新建”→“零件”命令新建一个零件。单击“草图”选项卡中的“圆”按钮，绘制直径为 38mm 的圆形草图。完成草图后，单击“模型”选项卡中的“旋转”按钮将草图旋转为实体，如图 2-3-81 和图 2-3-82 所示。

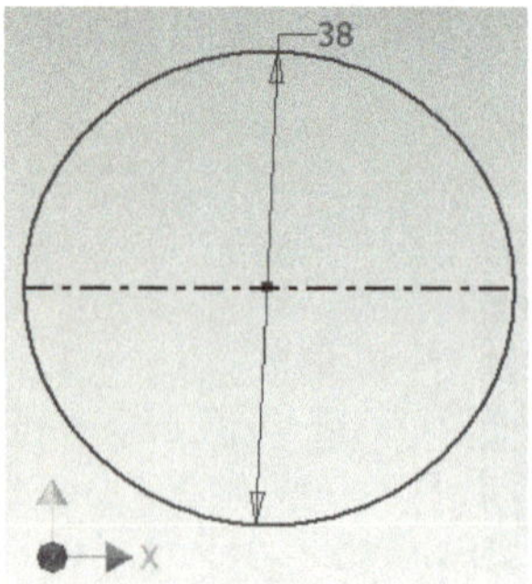

图 2-3-81　绘制草图

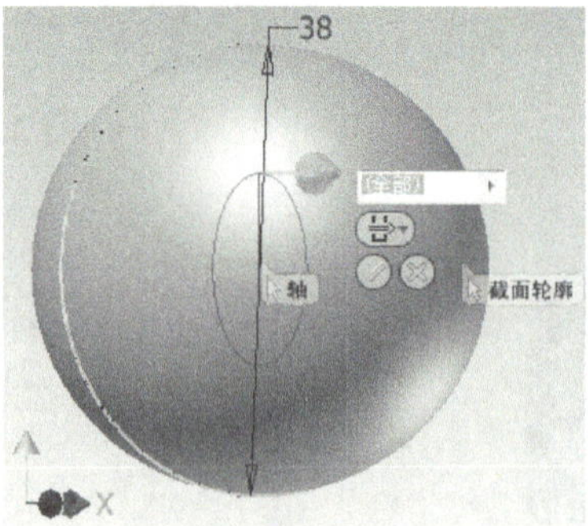

图 2-3-82　旋转草图

51）完成“旋转”后，为球体添加材质效果，如图 2-3-83 所示。

52）在“浏览器”中选择“原始坐标系”→“YZ 平面”命令，单击“草图”选项卡中的“圆”按钮绘制直径大于球体直径的圆，如图 2-3-84 所示。

图 2-3-83　添加材质效果

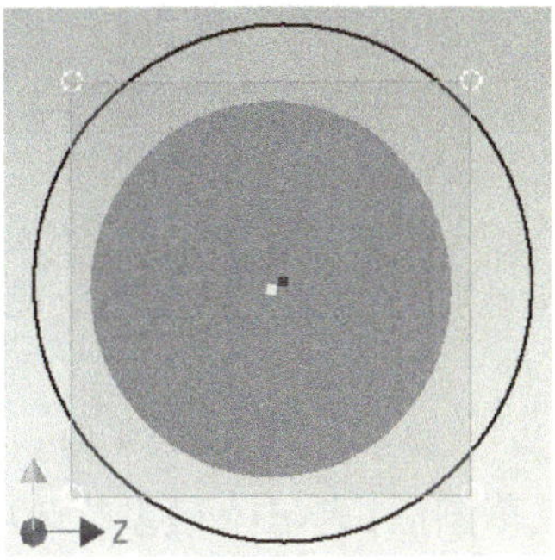

图 2-3-84　绘制草图

53）完成草图后，单击“模型”选项卡中的“拉伸”按钮将草图拉伸 30mm 的高度，设置“求差”模式修剪掉一半的球体，如图 2-3-85 和图 2-3-86 所示。

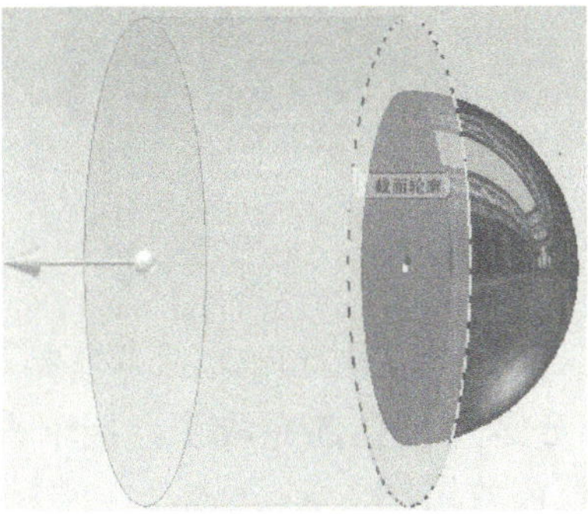

图 2-3-85　拉伸草图

图 2-3-86　修剪实体

54）单击“模型”选项卡中的“抽壳”按钮，将半个球体内部抽空，保留边缘厚度为 0.2mm，如图 2-3-87 和图 2-3-88 所示。

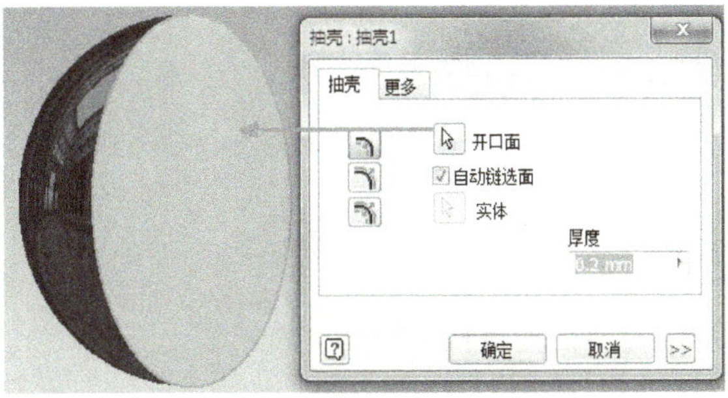

图 2-3-87　进行抽壳

图 2-3-88　完成抽壳

55）调整空间视图，选择菜单“原始坐标系”→“YZ 平面”命令，单击“草图”选项卡中的“平面”按钮在 YZ 平面偏移出一个新的平面并新建草图，如图 2-3-89 所示。单击“圆”“直线”按钮绘制保护罩的边缘，如图 2-3-90 所示。

图 2-3-89　偏移平面

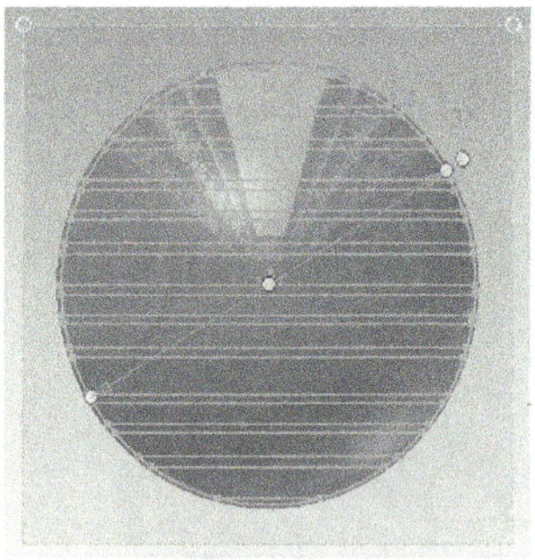

图 2-3-90　绘制草图

56）完成草图后，单击“模型”选项卡中的“拉伸”按钮将草图拉伸贯通，修剪已有实体，如图 2-3-91 和图 2-3-92 所示。

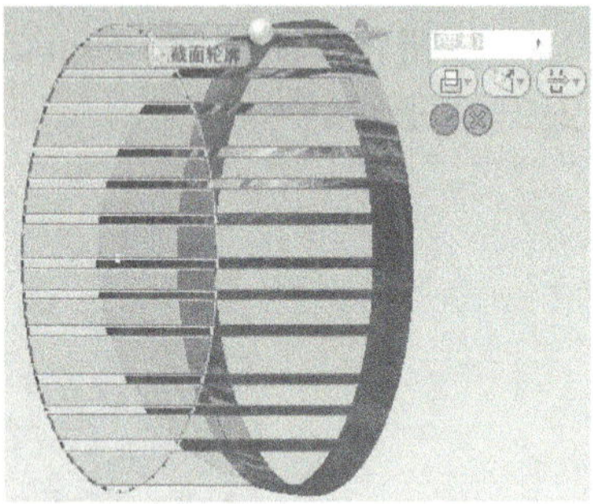

图 2-3-91　进行拉伸

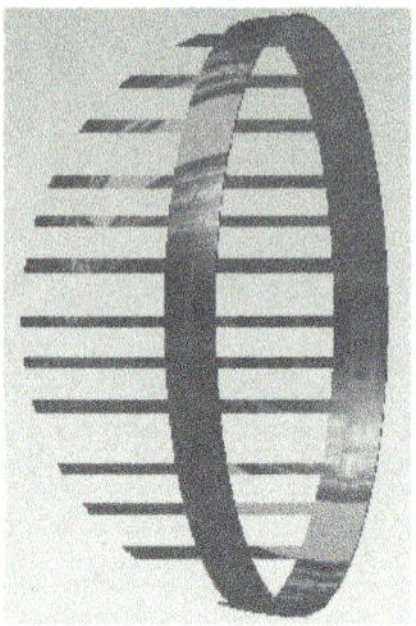

图 2-3-92　完成效果

57）至此，该款台式遥控小电扇的各组成部分零件已全部完成了。接下来要在装配部件文件中将各部分零件装配在一起，完成产品的整体效果。

58）新建一个部件文件，单击“装配”选项卡中的“放置”按钮将已完成的风扇各组成部分零件依次导入到文件中，如图 2-3-93 所示。

图 2-3-93　将各零件放置到部件文件中

提示： 装配约束可删除选定零部件之间的自由度。应用约束后，自适应零部件的大小或形状可能会改变。在使用该命令之前，需要首先指定约束类型，并在应用约束前确定用于定位零部件的方式。如果选择了面、曲线或点，则箭头会显示该方式的默认方向，可以使用约束极限来定义允许的移动或转动范围。

59）单击“装配”选项卡中的“旋转”按钮，旋转单个零件的位置及方向，以便于选择要进行约束的边线、面。单击“约束”按钮分别选择底座中心轴和扇头轴孔，确定“配合”约束，这样 2 个零件会自动准确地装配到一起，如图 2-3-94 和图 2-3-95 所示。

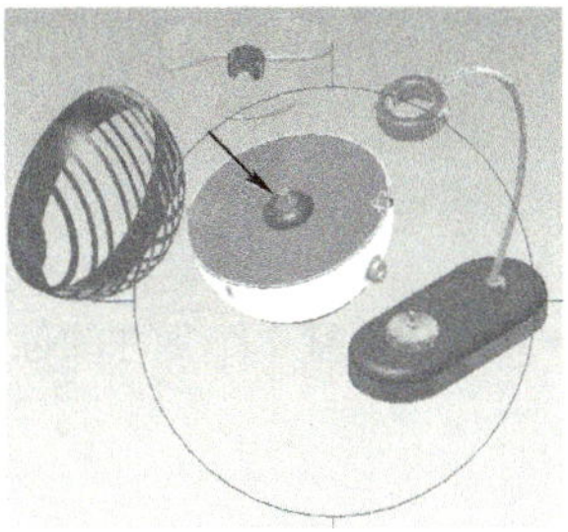

图 2-3-94　旋转单个零件

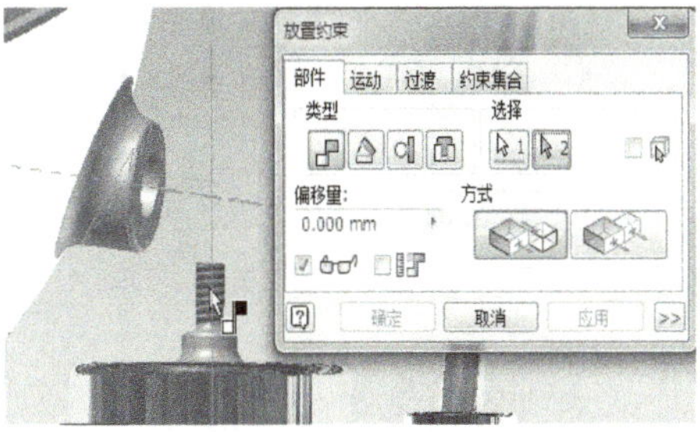

图 2-3-95　配合约束

提示：选择要约束在一起的两个零部件上的几何图元，可以指定一个或多个曲线、平面或点来定义特征如何配合在一起，也可以查看要应用约束的几何图元。每个选择按钮上的颜色栏将对应于选定几何图元的颜色。如果操作错误，并要选择其他几何图元，请单击适当的选择按钮，然后重新选择。“第一次选择”按钮可用于选择第一个零部件上的曲线、平面或点。若要结束“第一次选择”，请单击“第二次选择”按钮或在图形窗口中单击第二个面。第一次选择的预览在图形窗口中显式为与选择按钮颜色栏相同的颜色。“第二次选择”按钮可用于选择第二个零部件上的曲线、平面或点。第二次选择的预览在图形窗口中显式为与选择按钮颜色栏相同的颜色。

60）完成第一次配合约束后，扇头轴孔会与底座轴心在一条垂直线上，但此时扇头仍可被拖动移开。重复配合约束，分别选择孔与轴最近的两条边线进行配合贴齐，如图 2-3-96 所示。完成两次约束后，再拖动扇头时，头部只能沿底座轴进行旋转而不会与底座脱离，如图 2-3-97 所示。

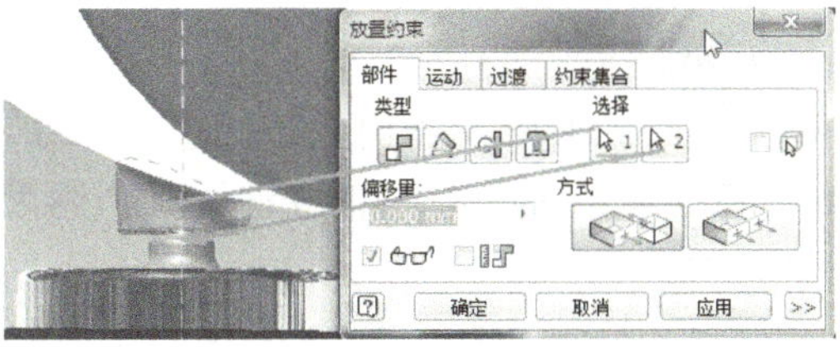

图 2-3-96　完成约束

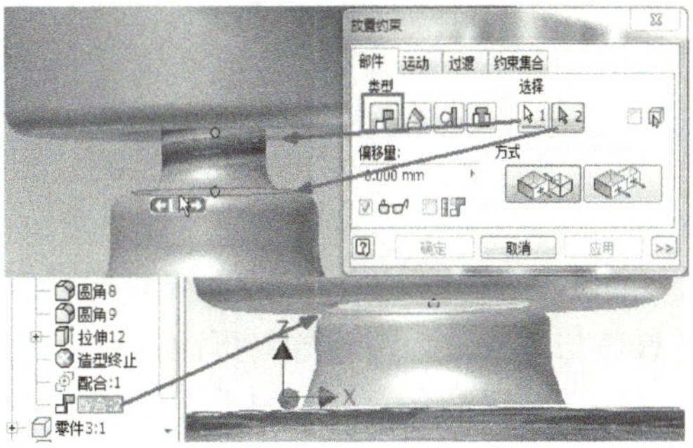

图 2-3-97　配合约束贴齐对象

提示：“配合约束”是将零部件“面对面”放置，或者将零部件“面相切”放置。删除平面之间的自由度。“表面齐平约束”将零部件相邻对齐以使表面齐平。放置选定的面、曲线或点，使它们对齐，曲面法向指向同一方向。

61）单击“装配”选项卡中的“旋转”按钮，调整移动风扇扇页和机盒盖的位置关系。单击“约束”按钮，分别选取机盒边缘面与盒盖凸面进行贴齐配合，应用完成。再次选择轴孔底边线与机盖中心孔内边缘线，进行约束配合，如图 2-3-98 ～图 2-3-101 所示。

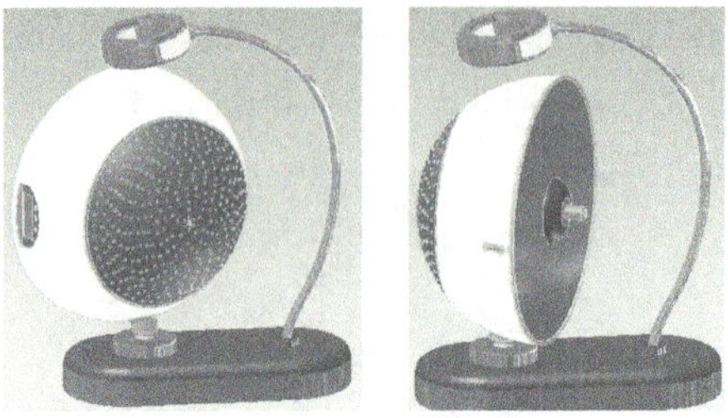

图 2-3-98　完成约束

图 2-3-99　调整 2 个零件的位置

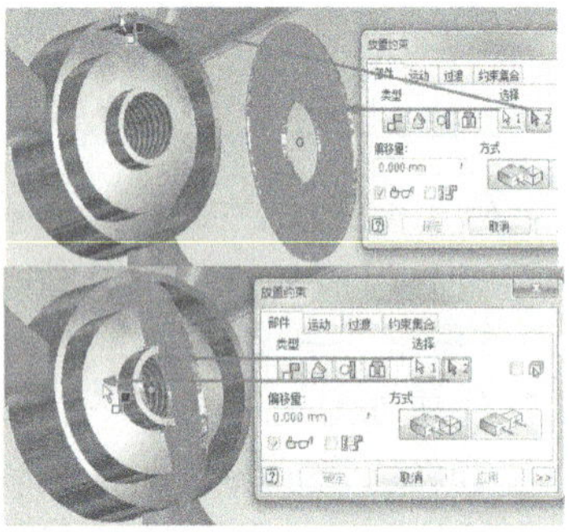

图 2-3-100　配合约束贴齐对象

图 2-3-101　完成盒盖装配

62）将风扇页装配到台扇扇头上。单击“装配”选项卡中的“约束”按钮，分别选择扇头轴和扇页中心轴孔，应用完成装配，如图 2-3-102 所示。

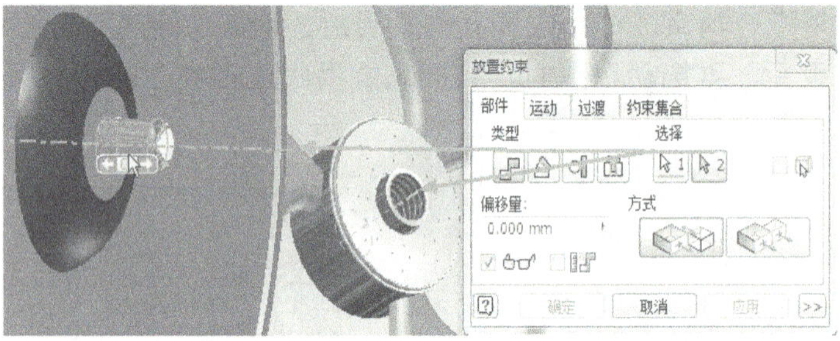

图 2-3-102　装配扇页到台扇扇头

63）完成上一次装配后，只是将扇页与中心轴贴齐了。此时的盒盖仍然会任意被移动。将盒盖与扇头进行轴配合。再次约束，分别选择中心轴与盒盖中心孔的内边线进行配合约束，如图 2-3-103 和图 2-3-104 所示。

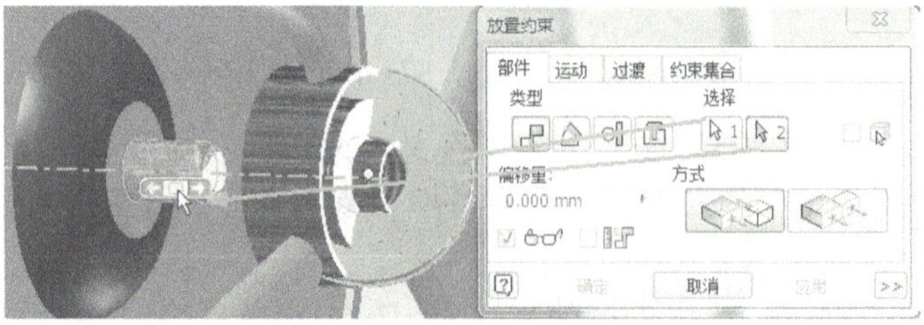

图 2-3-103　盒盖与扇头进行轴配合

图 2-3-104　完成装配

64）结合实际应用，台扇扇头的中心轴上应该添加螺纹效果。在零件上双击鼠标左键，进入零件编辑空间，单击“模型”选项卡中的“螺纹”按钮。选择轴体表面添加全螺纹，如图 2-3-105 所示。

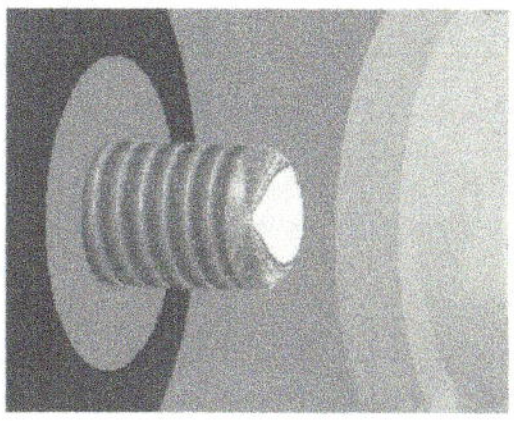
图 2-3-105　添加螺纹效果

65）选择击标题栏上方“返回”按钮，返回装配空间。将扇页装配到扇头中心轴上，轴要插入机盒轴孔内。完成后扇页可以跟随中心轴转动，但不会脱离主体，如图 2-3-106 和图 2-3-107 所示。

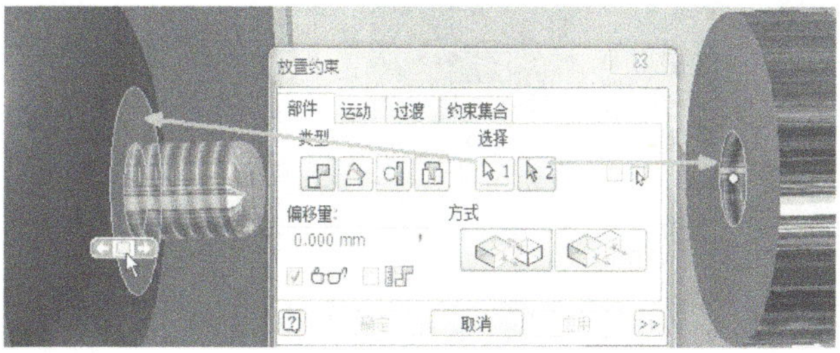

图 2-3-106　添加配合约束

图 2-3-107　完成装配

提示： 插入约束是平面之间的面对面配合约束和两个零部件的轴之间的配合约束的组合，插入约束将在孔中放置一个螺栓。该螺栓将与孔对齐，并且头的底部将与平面配合。旋转自由度将保持打开。“反向反转”第一个选定零部件的配合方向，支持用户指定的极限和基准位置。“对齐反转”第二个选定零部件的配合方向，支持用户指定的极限和基准位置。

66）将台扇最后一个零件保护罩装配到主体上。单击“装配”选项卡中的“配合约束”按钮，分别选择台扇扇头边缘面和保护罩的外边缘面，确定应用配合，如图 2-3-108 和图 2-3-109 所示。

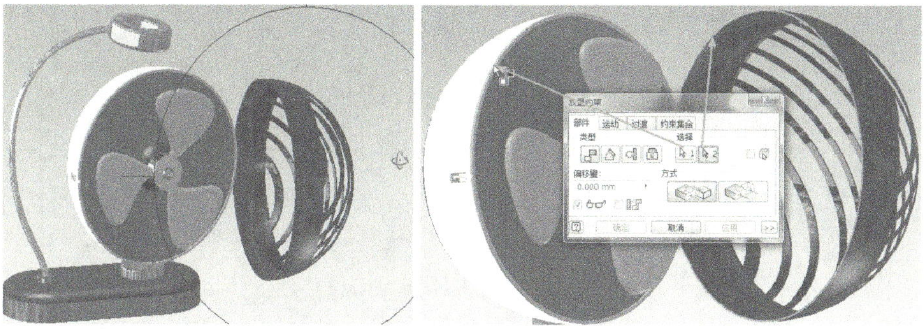
图 2-3-108　为保护罩添加配合约束

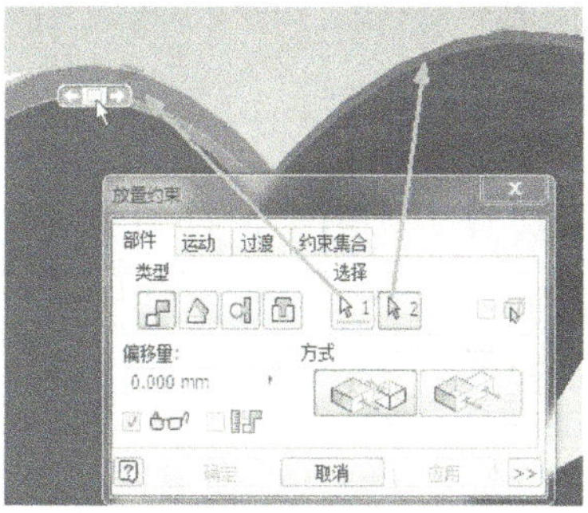

图 2-3-109　约束边缘面

67）拖动鼠标将保护罩调整至适当效果，完成装配。根据实际需要输出产品效果图，如图 2-3-110 所示。

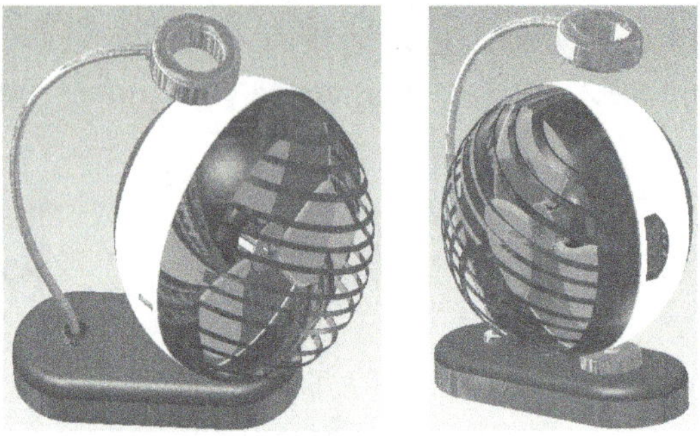

图 2-3-110　完成装配

任务 2　卡通节能小电扇

作品展示

作品如图 2-3-111 所示。

图 2-3-111　卡通节能小电扇

任务分析及实施

产品创意思路来源于生活中对青少年消费群体的市场调查分析。作品造型是以一只非常可爱的小熊猫作为主体结构，头部上方配有可伸缩的金属杆，风扇扇页可以使用较硬的纸板。材料方便易得且节能环保，可随时拆卸更换。

此款产品添加了一个 USB 电源线接口，用户可以自行购买 USB 变压器供电，也可以借助于计算机充电。产品体积较小、携带方便，在使用过程中安全、无噪声。设计彰显了个性与时尚气息。

具体操作方法如下。

1）创建风扇台式座架。在“快速访问工具栏”中选择菜单“新建”→“零件”新建一个零件。单击“草图”选项卡中的“直线”“样条曲线”按钮，绘制小台扇主体（小熊猫）头部截面草图，如图 2-3-112 所示。

2）单击“模型”选项卡中的“旋转”按钮，将草图旋转为实体并添加“白色”材质，如图 2-3-113 所示。调整空间视图，在“浏览器”中选择菜单“原始坐标系”→“XY 平面”命令，新建草图。按 <F7> 键进入实体剖切面，单击“草图”选项卡中的“直线”“圆弧”按钮绘制熊猫耳朵的截面草图，如图 2-3-114 所示。

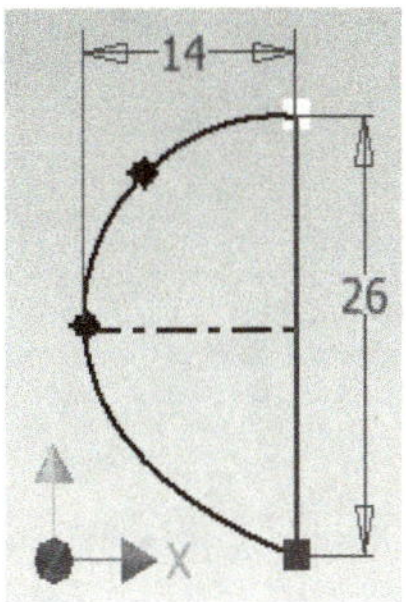

图 2-3-112 绘制草图

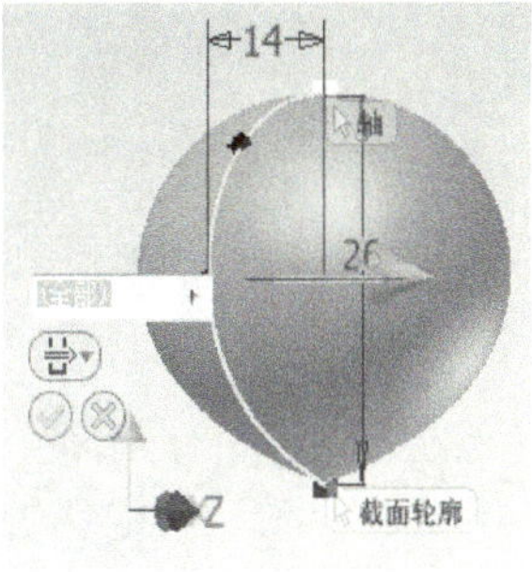

图 2-3-113 旋转草图

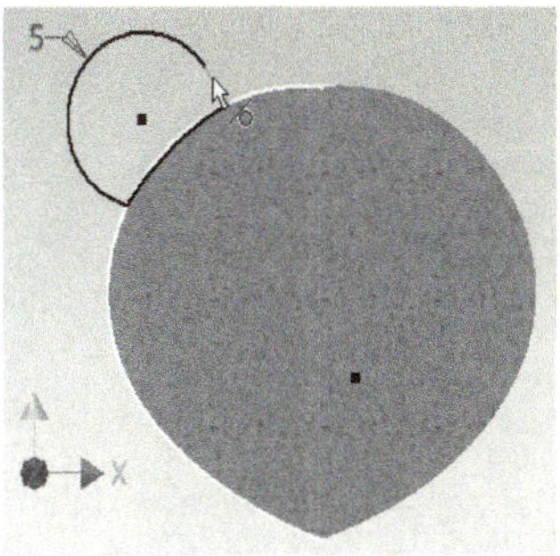

图 2-3-114 绘制草图

提示：创建耳朵部位的草图时，考虑部位变为实体时连接处应没有缝隙。所以绘制草图轮廓时应尽量将边缘重叠一些，在直线与弧连接的部位，需要为其添加“相切约束”。“相切约束”可以使曲线（包括样条曲线的端点）与其他曲线相切。即使两条曲线实际上没有共享点，它们也可以相切，一条曲线可以有多个“相切约束”。

3）完成草图后，单击“模型”选项卡中的“拉伸”按钮将草图拉伸为实体。拉伸方向为“两边”，拉伸高度为 5mm，耳朵倒圆角 2mm，如图 2-3-115 所示。选择菜单“原始坐标系”→“YZ 平面”命令，单击鼠标右键，选择“可见性”命令调出头部实体中心平面。单击“模型”选项卡中的“镜像”按钮以 YZ 平面为镜像平面，将拉伸出来的耳朵部位特征镜像到另一侧，如图 2-3-116 所示。

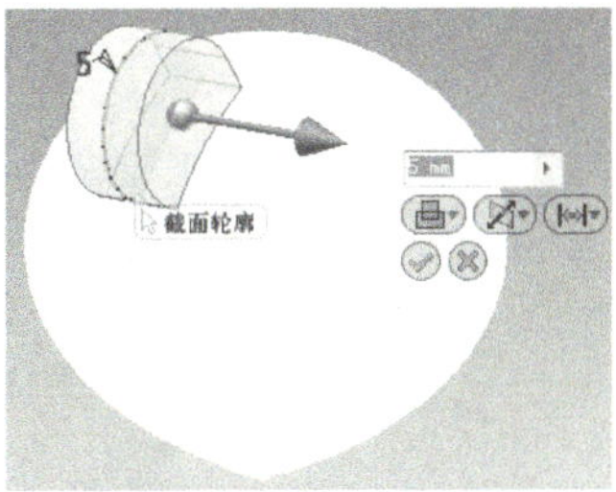

图 2-3-115 拉伸草图

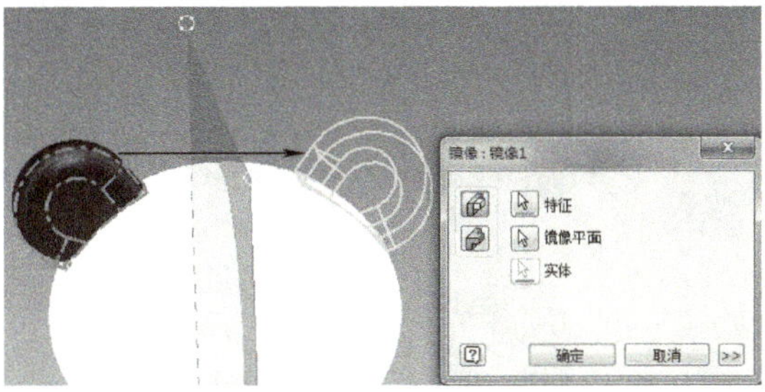

图 2-3-116 镜像图形

4）创建主体下半部分。调整空间视图，在“XY 平面”上新建草图，按 <F7> 键进入实体剖切面。单击“草图”选项卡中的“直线”“圆弧”按钮绘制草图轮廓。完成草图后，单击“模型”选项卡中的“旋转”按钮将草图旋转为实体，如图 2-3-117 所示。

提示：在“模型”选项卡的“阵列”选项组中，单击“镜像”按钮，可以打开“镜像”对话框。“镜像”可以跨越平面以等距离创建一个或多个特征、整个实体或新实体的反向副本。但是在“抽壳”特征时以及使用“求交”选项创建的特征不能单独镜像；“缝合”特征将具有与原始特征的结果匹配的曲面或实体结果不能被镜像；基础曲面特征包括“衍生”曲面和已经导入且升级的曲面不能被镜像；在钣金零件中，不支持使用多边选择创建的镜像凸缘或异形板；在部件文件中也不能镜像部件定位特征。

5）创建主体臂膀部分。重复在“XY 平面”上新建草图，按 <F7> 键进入实体剖切面。单击“草图”选项卡中的“样条曲线”按钮绘制草图，单击“模型”选项卡中的“拉伸”按钮将草图拉伸为实体，拉伸距离为 5mm，如图 2-3-118 所示。

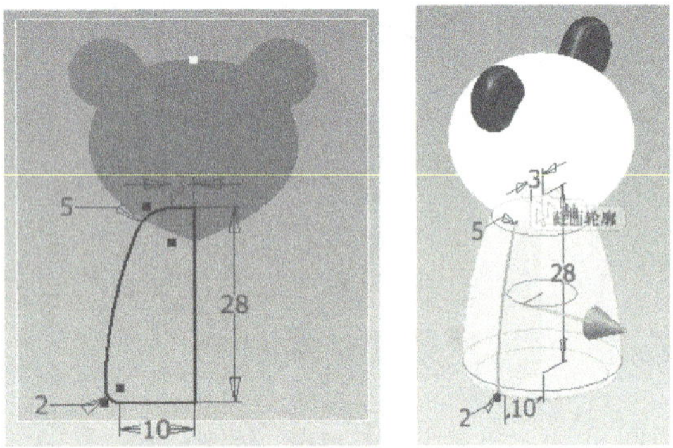

图 2-3-117　旋转草图

图 2-3-118　拉伸草图

6）完成拉伸后，单击“模型”选项卡中的“圆角”按钮为臂膀边缘倒圆角处理，半径为 2.5mm。以“YZ 平面”为中心面，单击“镜像”按钮将实体特征镜像到另一侧，如图 2-3-119 所示。

提示： 如果要镜像的零件中包含不能单独镜像的特征，请选择“镜像实体”命令，然后镜像整个零件实体。选择“镜像实体”命令时，可以将镜像特征合并到现有实体中。如果选择“新建实体”命令，则可以用来创建新实体。

7）创建腿部实体。单击“模型”选项卡中的“平面”按钮以“XY 平面”为目标，偏移出一个新平面，在该平面上新建草图。单击“草图”选项卡中的“圆”按钮绘制一个直径为 12mm 的圆，单击“模型”选项卡中的“拉伸”按钮将草图拉伸到面，如图 2-3-120 和图 2-3-121 所示。

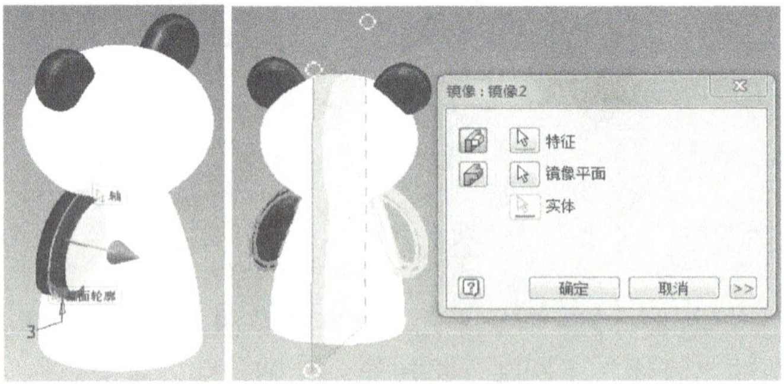

图 2-3-119　完成创建两侧臂膀

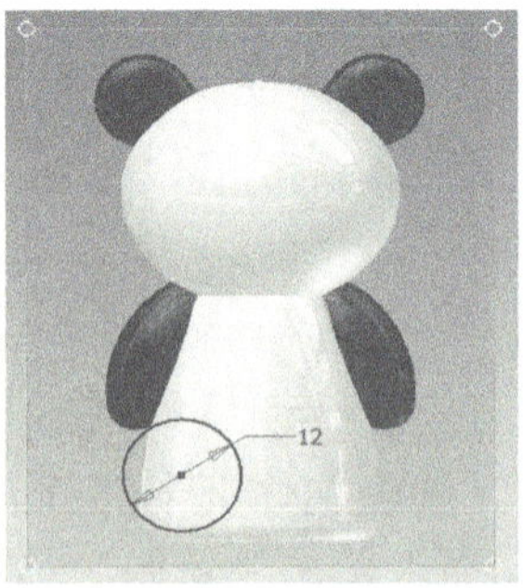

图 2-3-120　新建草图

8）单击“模型”选项卡中的“圆角”按钮为实体边缘倒圆角，半径为 5mm。在腿部表面新建草图，单击“草图”选项卡中的“投影几何图元”按钮将圆形边缘投影出来，如图 2-3-122 所示。完成草图后，在“浏览器”中调出草图所在平面，并将该平面向前偏移 5mm，如图 2-3-123 所示。

图 2-3-121　完成拉伸

图 2-3-122　创建新草图

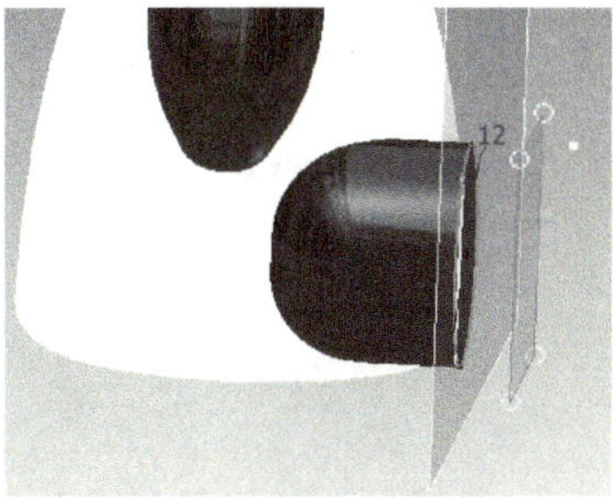

图 2-3-123　偏移新平面

提示：在“模型”选项卡的“创建”选项组中，单击“放样”按钮，通过对多个截面轮廓（称为截面）进行过渡，并将它们转换成包括的截面轮廓或零件面之间的平滑形状来创建放样特征。除了草图截面轮廓，还可以选择对象表面和点作为放样截面的一部分。要将现有面用作放样的起始或终止截面，可以直接选择该面而无需创建草图。在需要加速处理的情况下，请不要选中“预览”复选框。在独立的平面上绘制截面以表示放样特征的截面。

9）在偏移出的平面上新建草图，单击“草图”选项卡中的“圆”按钮绘制直径为 8mm 的圆形。单击“模型”选项卡中的“放样”按钮将前后两个草图进行放样处理。完成放样实体后为其边缘倒 2mm 的圆角，如图 2-3-124 所示。

10）以“YZ 平面”为中心面，单击“模型”选项卡中的“镜像”按钮将腿部实体特征镜像到另一侧，如图 2-3-125 所示。

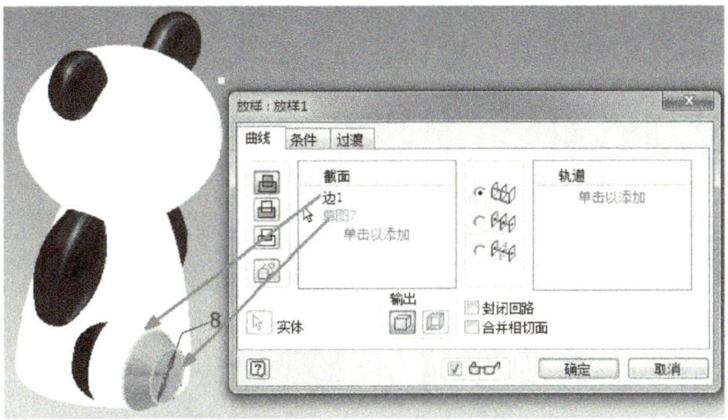

图 2-3-124　完成放样

图 2-3-125　镜像实体

提示：“放样”除了草图截面轮廓，还可以选择对象表面和点作为放样截面的一部分。要将现有面用作放样的起始或终止截面，可以直接选择该面而无需创建草图。常用“放样”的类型有 4 种：①创建放样或使用轨道放样。②创建中心线放样。③创建到点的放样（对于开放放样，可以同时为起始截面或终止截面选择一点，然后将条件应用到点截面。应用“尖锐点”条件以创建具有尖头或锥形顶面的放样。两个点截面之间的放样必须包括一个内部截面以定义截面形状。）④创建面积放样。

11）创建足底印迹。重新偏移平面，在平面上新建草图，单击“草图”选项卡中的“样条曲线”按钮任意绘制足底轮廓草图，如图 2-3-126 所示。完成草图后，单击“模型”选项卡中的“凸雕”按钮将草图轮廓刻入实体 0.5mm，如图 2-3-127 所示。

12）完成凸雕效果后，单击“模型”选项卡中的“圆角”按钮为凹入边添加倒圆角效果，半径为 0.3mm，如图 2-3-128 所示。

图 2-3-126　创建足底轮廓草图

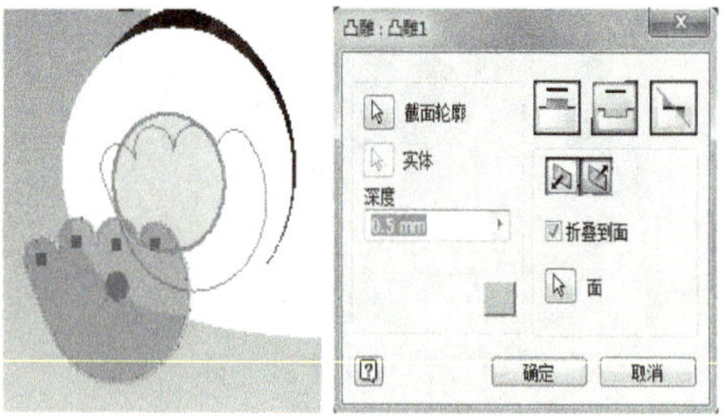

图 2-3-127　进行凸雕处理

图 2-3-128　为凹入边倒圆角

13）创建熊猫头部的插孔。调整空间视图，以“XZ 平面”为目标，单击“草图”选项卡中的“平面”按钮向上偏移 3mm 创建一个新平面，如图 2-3-129 所示。

14）在新偏移出的平面上新建草图，单击“草图”选项卡中的“圆”按钮绘制大小两个圆形，大圆直径为 5.5mm，与小圆之间的间距为 0.5mm，如图 2-3-130 所示。

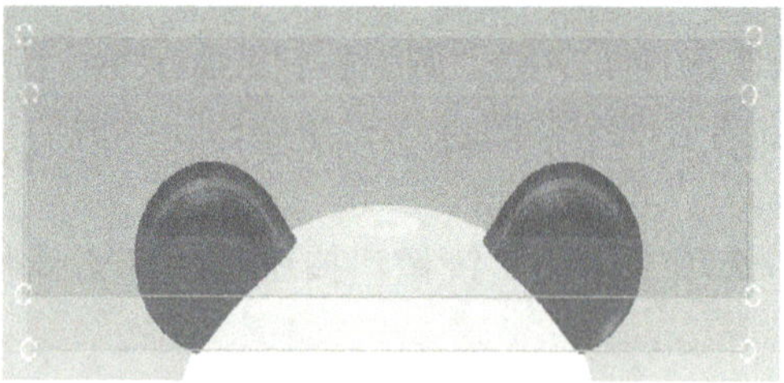

图 2-3-129　偏移新平面

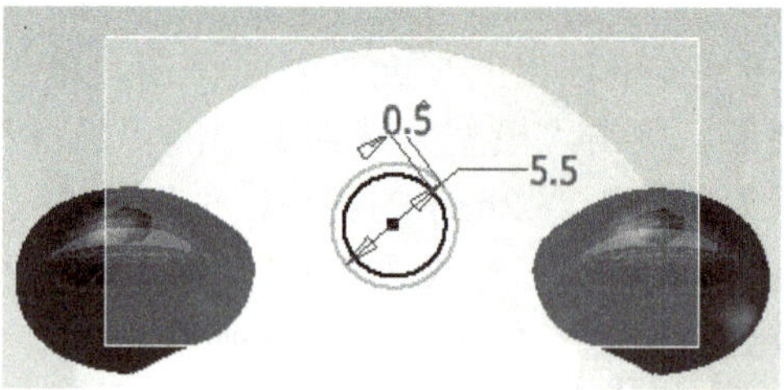

图 2-3-130　新建草图

15）完成草图后，单击“模型”选项卡中的“凸雕”按钮将草图雕刻到实体上，凸出高度为 1mm，如图 2-3-131 和图 2-3-132 所示。

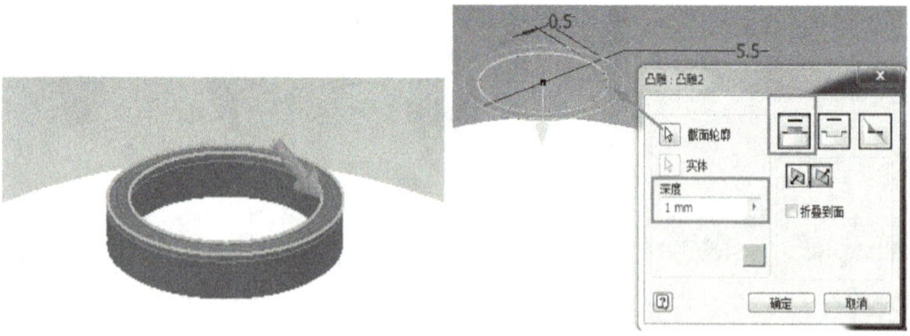

图 2-3-131　进行凸雕处理

图 2-3-132　完成凸雕

16）单击“模型”选项卡中的“圆角”按钮，为两个实体的连接处倒圆角处理，圆角半径为 2mm。调整空间视图，在实体顶部平面新建草图。单击“草图”选项卡中的“投影几何图元”按钮将凸雕后的实体外轮廓投影出来，并单击“偏移”按钮将轮廓偏移 0.1mm。如图 2-3-133 所示。

17）完成草图后，单击“模型”选项卡中的“拉伸”按钮将草图向实体内部拉伸 20mm，修剪已有实体，如图 2-3-134 所示。

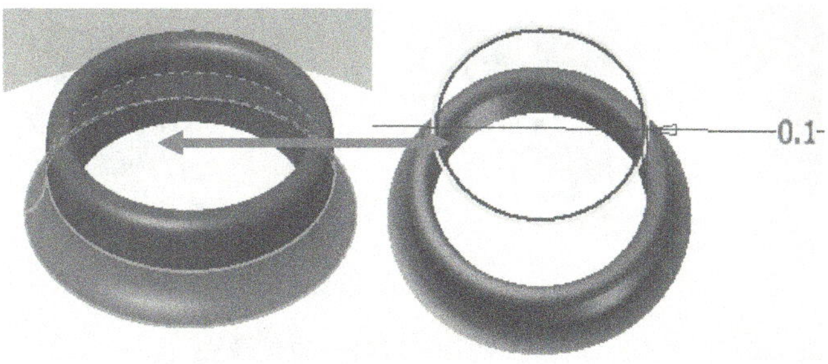

图 2-3-133　偏移轮廓

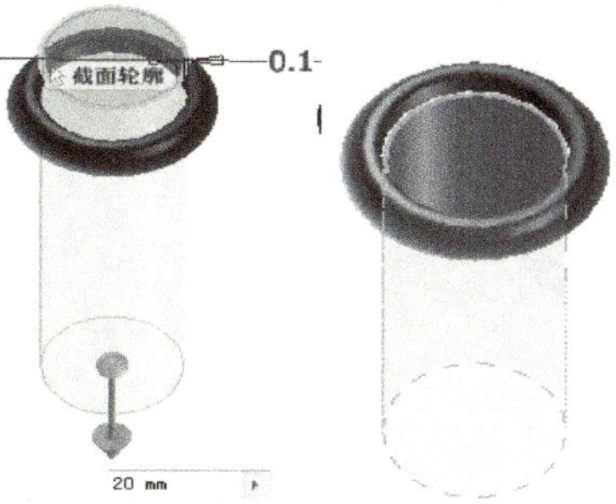

图 2-3-134　拉伸草图

18）创建台扇主体前方的“心形电源按钮”。调整空间视图至“前视图”，在“浏览器”中调用实体表面正前方的平面。新建草图，单击“草图”选项卡中的“多边形”“圆”按钮绘制按钮草图，如图 2-3-135 所示。

19）完成草图后，单击“模型”选项卡中的“凸雕”按钮将草图刻入实体，表面深度为 0.5mm，如图 2-3-136 所示。完成凸雕效果后，单击“圆角”按钮为凹陷部分边缘倒圆处理。圆角半径为 0.2mm，如图 2-3-137 所示。

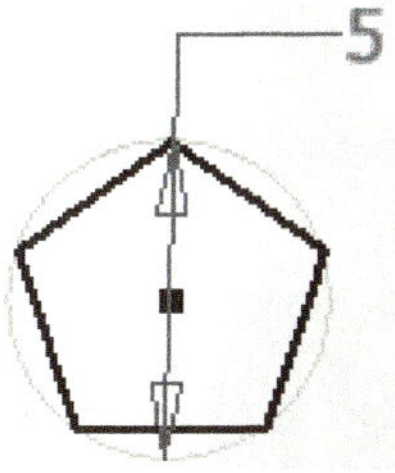

图 2-3-135　新建草图

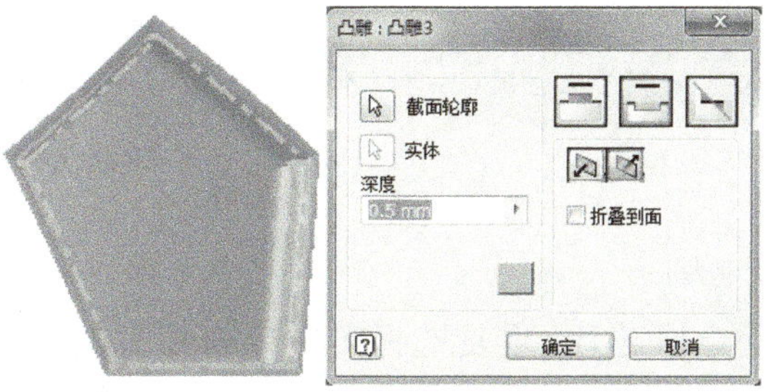

图 2-3-136　进行凸雕处理

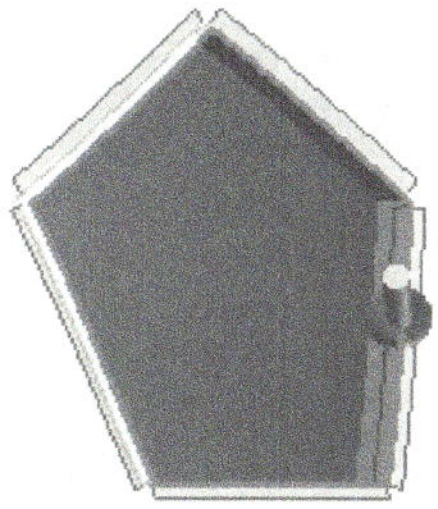

图 2-3-137　为凹陷部分倒圆角

20）选择凹陷平面，单击鼠标右键新建草图。单击“草图”选项卡中的“圆弧”按钮绘制“心”形标志草图，如图 2-3-138 所示。完成草图后，单击“模型”选项卡中的“拉伸”按钮将草图向实体表面拉伸 24mm，用于修剪已有实体。完成拉伸后，选择各部分表面，为其添加不同颜色的材质，便于区分主体结构，如图 2-3-139 所示。

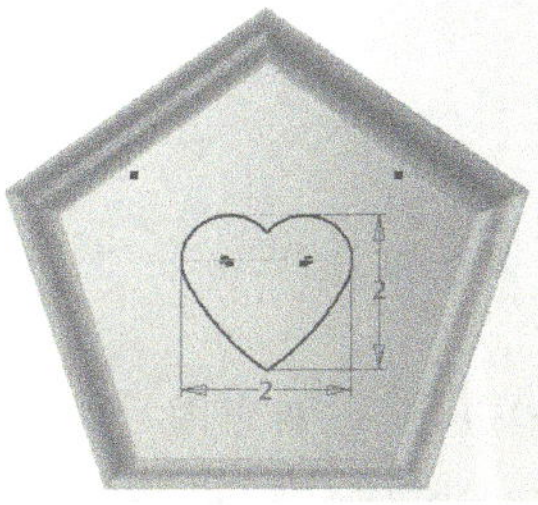

图 2-3-138　新建草图

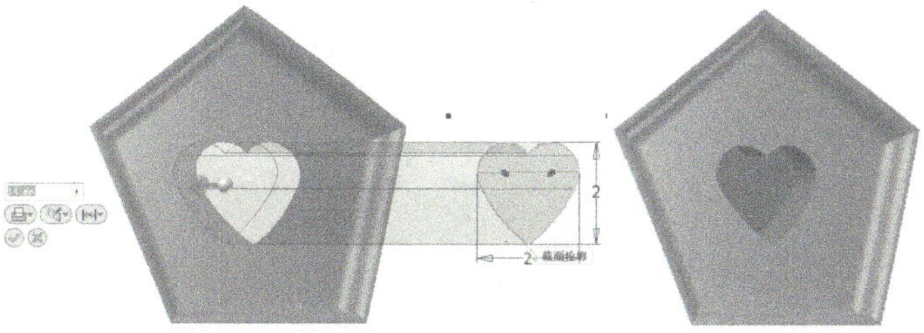

图 2-3-139　拉伸草图

21）创建台扇主体下方的 USB 电源接口。调整空间视图，在“小熊两只后爪”的中间部位新建草图。单击“草图”选项卡中的“矩形”按钮绘制一个 4mm×1.5mm 的矩形，如图 2-3-140 所示。完成草图后，单击“模型”选项卡中的“拉伸”按钮将草图向实体表面拉伸 14mm，修剪已有实体，如图 2-3-141 所示。

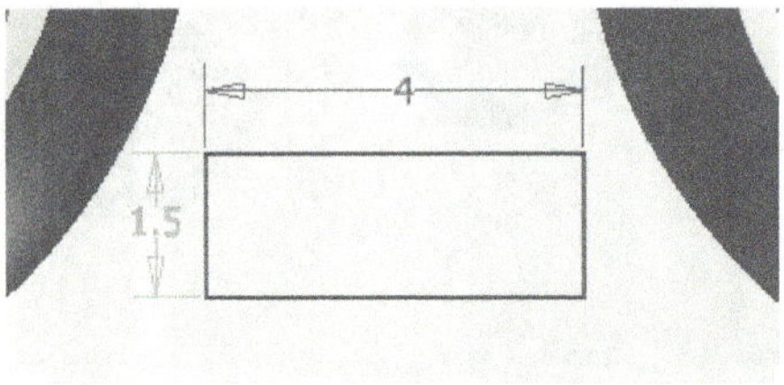

图 2-3-140　新建草图

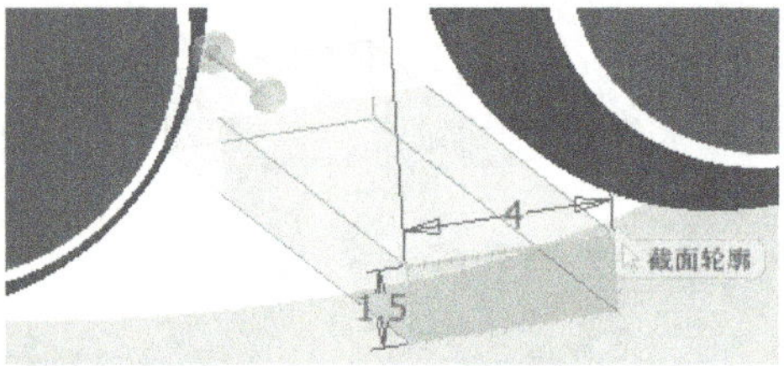

图 2-3-141　拉伸草图

22）完成拉伸后，调整空间视图，以能看到被修剪后实体口的底面为宜。在该底面新建草图，单击“草图”选项卡中的“矩形”按钮，沿接口内部边缘绘制金属导电圈，如图 2-3-142 所示。

23）完成草图后，单击“模型”选项卡中的“拉伸”按钮将草图向外拉伸 3mm，如图 2-3-143 所示。

图 2-3-142　新建草图

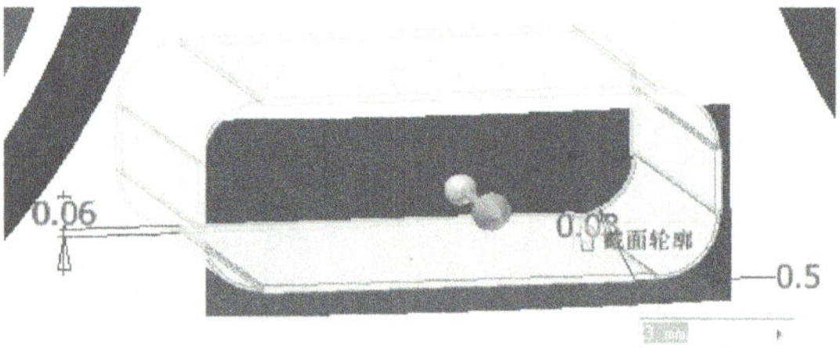

图 2-3-143　拉伸草图

24）创建电源接口内的金属芯片。重复选择实体口的底面，在底面上新建草图。单击“草图”选项卡中的“矩形”按钮，绘制一个 3.5mm×0.4mm 的矩形，如图 2-3-144 所示。完成草图后，单击“模型”选项卡中的“拉伸”按钮将草图向外拉伸 2.8mm，如图 2-3-145 所示。

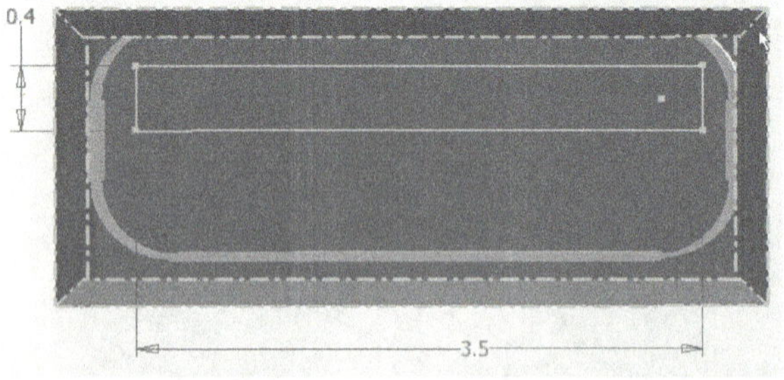

图 2-3-144　新建草图

图 2-3-145　拉伸草图

25）创建台扇主体“小熊”的面部结构。调整空间视图至“左视图”，以原始坐标系中的“YZ 平面”创建新平面，该平面在实体最左侧。在平面上新建草图，单击“草图”选项卡中的“矩形”按钮绘制草图，如图 2-3-146 所示。

26）完成草图后，单击“模型”选项卡中的“拉伸”按钮将草图拉伸贯通，修剪已有实体，如图 2-3-147 所示。

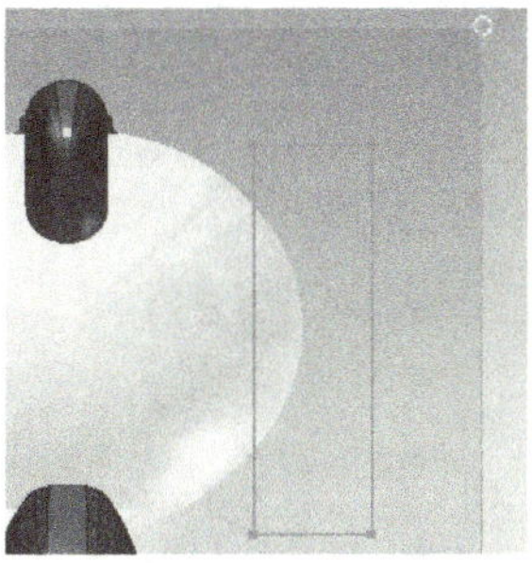

图 2-3-146　新建草图

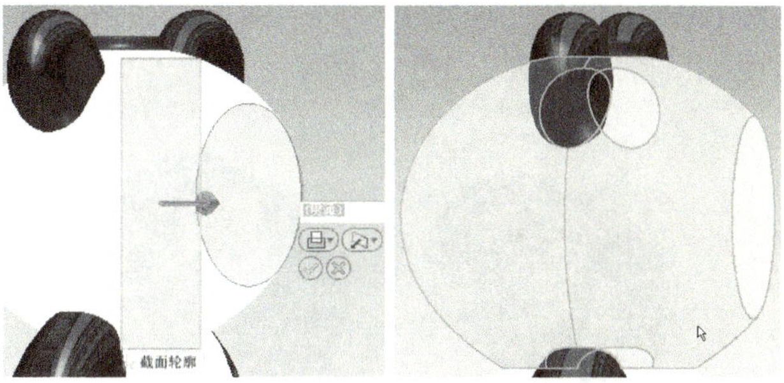

图 2-3-147　拉伸草图

27）单击“模型”选项卡中的“圆角”按钮，为修剪完成的实体边缘倒圆角处理，圆角半径为 8mm，如图 2-3-148 所示。

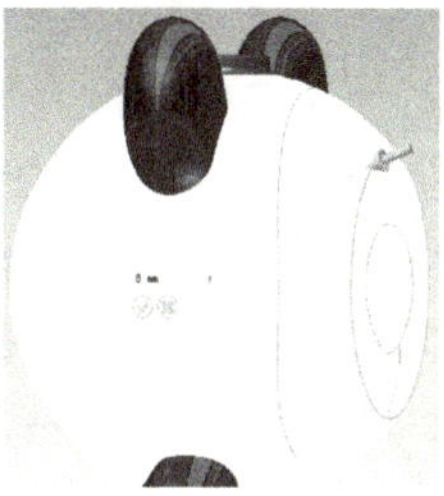

图 2-3-148　为实体倒圆角

28）调整空间视图至“前视图”，在实体前面已有的平面上新建草图。单击“草图”选项卡中的“样条曲线”按钮绘制“小熊”的黑眼圈。完成草图后，单击“模型”选项卡中的“拉伸”按钮将草图向实体表面拉伸 13mm，修剪已有实体，如图 2-3-149 所示。

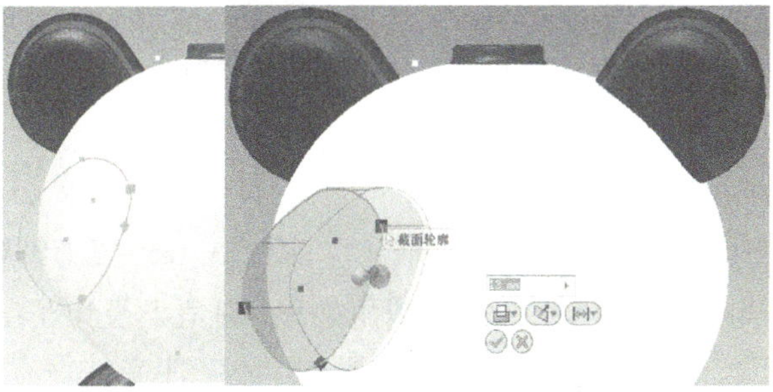

图 2-3-149　拉伸草图

29）完成拉伸后，单击“模型”选项卡中的“圆角”按钮，将凸出的轮廓倒圆角处理，圆角半径为 0.3mm，如图 2-3-150 所示。单击“模型”选项卡中的“镜像”按钮，将完成的左眼部轮廓以“YZ 平面”为镜像边界，镜像到实体右侧，如图 2-3-151 所示。

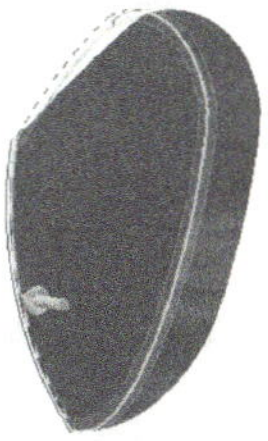

图 2-3-150　为凸出的轮廓倒圆角

图 2-3-151　进行镜像

30）创建眼部按钮安装孔。在眼部轮廓底面新建草图，单击“草图”选项卡中的“圆”

按钮绘制直径为 2mm 的圆。完成草图后，单击“模型”选项卡中的“拉伸”按钮将草图向实体表面拉伸 0.2mm，修剪已有实体，如图 2-3-152 所示。

31）单击“模型”选项卡中的“镜像”按钮，将左侧的实体特征镜像到右侧，完成整体造型设计，效果如图 2-3-153 所示。

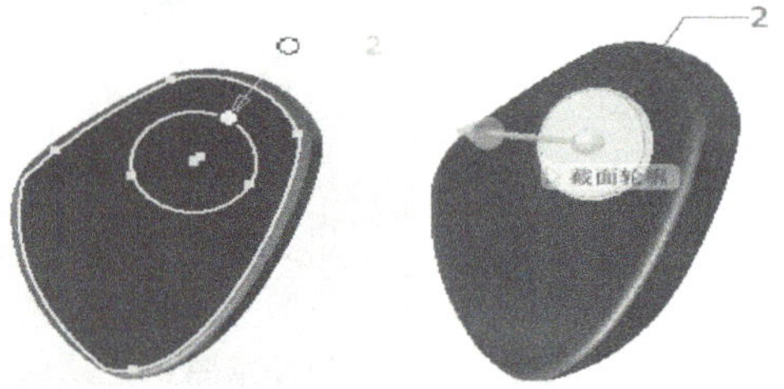

图 2-3-152　创建眼部按钮安装孔

图 2-3-153　进行镜像

32）创建实体面部口鼻特征。在实体前面已有的平面上新建草图，单击“草图”选项卡中的“圆弧”“直线”按钮绘制“口鼻”轮廓草图，如图 2-3-154 所示。完成草图后，单击“模型”选项卡中的“拉伸“按钮，将鼻部圆向实体表面拉伸 1mm。完成拉伸命令后，在“浏览器”中将“口鼻”轮廓草图共享。单击“模型”选项卡中的“凸雕”按钮将共享草图刻入实体表面 0.2mm，完成实体，如图 2-3-155 和图 2-3-156 所示。

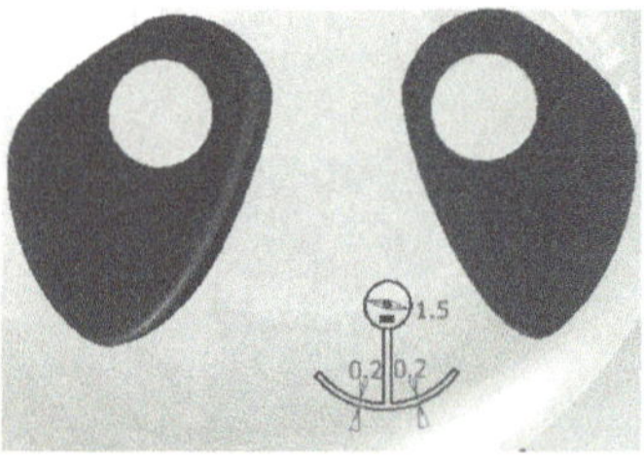

图 2-3-154　新建草图

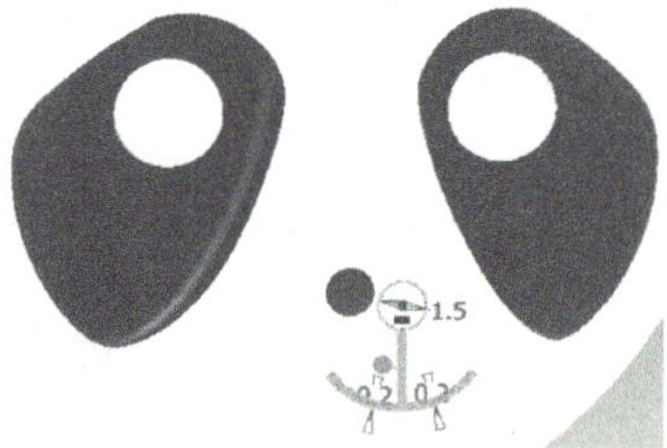

图 2-3-155　进行凸雕处理

33）表面细节处理。为“口鼻”轮廓添加倒圆角效果，圆角半径为 0.1mm，如图 2-3-157 所示。至此，台扇整个“熊猫”主体零件部分全部完成了，将零件文件保存。

图 2-3-156　完成凸雕

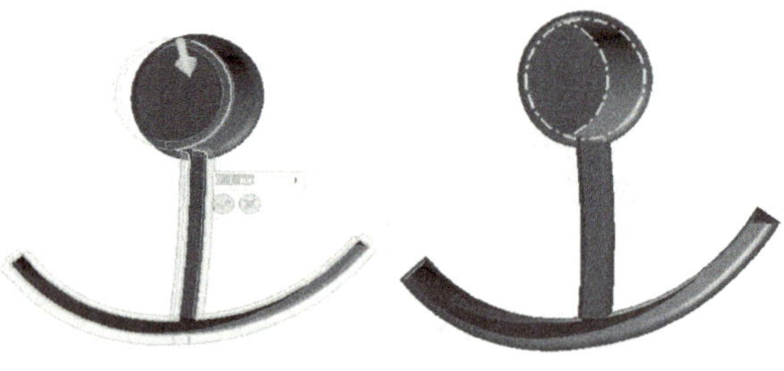

图 2-3-157　为“口鼻”倒圆角

34）创建台扇支架与扇头部分零件。调整空间视图，单击“草图”选项卡中的“圆”按钮绘制直径为 2.5mm 的圆，如图 2-3-158 所示。完成草图后，单击“模型”选项卡中的“拉伸”按钮将草图向上拉伸 50mm，如图 2-3-159 所示。

35）调整空间视图，在实体侧面新建平面。单击“草图”选项卡中的“圆”按钮绘制直径为 11mm 的圆，作为风扇的扇机部分，如图 2-3-160 所示。完成草图后，单击“模型”

选项卡中的“拉伸”按钮将草图拉伸 30mm，如图 2-3-161 所示。

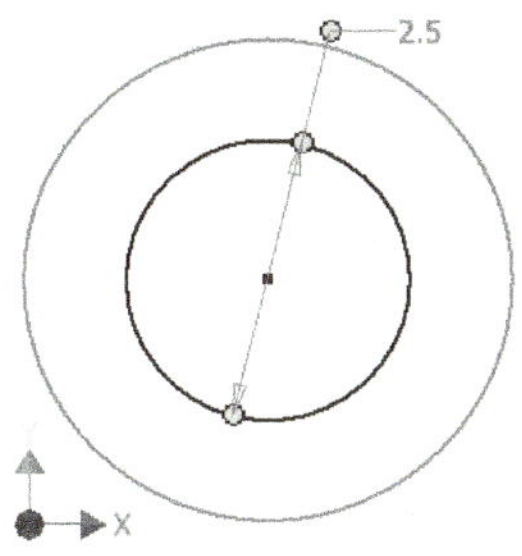

图 2-3-158　新建草图

图 2-3-159　拉伸草图

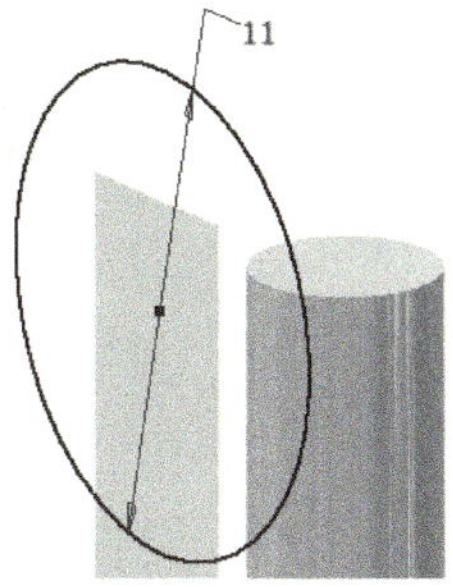

图 2-3-160　新建平面

36）单击“模型”选项卡中的“圆角”按钮，为实体边缘添加倒圆角效果，倒角半径为 2mm，如图 2-3-162 所示。

图 2-3-161　拉伸平面

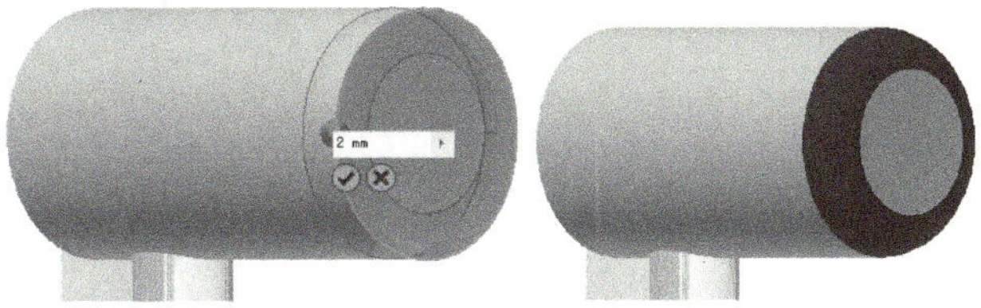

图 2-3-162　为实体倒圆角

37）调整空间视图，单击“草图”选项卡中的“平面”按钮从支柱下方的平面向上偏移出一个新平面，在平面上新建草图，单击“圆弧”“直线”按钮绘制扇页草图，如图 2-3-163 所示。

38）完成草图后，单击“模型”选项卡中的“凸雕”按钮将草图拉伸成实体，且雕刻到机座实体上，如图 2-3-164 所示。

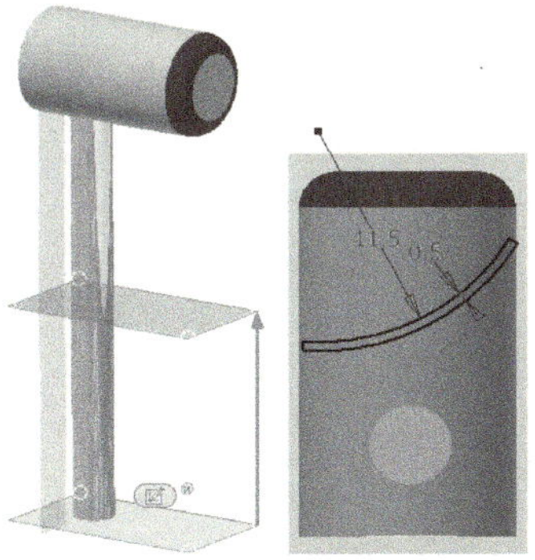

图 2-3-163　创建扇页草图

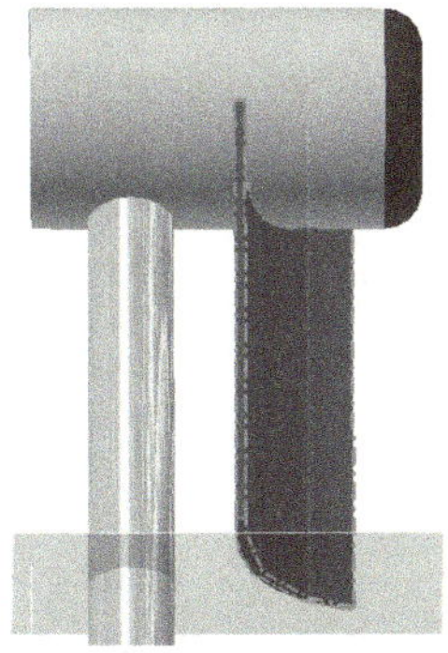

图 2-3-164　进行凸雕处理

39）调整空间视图到“前视图”，在实体正面新建平面。单击“草图”选项卡中的“样条曲线”或“直线”按钮绘制出要删除实体的外轮廓，如图 2-3-165 所示。

40）完成草图后，单击“模型”选项卡中的“拉伸”按钮将草图拉伸成实体，设置拉伸模式为“求差”。完成拉伸后将原有实体删除，如图 2-3-166 和图 2-3-167 所示。

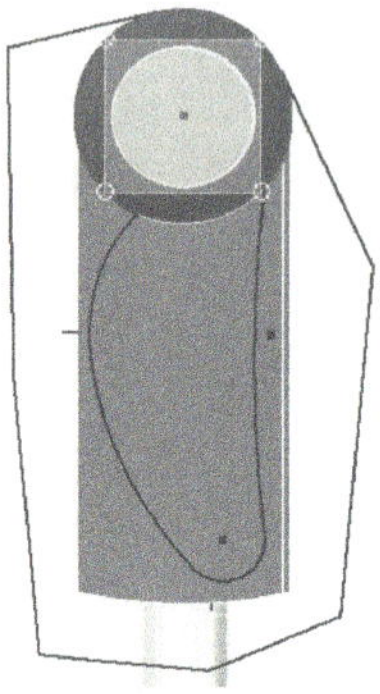

图 2-3-165　绘制草图轮廓

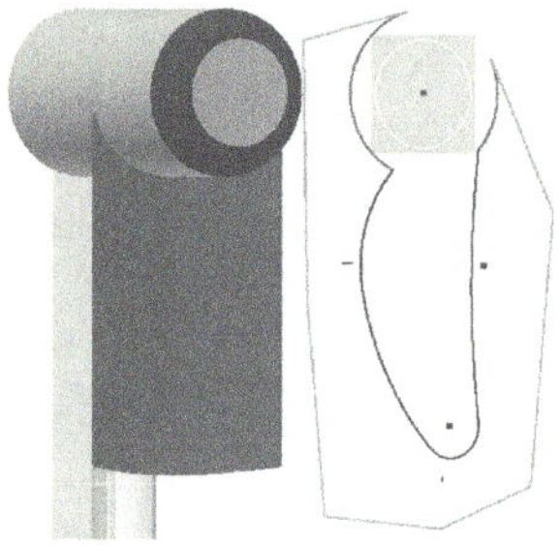

图 2-3-166　拉伸草图

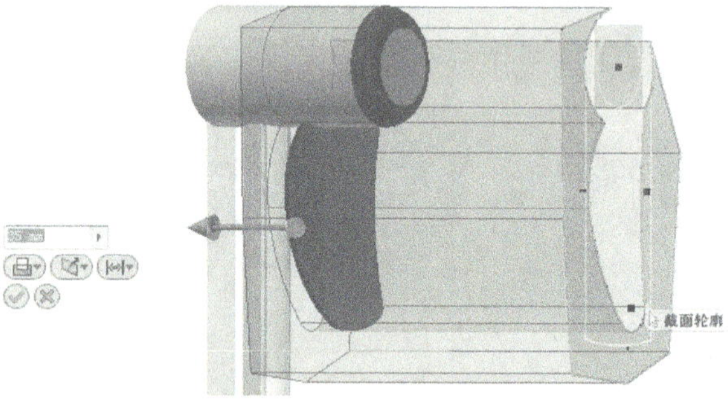

图 2-3-167　修剪实体

41）单击“模型”选项卡中的“环形阵列”按钮，将得到的扇页实体阵列，再复制出两片扇片，如图 2-3-168 和图 2-3-169 所示。

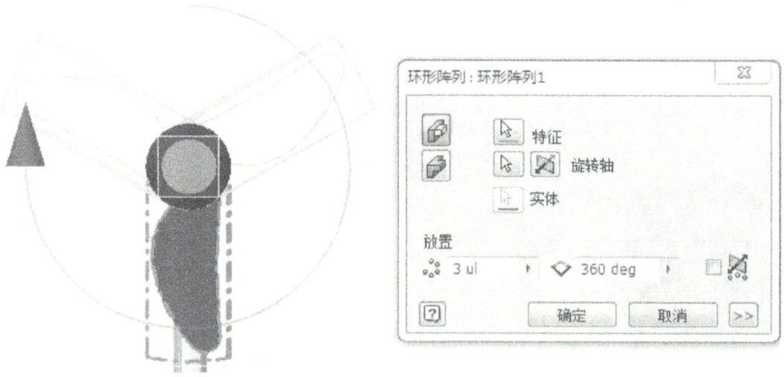

图 2-3-168　环形阵列

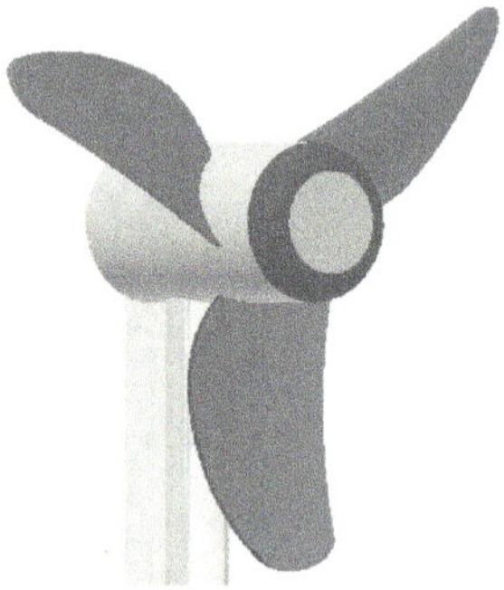

图 2-3-169　完成阵列复制

42）完成扇叶页片的阵列后，单击“模型”选项卡中的“圆角”按钮为叶片边缘倒圆角处理，倒角半径为 0.2mm，如图 2-3-170 所示。创建风扇伸缩杆，在支柱的平面上新建草图，单击“草图”选项卡中的“圆”按钮绘制直径为 4.6mm 的圆。完成草图后，单击“模型”选项卡中的“拉伸”按钮将草图截面轮廓拉伸为实体，拉伸高度为 25mm，如图 2-3-171 所示。

图 2-3-170　为叶片各边倒圆角

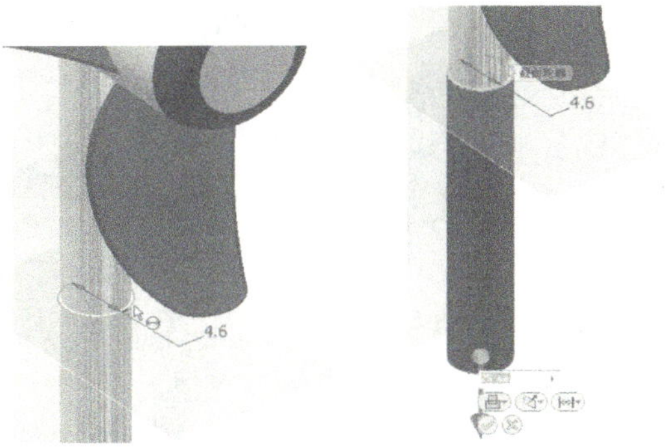

图 2-3-171　创建风扇伸缩杆

43）根据创建出来的风扇各部位零件结构关系，为其添加不同材质，并处理各部分结构细节添加圆角效果，如图 2-3-172 所示。

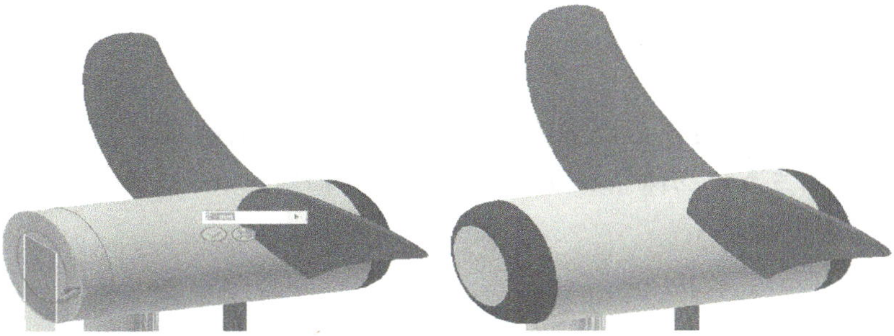

图 2-3-172　处理实体细节部分

44）创建扇头电机换风孔。调整空间视图，在扇头电机实体的正反面分别创建新草图。单击“草图”选项卡中的“点”按钮绘制不规则的多点草图，单击“模型”选项卡中的“孔”按钮分别为前后两个草图进行打孔。选择孔的终止方式为“贯通”，如图 2-3-173 和图 2-3-174 所示。

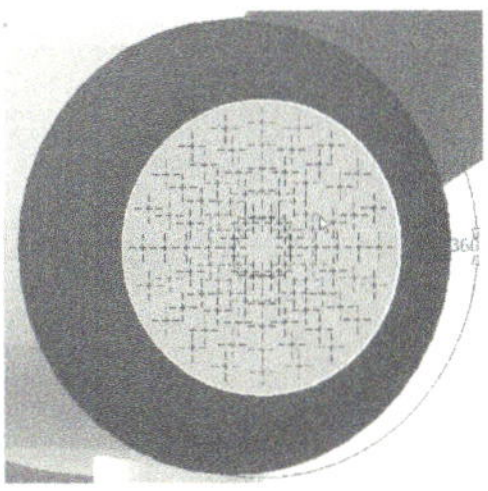

图 2-3-173　创建电机换风孔

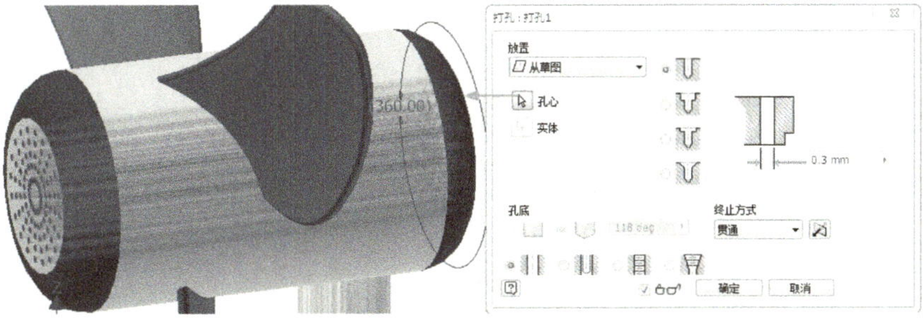

图 2-3-174　进行打孔

45）在创建打孔草图时，为方便绘图可单击“草图”选项卡中的“阵列”按钮，将正在绘制的草图阵列复制。至此，风扇的各部分结构已全部完成，如图 2-3-175 所示。

46）为台式小电扇进行零部件的装配，台扇整体效果如图 2-3-176 所示。

图 2-3-175　完成支架扇头零部件

图 2-3-176　台扇整体效果

项目小结

本项目通过制作两个台式小电扇的过程，详细讲解了两款产品创作之初的整体思路，产品的功能特点。结合软件的操作步骤，逐步深入剖析 Inventor 软件的强大功能及实用技巧，使读者更容易掌握和深入学习。

项目4　合二为一的碗与组合餐具的设计与制作

项目重点知识

※ 创建旋转曲面轮廓
※ 抽壳的应用
※ 添加约束及材质渲染

项目分析

碗作为生活陶艺的重要组成部分与人们的日常生活密切相关，是饮食活动中不可缺少的最为重要的用具，尤其是在我国使用极为广泛。随着人们对器物认识的不断深化，器物的形制也从单一走向多样，并逐渐形成了后期比较明确的实用、经济、美观、富有生活情趣的造型取向。

任务1　合二为一的碗

作品展示

作品如图 2-4-1 所示。

图 2-4-1　合二为一的碗

任务分析及实施

在现实中我们发现，具有一定规律性的形态一般都具有美感，如一些简洁的几何形态，或具有黄金分割比例的几何体等。相对于一些无规律可循、杂乱复杂的形态，这些几何形态共同的特点是简洁。该款设计中考虑了以前的设计因素，对传统的碗进行改良设计，将边缘镂空处理，使两个个体可以合二为一，也可以分离为独立个体使用。颜色选择黑白搭配，使得整体整洁大方，即美观又节省空间。

具体操作方法如下。

1）创建白陶瓷碗的旋转截面。在“快速访问工具栏”中选择菜单“新建”→“零件”命令新建一个零件，单击“草图”选项卡中的“直线”“样条曲线”按钮，绘制白陶瓷碗的旋转截面草图。上口宽为 130mm，底口宽为 54mm，高为 100mm。单击“尺寸”按钮，标出草图主要的尺寸数据，如图 2-4-2 所示。

2）完成草图后，单击“模型”选项卡中的“旋转”按钮，选择草图轮廓，单击高为 100mm 的边线作为截面旋转轴，旋转角度为 360°。完成草图截面轮廓的旋转，得到白陶瓷碗的三维实体效果，如图 2-4-3 所示。

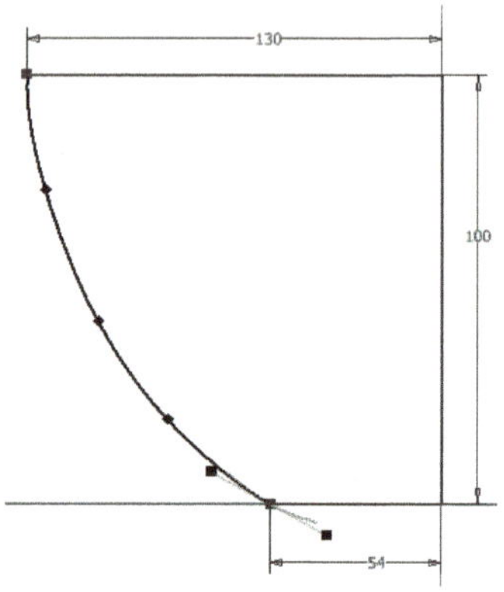

图 2-4-2　白陶瓷碗的旋转截面草图

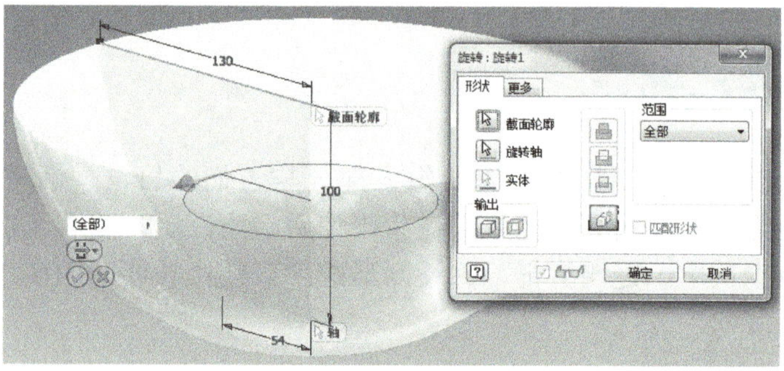

图 2-4-3　旋转草图

提示：添加尺寸标注除了可以单击功能区中的“尺寸”按钮，还可以按<D>键。在标注尺寸时，如果标注对象的长宽尺寸一样，可在标注过程中直接点击对方数据，不需要再次输入；如标注对象之间有倍数关系，可在输入标注尺寸时使用公式法来表示。例如标注尺寸为 5mm，即可输入 10/2 或 10-5、D0/2 等。

3）按<F4>键调整空间视图，单击“模型”选项卡中的“圆角”按钮，点选白陶瓷碗底边线，将边线倒圆角处理，半径为 20mm，如图 2-4-4 所示。

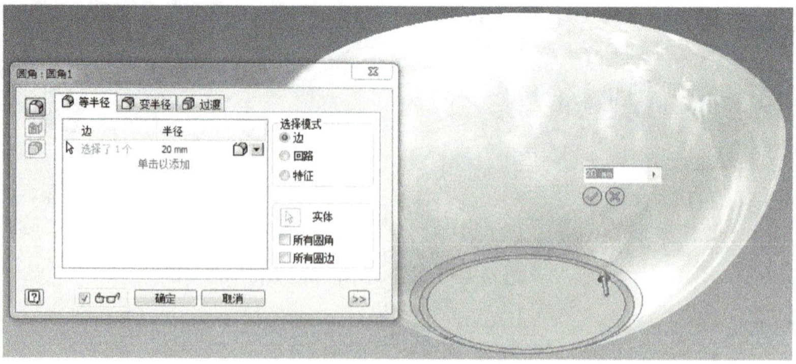

图 2-4-4　为边线倒圆角

4）处理白陶瓷碗口。单击“模型”选项卡中的“抽壳”按钮，单击实体上方平面作为抽壳的“开口面”，抽壳模式为“向实体内部”抽壳厚度为 3mm，如图 2-4-5 和图 2-4-6 所示。

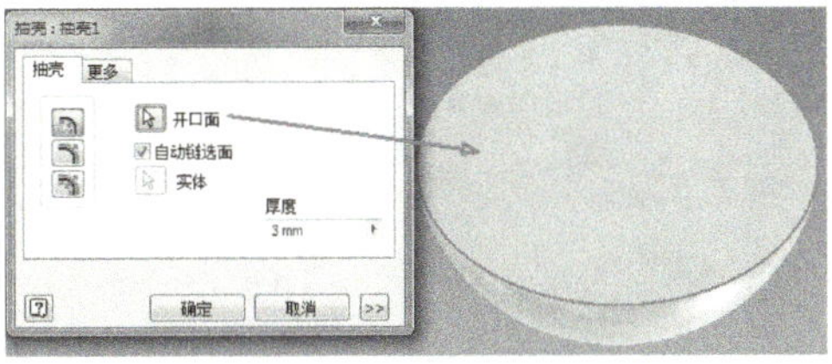

图 2-4-5　进行抽壳

图 2-4-6　完成抽壳

5）在“浏览器”中选择菜单“原始坐标系”→“YZ 平面”命令，在该平面上新建草图。单击“草图”选项卡中的“矩形”按钮，分别绘制 6 个 180mm×15mm 和 3 个 170mm×15mm 的矩形，如图 2-4-7 所示。

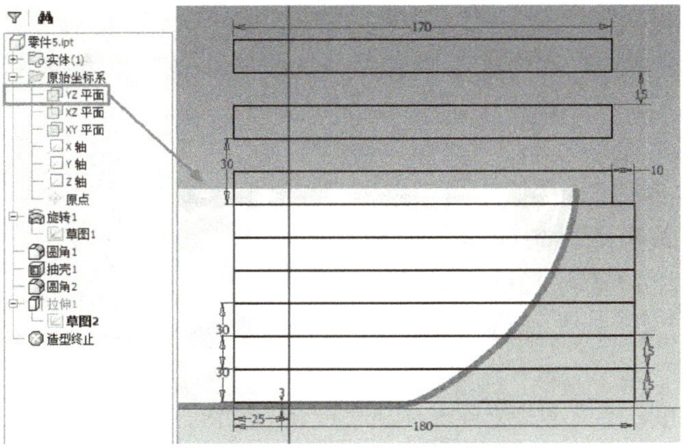

图 2-4-7　YZ 平面草图

提示： 在已有实体内部创建草图时，为了方便观察，可以按 <F7> 键进入实体切片模式下操作。

6）完成草图绘制后，单击“模型”选项卡中的“拉伸”按钮，拉伸范围选择“贯通”，拉伸模式选择“求差”。在草图上选择截面轮廓（即选择间隔矩形轮廓），完成拉伸，如图 2-4-8 所示。

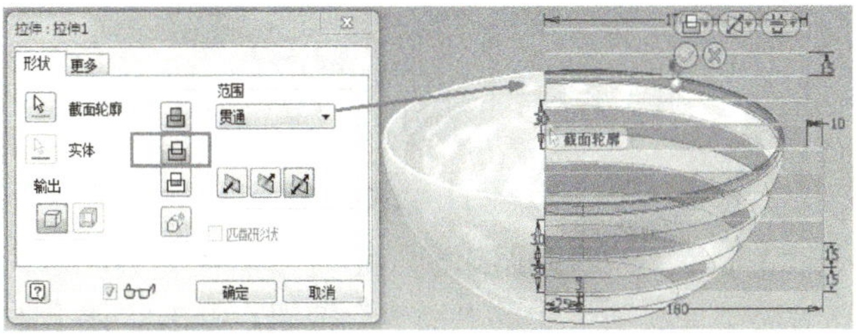

图 2-4-8　拉伸草图

7）完成基本造型后，为实体添加材质效果。单击“快速访问工具栏”中的“选择实体”下拉列表框选择“选择实体”命令，选择整个白陶瓷碗，单击右侧材质列表，选择“白陶瓷”，为实体添加陶瓷材质，如图 2-4-9 所示。

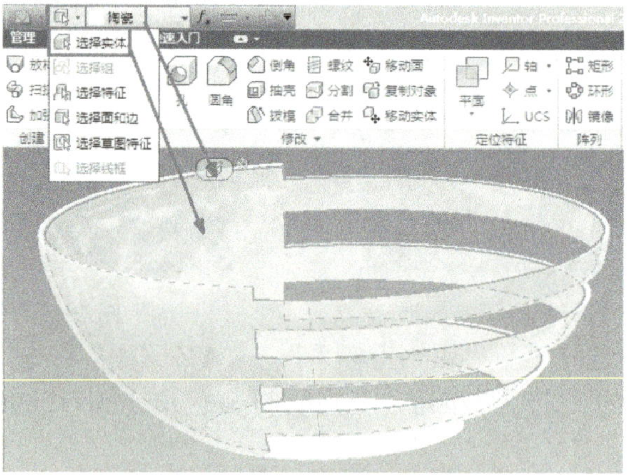

图 2-4-9　添加材质效果

提示：在零件中，默认的选择模式是“选择面和边”，在部件文件中，默认的选择模式是“零部件优先”。

8）创建黑陶瓷碗的旋转截面。在“快速访问工具栏中”选择菜单“新建”→“零件”命令，新建一个零件，单击“草图”选项卡中的“直线”“样条曲线”按钮，绘制黑陶瓷碗的旋转截面草图。上口宽为 126mm，底口宽为 50mm，高为 100mm。单击“尺寸”按钮，标出草图主要的尺寸数据，如图 2-4-10 所示。

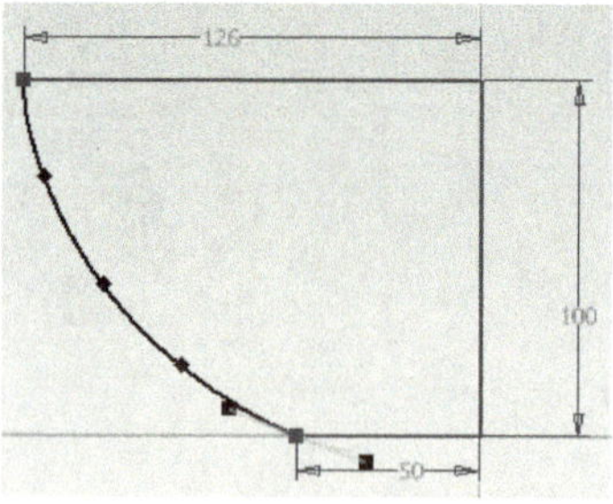

图 2-4-10　创建黑陶瓷碗的截面草图

9）完成草图后，单击“模型”选项卡中的“旋转”按钮，选择草图轮廓，单击高为 100mm 的边线作为截面旋转轴，旋转角度为 360°。完成草图截面轮廓的旋转，得到黑陶瓷碗的三维实体效果，如果 2-4-11 所示。

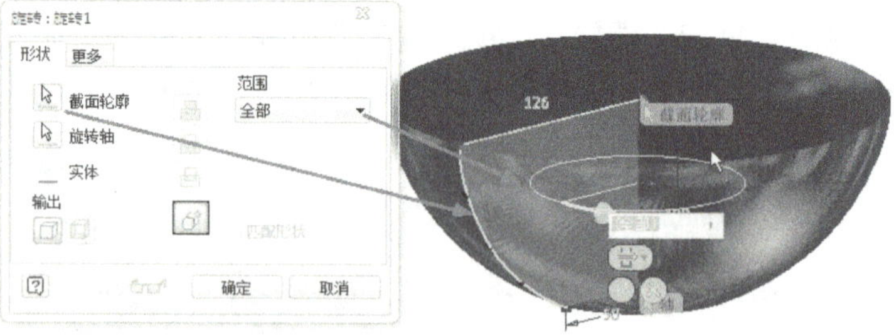

图 2-4-11　旋转草图

10）重复操作步骤 3），为碗底边线倒圆角处理，半径为 20mm。重复操作步骤 4），处理黑陶瓷碗口。单击“模型”选项卡中的“抽壳”按钮，单击实体上方平面作为抽壳的“开口面”，抽壳模式为“向实体内部”抽壳，厚度为 3mm，如图 2-4-12 所示。

图 2-4-12　完成实体抽壳

11）完成草图绘制后，单击“模型”选项卡中的“拉伸”按钮，拉伸范围选择“贯通”，拉伸模式选择“求差”。在草图上选择截面轮廓（即选择间隔矩形轮廓），完成拉伸，如图 2-4-13 和图 2-4-14 所示。

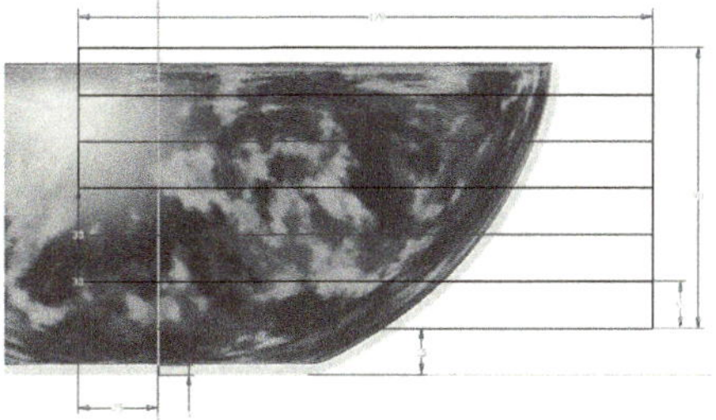

图 2-4-13　创建拉伸草图

图 2-4-14　拉伸草图

12）完成基本造型后，为实体添加材质效果。在材质栏中“陶瓷”为白色，所以在应用前先要将陶瓷的颜色进行更改。单击“环境”选项卡中的“Inventor Studio”按钮进入渲染界面，如图 2-4-15 所示。

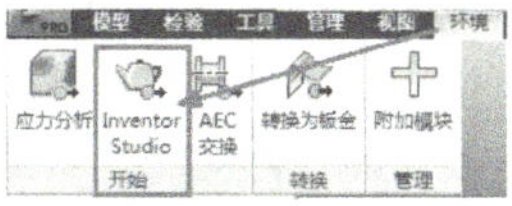

图 2-4-15　进入 Inventor Studio 渲染

13）进入 Inventor Studio 渲染界面后，单击“表面样式”按钮打开“表面样式”对话框，在列表中找到“陶瓷”，单击鼠标右键选择“复制表面样式”命令，将“环境光”“漫射光”“放射光”的颜色由白色改为黑色，如图 2-4-16 和图 2-4-17 所示。

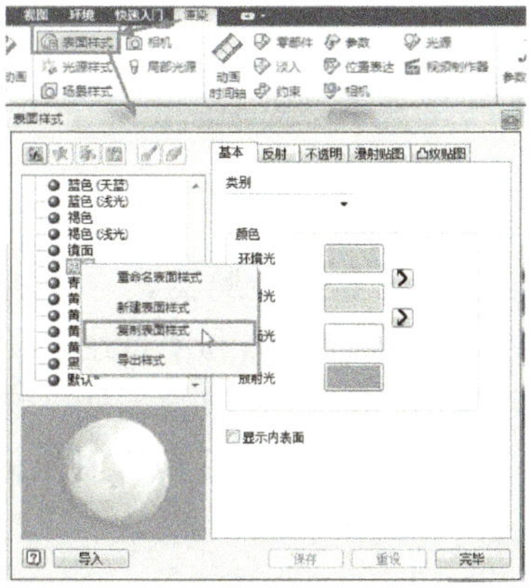

图 2-4-16　复制表面样式

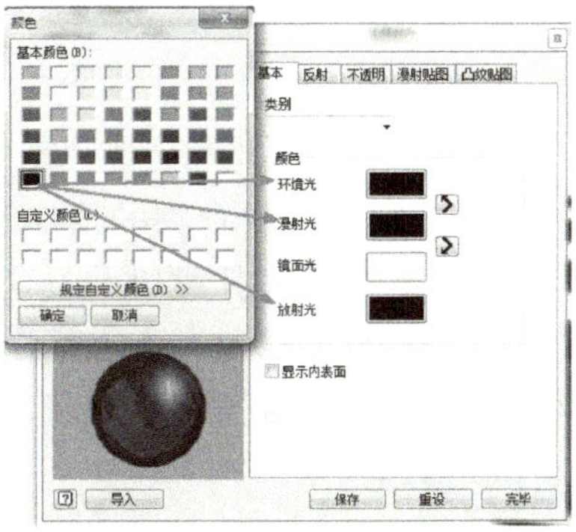

图 2-4-17　修改材质颜色

14）完成黑陶瓷颜色的调整后，将其添加在实体上，完成最终的黑陶瓷碗的创建，并将其保存为第二个零件如图 2-4-18 所示。新建部件文件，单击“装配”选项卡中的“放置”按钮分别将两个碗的零件导入到文件中，并渲染出效果图，如图 2-4-19 所示。

图 2-4-18　为实体添加材质

图 2-4-19　最终效果图

任务 2　组合餐具

作品展示

作品如图 2-4-20 所示。

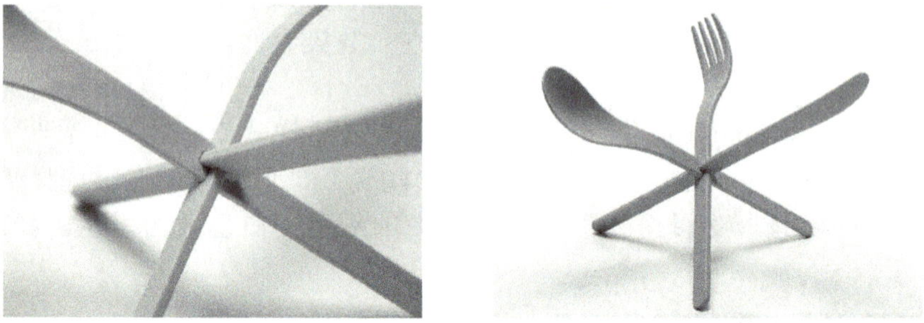

图 2-4-20　组合餐具

任务分析及实施

餐具是用于分发或摄取食物的器皿和用具。餐具包括成套的金属器具、陶瓷餐具、茶具酒器、玻璃器皿、盘碟和托盘以及五花八门、用途各异的各种容器和手持用具。目前市场上还出现了许多一次性的餐具。但人们用餐时大多苦于餐具的清洁和放置问题，该款设计考虑到刀、叉、勺三者的相互支撑摆放在一起，即美观又解决了用餐时餐具的卫生问题。

具体操作方法如下。

1）创建叉子。在“快速访问工具栏”中选择菜单“新建”→“零件”命令，新建一个零件。单击“草图”选项卡中的“直线”“样条曲线”按钮，绘制叉子的整体轮廓草图，总长为 245mm，叉头宽为 25mm，叉头长为 55mm，齿间距为 4mm，手柄宽为 15mm。其余弧度尺寸可自行调整，叉头处两个端齿齿距较小于中间齿齿距，如图 2-4-21 所示。

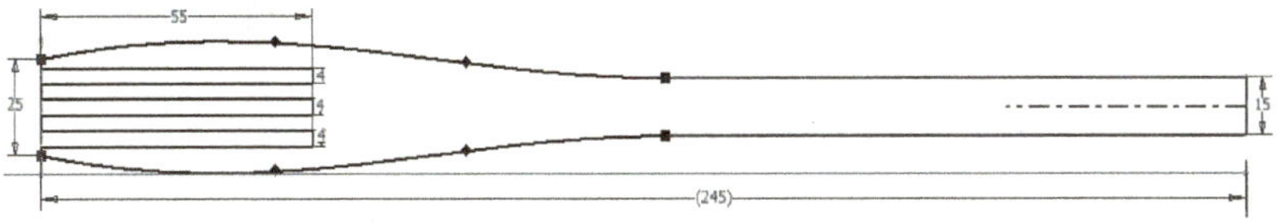

图 2-4-21　叉子整体轮廓草图

2）完成草图后，单击“模型”选项卡中的“拉伸”按钮，将叉子整体轮廓拉伸为实体，拉伸高度为 50mm，拉伸方向为“对称”，如图 2-4-22 所示。

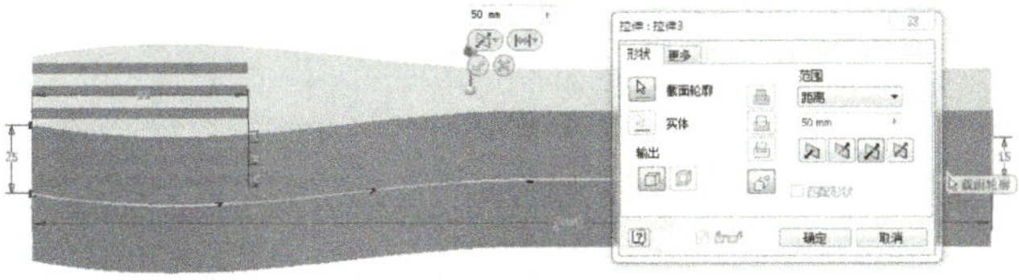

图 2-4-22　拉伸草图

3）调整空间视图至“后视图”，在实体侧面新建草图。单击“草图”选项卡中的“直线”“圆弧”按钮绘制叉子侧面轮廓草图，叉头长为 75mm，叉头宽为 2.5mm，手柄宽为 2mm，手柄长为 170mm，叉头两处圆弧半径分别为 58mm、100mm，如图 2-4-23 所示。

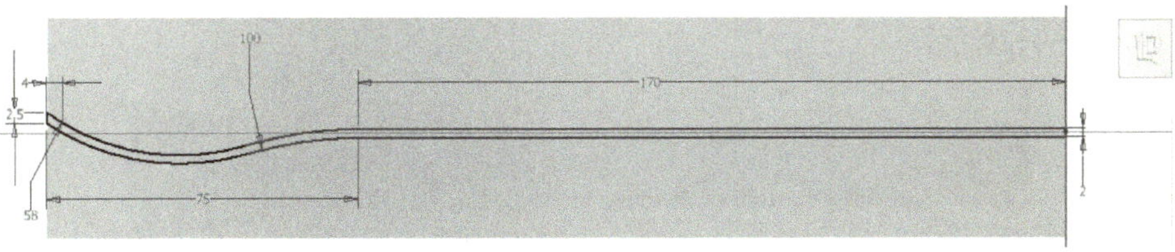

图 2-4-23　创建叉子截面轮廓草图

4）完成草图后，单击“模型”选项卡中的“拉伸”按钮，将草图拉伸，拉伸模式选择“求交”，拉伸高度为 50mm，如图 2-4-24 所示。

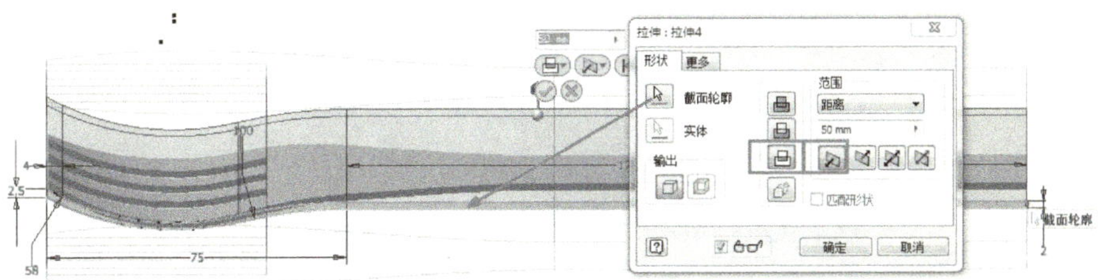

图 2-4-24　拉伸草图

5）调整空间视图，单击“模型”选项卡中的“倒角”按钮为叉头齿部边线向下倒直角，距离为 1.5mm。单击“圆角”按钮分别为叉头直角边缘处倒圆角处理，圆角半径为 5mm，如图 2-4-25 和图 2-4-26 所示。

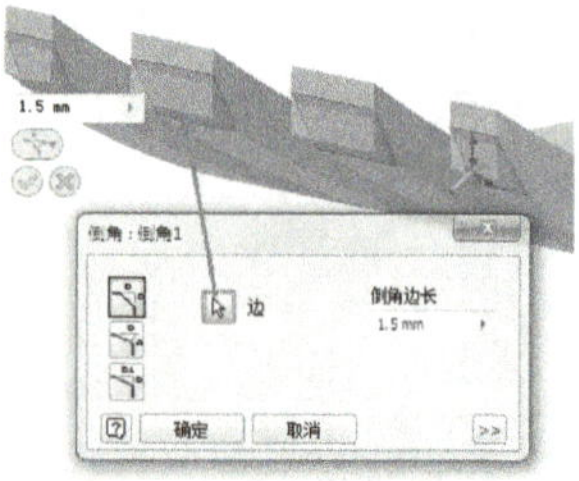

图 2-4-25　倒角处理

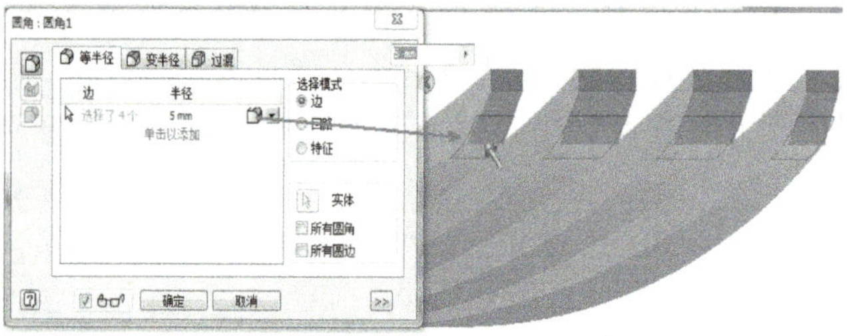

图 2-4-26　倒圆角

6）重复单击“圆角”按钮，分别为叉子的两个端齿边和两个中间齿边倒圆角，圆角半径分别为 1mm、2mm，使叉子的齿部更加圆滑，如图 2-4-27 和图 2-4-28 所示。

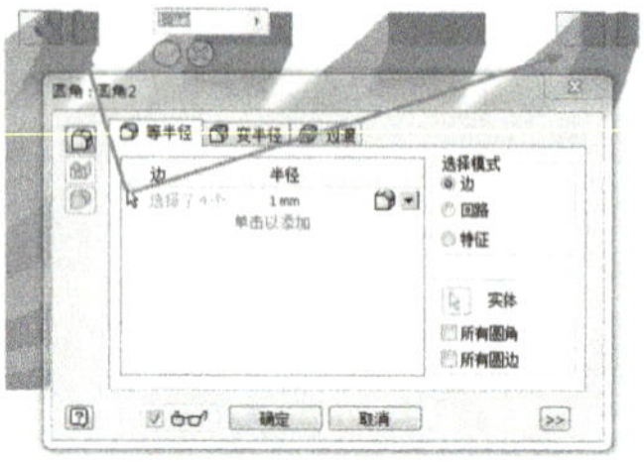

图 2-4-27　倒圆角

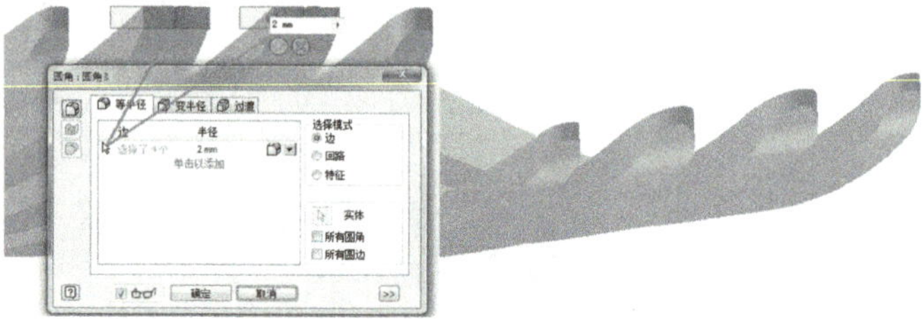

图 2-4-28　倒圆角

7）调整空间视图至叉子背面，新建草图，单击“草图”选项卡中的“投影几何图元”按钮，将叉子手柄外轮廓线投影出来。单击“矩形”按钮在手柄上绘制“L”形插口，插口宽 2mm，到手柄底部边线距离为 100mm，到叉头处边线距离为 55mm，插口长 15mm，宽 8.5mm，如图 2-4-29 所示。

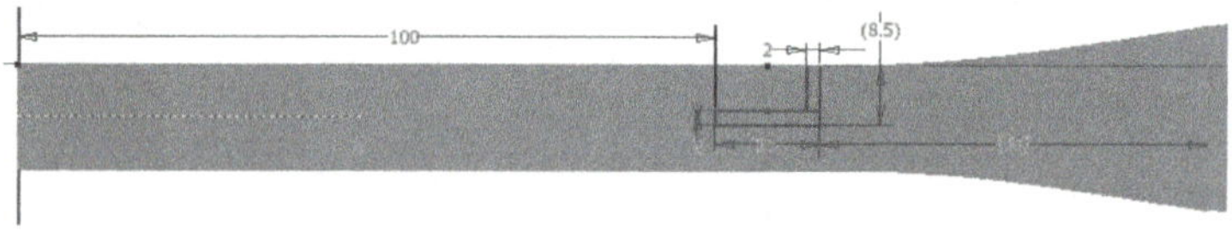

图 2-4-29　绘制手柄处插口草图

8）完成草图后，单击“模型”选项卡中的“拉伸”按钮，将草图向上拉伸 6mm，拉伸模式选择“求差”，修剪掉原有实体，完成插口的绘制，如图 2-4-30 所示。

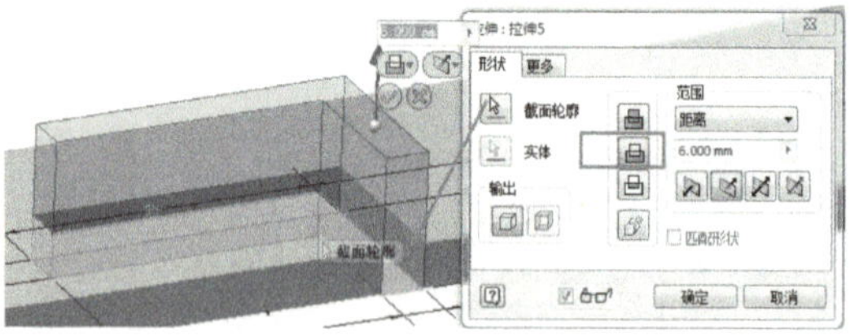

图 2-4-30　修剪插口

9）单击“模型”选项卡中的“圆角”按钮，为修剪完成的插口边缘进行倒圆角处理，圆角半径为 0.5mm，如图 2-4-31 所示。选择手柄末端边线，为其倒圆角，圆角半径为 7.5mm，如图 2-4-32 所示。选择叉子最外端边框线为其倒圆角，圆角半径为 0.4mm，如图 2-4-33 所示。

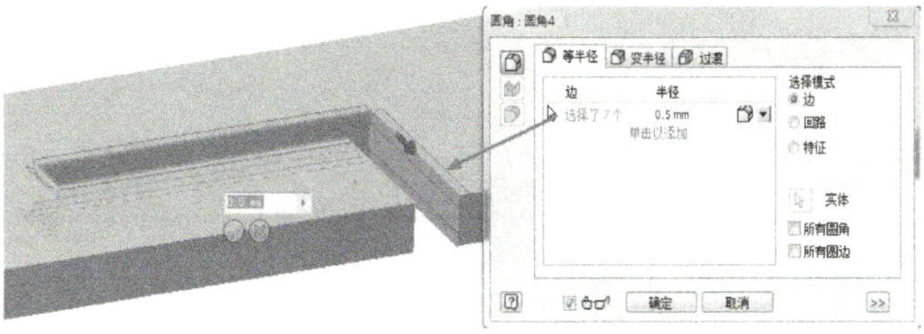

图 2-4-31　倒圆角

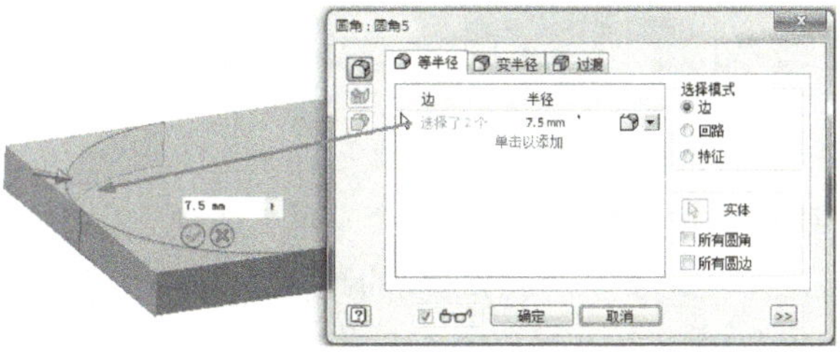

图 2-4-32　倒圆角

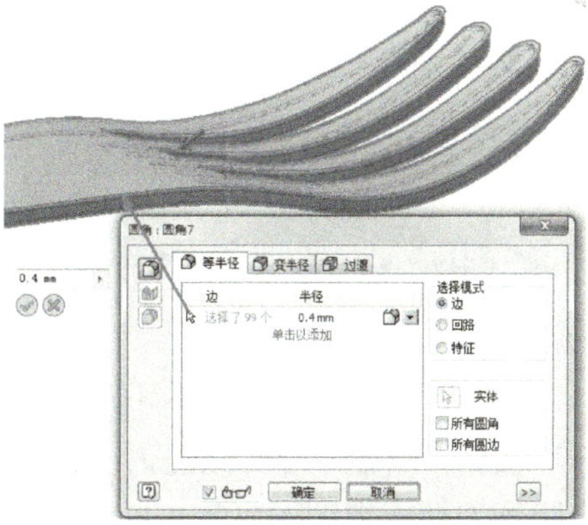

图 2-4-33　倒圆角

10）调整空间视图，选择叉子头部的齿间距边缘线为其倒圆角处理，圆角半径为 2mm，如图 2-4-34 所示。叉子最终效果如图 2-4-35 所示。

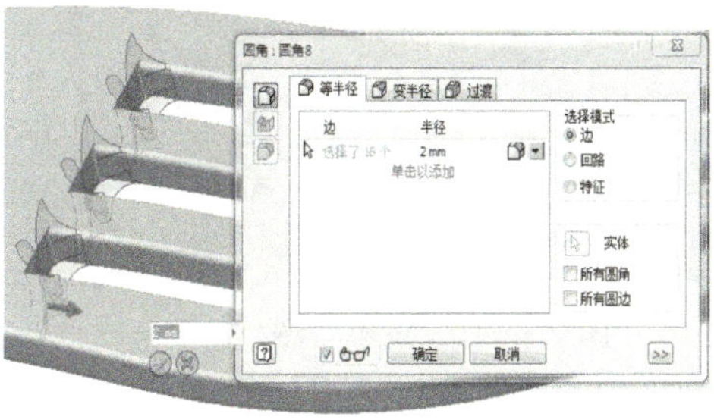

图 2-4-34　倒圆角

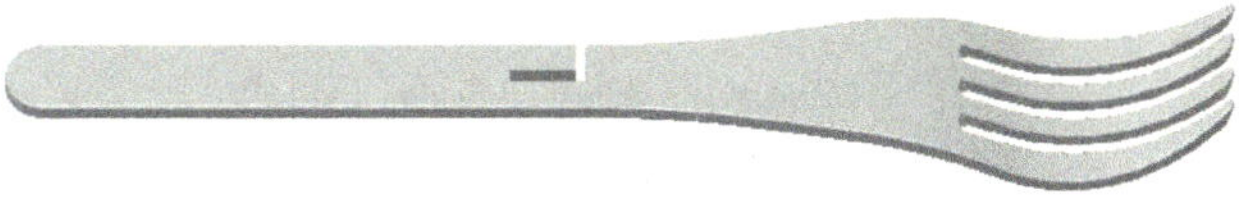

图 2-4-35　叉子最终效果

11）创建餐刀。在“快速访问工具栏”中选择“新建”→“零件”命令，新建一个零件。单击“草图”选项卡中的“直线”“样条曲线”按钮，绘制餐刀外轮廓草图，总长为 245mm，高为 15mm，刀柄长为 100mm，刀头两处圆弧半径分别为 300mm、75mm，如图 2-4-36 所示。

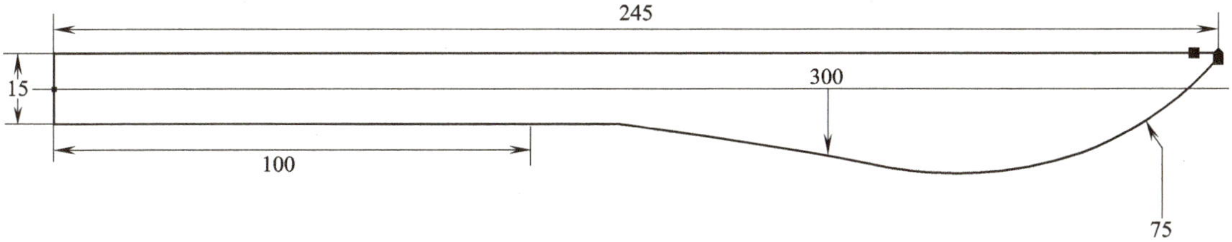

图 2-4-36　餐刀外轮廓草图

12）完成草图后，单击“模型”选项卡中的“拉伸”按钮，将草图向上拉伸 2mm 高度，如图 2-4-37 所示。

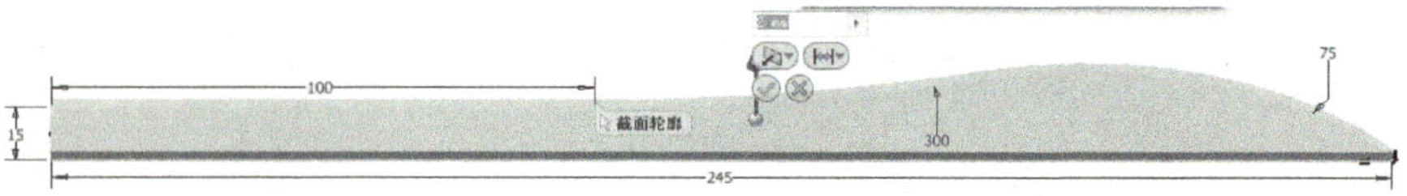

图 2-4-37　拉伸草图

13）单击“模型”选项卡中的“圆角”按钮，为刀柄末端倒圆角处理，圆角半为 7.5mm，如图 2-4-38 所示。重复操作为刀具整体外轮廓倒圆角处理，圆角半径为 0.5mm，如图 2-4-39 所示。

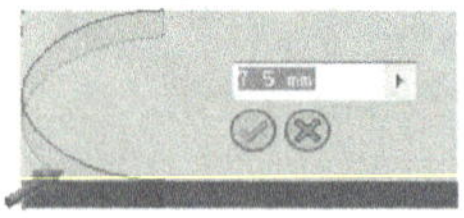

图 2-4-38　倒圆角

图 2-4-39　为刀具整体外轮廓倒圆角

14）为刀具创建插口。调整空间视图，在刀柄上方新建草图，单击“草图”选项卡中的“矩形”按钮，绘制一个 15mm×1mm 的矩形，该矩形上边到刀柄上边线的距离为 6mm，矩形右边线到刀柄末端的距离为 100mm，如图 2-4-40 所示。

15）完成草图后，单击“模型”选项卡中的“拉伸”按钮，将草图向上拉伸 10mm，修剪掉原有实体，如图 2-4-41 所示。

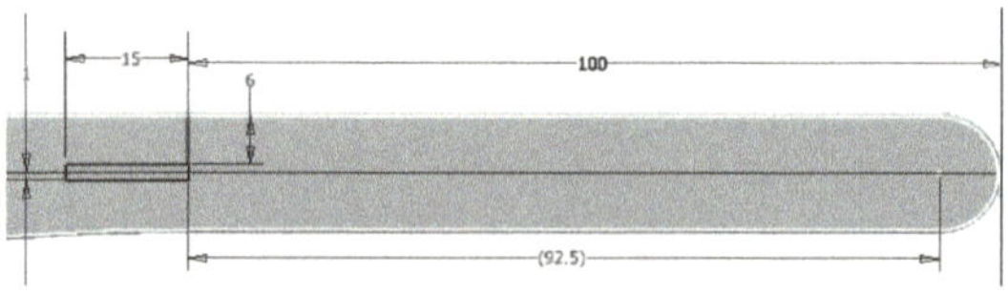

图 2-4-40　创建刀具插口草图

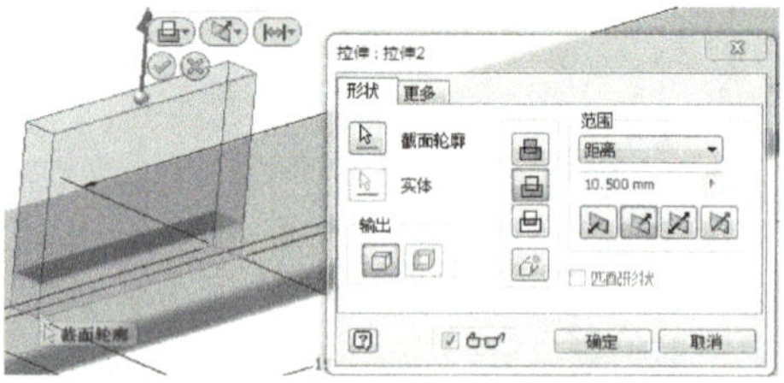

图 2-4-41　拉伸草图

16）单击“模型”选项卡中的“圆角”按钮，单击插口四周边线为其倒圆角，圆角半径为 0.5mm，完成刀具，如图 2-4-42 所示。

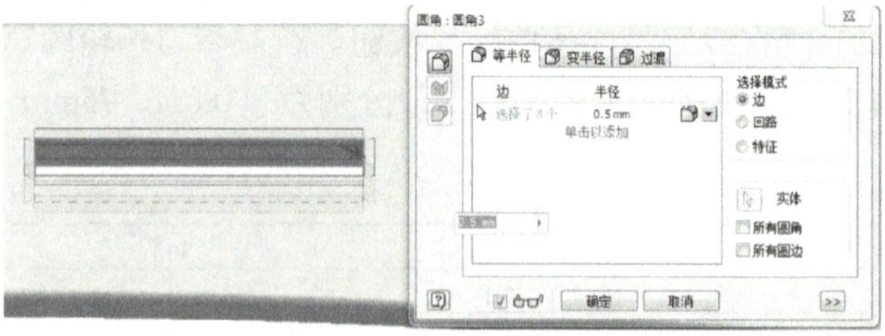

图 2-4-42　倒圆角

17）创建餐勺。在“快速访问工具栏中”选择菜单“新建”→“零件”命令，新建一个零件。单击“草图”选项卡中的“直线”“样条曲线”按钮，绘制餐勺草图轮廓，总长为 245mm，勺口宽为 61mm，勺柄宽为 15mm，勺柄长为 122mm，如图 2-4-43 所示。

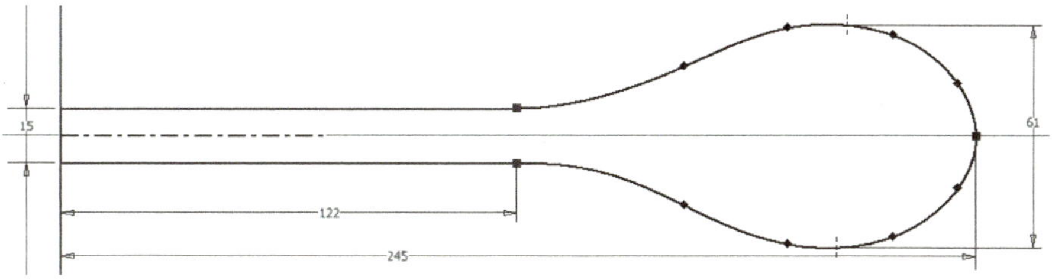

图 2-4-43　创建餐勺草图

18）完成草图后，单击“模型”选项卡中的“拉伸”按钮，将草图轮廓拉伸为实体，拉伸高度为 50mm，如图 2-4-44 所示。单击“平面”按钮，在“浏览器”中选择菜单“原始坐标系”→“YZ 平面”命令在勺柄侧面新建平面，两平面之间的距离为 7.5mm，如图 2-4-45 所示。

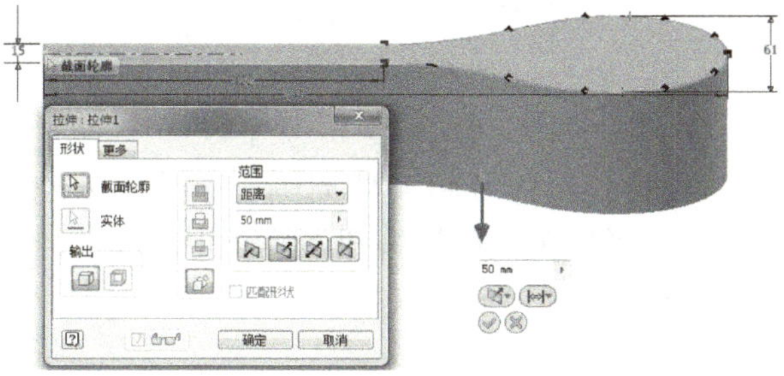

图 2-4-44　拉伸草图

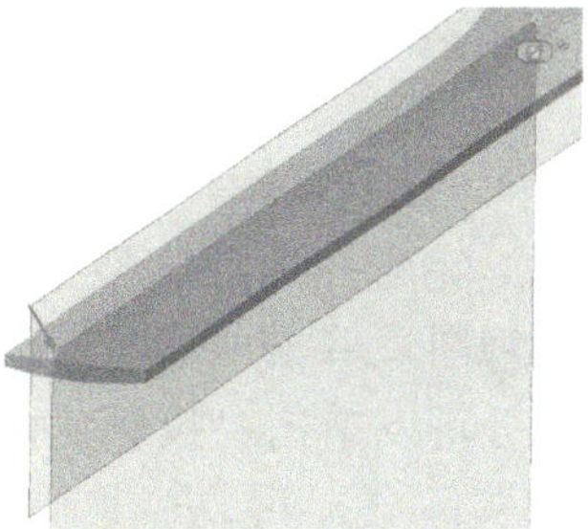

图 2-4-45　新建平面

19）在新建好的平面上新建草图，按 <F7> 键进入实体切片模式，单击“草图”选项卡中的“直线”“圆弧”按钮，绘制餐勺的截面轮廓图。勺宽为 2mm，勺柄与勺口连接弧半径为 20mm，勺口大弧半径为 74mm，勺口处宽为 2.3mm，如图 2-4-46 所示。

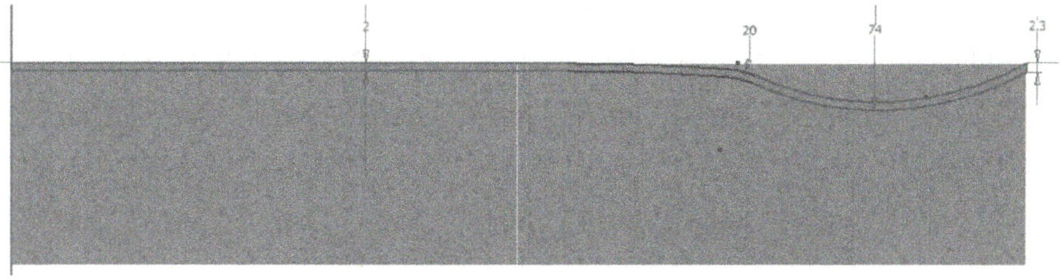

图 2-4-46　绘制餐勺的截面轮廓草图

20）完成草图后，调整空间视图方向，在“浏览器”中选择菜单→“XZ 平面”命令，新建平面拖动偏移至勺口中心处，如图 2-4-47 和图 2-4-48 所示。

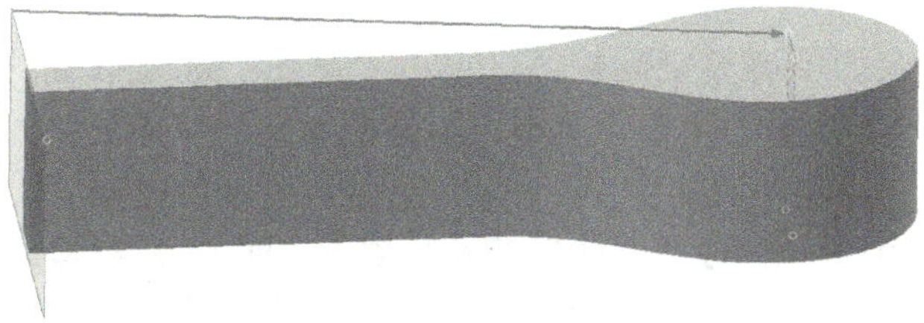

图 2-4-47　新建平面

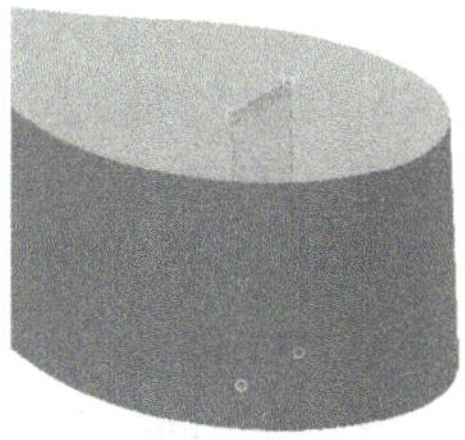

图 2-4-48　偏移平面

21）在新建的平面上新建草图，单击“草图”选项卡中的“弧”按钮，绘制勺口凹入线，此弧线将作为扫掠路径，如图 2-4-49 所示。单击“模型”选项卡中的“扫掠”按钮，扫掠模式选择“相交”，选择截面轮廓为第一个勺子整体草图，扫掠路径选择“弧线”，如图 2-4-50 所示。

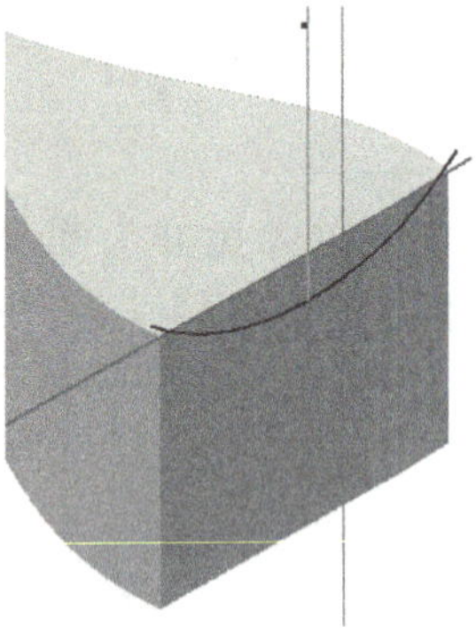

图 2-4-49　新建草图

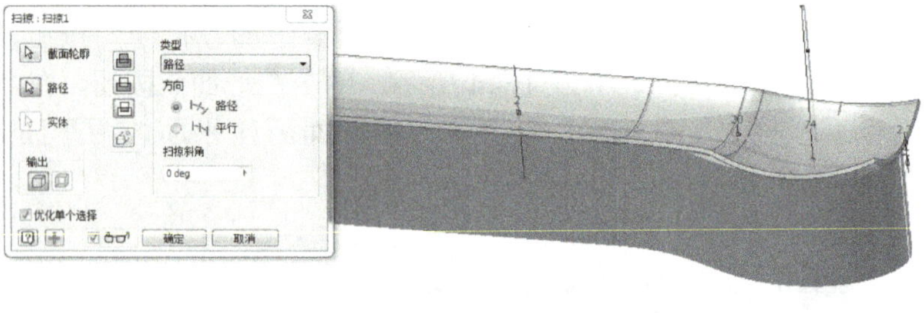

图 2-4-50　进行扫掠

22）完成扫掠后，整个实体图形仍不是很协调，需要将实体周围多余的部分删除。调整空间视图，单击“草图”选项卡中的“直线”“样条曲线”按钮沿实体上方绘制外轮廓，必要部分可以单击“投影几何图元”按钮来完成，如图 2-4-51 所示。

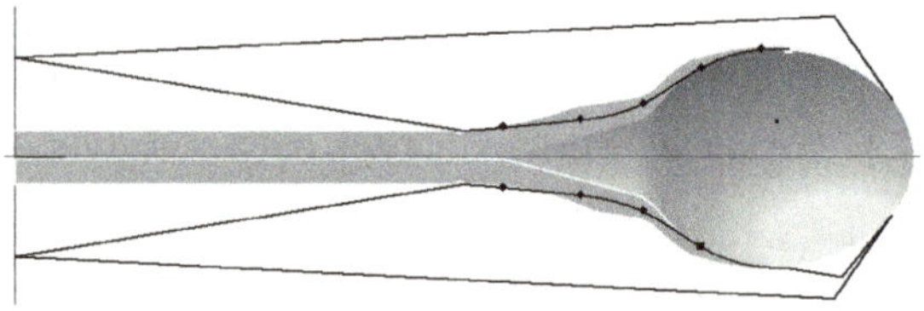

图 2-4-51　新建草图

23）完成草图后，单击“模型”选项卡中的“拉伸”按钮将草图拉伸为实体。拉伸方式选择“贯通”，拉伸模式选择“求差”，完成拉伸后原有实体多余部分将被删除，如图 2-4-52 所示。

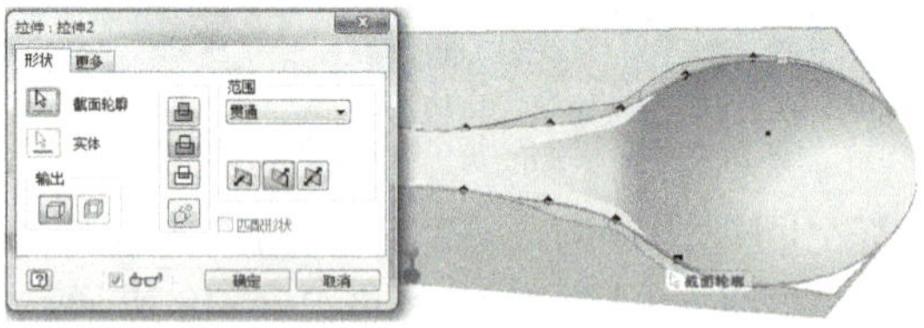

图 2-4-52　拉伸草图

24）处理勺柄到勺口交界处的多余面。调整空间视图，单击“草图”选项卡中的“直线”按钮，在实体上方任意绘制一个封闭轮廓，该轮廓要不大于勺柄到勺口交界处的表面，如图 2-4-53 所示。

25）完成草图后，单击“模型”选项卡中的“拉伸”按钮，将草图拉伸为实体。拉伸范围选择“到表面或平面”，单击勺柄的下表面，拉伸模式选择“求差”，完成拉伸后原有实体多余部分将被删除，如图 2-4-54 所示。

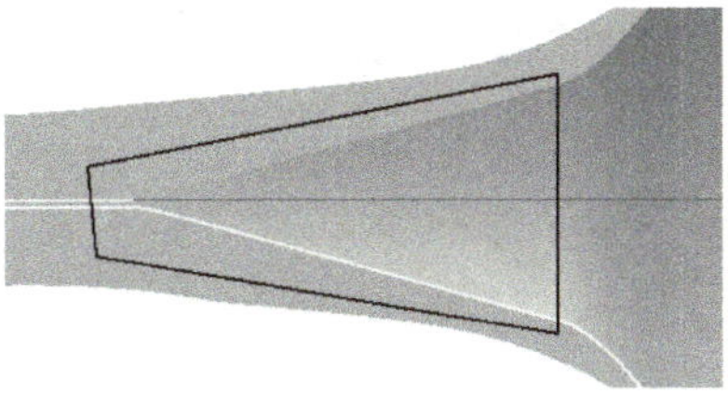

图 2-4-53　新建草图

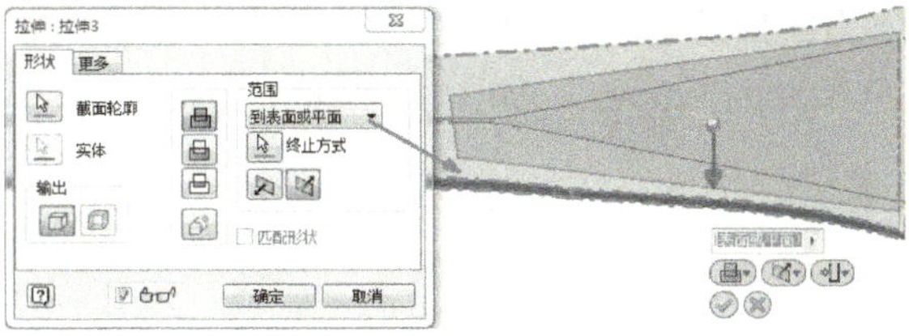

图 2-4-54　拉伸草图

26）为餐勺勺口处及尾端添加倒圆角效果。单击“模型”选项卡中的“圆角”按钮，首先选择餐勺勺口处边线为其添加圆角效果，倒角半径为 20mm，完成第一部分倒角，如图 2-4-55 所示。再次单击“圆角”按钮，选择餐勺尾端边线为其添加圆角效果，倒角半径为 7.5mm，如图 2-4-56 所示。

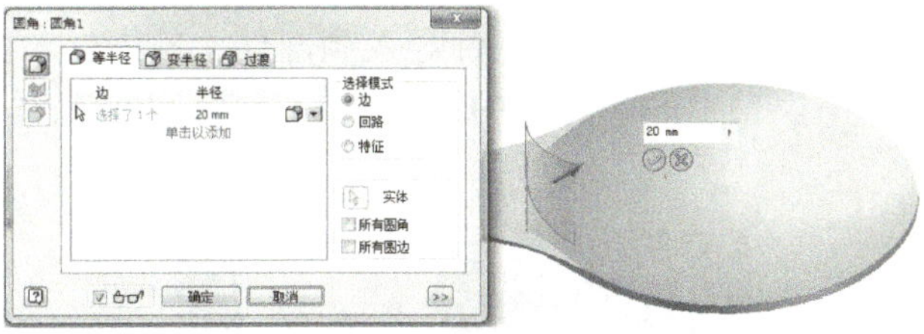

图 2-4-55　为勺口倒圆角

图 2-4-56　为勺尾倒圆角

27）为餐勺整体边缘添加倒圆角效果。单击“模型”选项卡中的“圆角”按钮，选择餐勺边缘线为其添加圆角效果，倒角半径为 0.5mm，如图 2-4-57 所示。

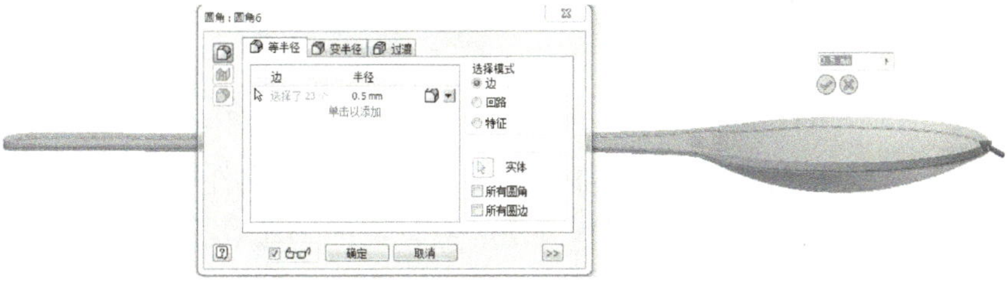

图 2-4-57　为整体轮廓倒圆角

28）绘制餐勺插口。调整空间视图，在餐勺勺柄处新建草图。单击“草图”选项卡中的“投影几何图元”按钮，将餐勺手柄处外轮廓边线投影出来，单击“矩形”按钮绘制水平和垂直两个矩形，矩形尺寸分别为 15mm×2mm、7.5mm×2mm。插口水平末端到餐勺末尾端距离为 115mm，如图 2-4-58 所示。

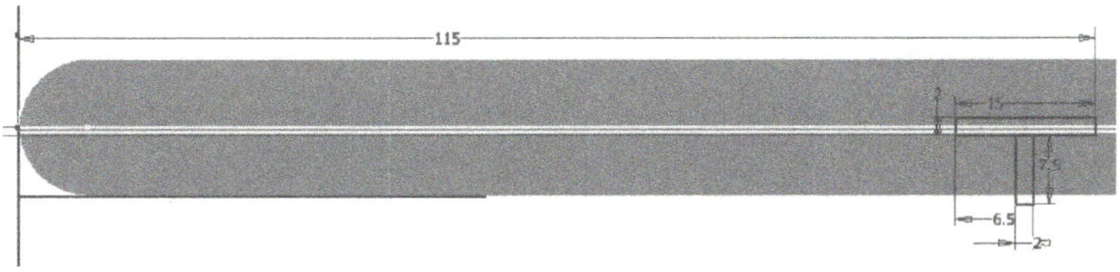

图 2-4-58　餐勺手柄插口草图

29）完成草图后，单击“模型”选项卡中的“拉伸”按钮，将插口草图拉伸，拉伸范围选择“贯通”，去除多余实体，如图 2-4-59 所示。

30）为插口边缘处倒圆角处理。单击“模型”选项卡中的“圆角”按钮，选择插口边缘线，设置倒角半径为 0.5mm，如图 2-4-60 所示。

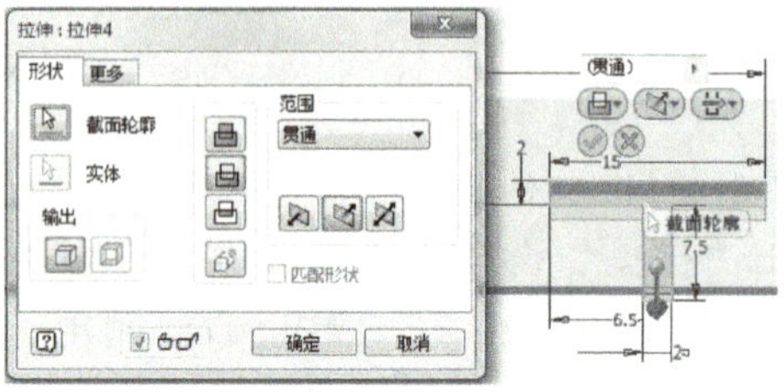

图 2-4-59　拉伸插口草图

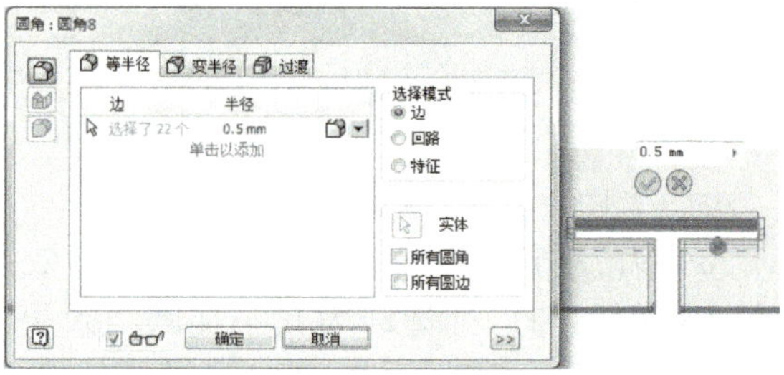

图 2-4-60　倒圆角

31）至此，刀、叉、勺三个餐具就全部完成了，然后进行实体装配。新建一个部件文件，单击“装配”选项卡中的“放置”按钮，分别将三个实体零件文件导入到部件文件中。单击“约束”按钮，类型选择“配合”，分别选择勺插口上面和刀具的手柄上面，进行对齐配合，如图 2-4-61 ～图 2-4-63 所示。

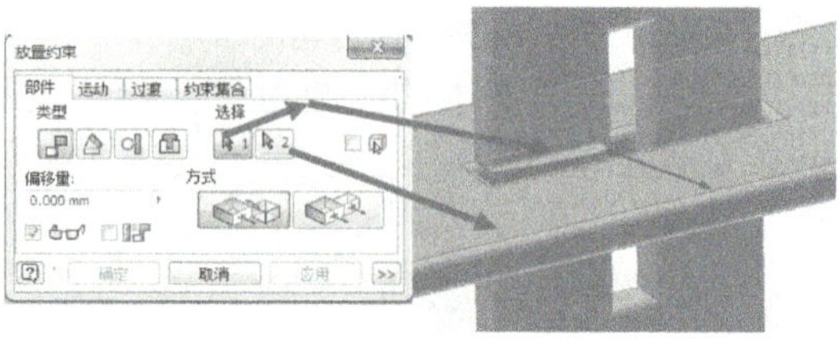

图 2-4-61　进行约束

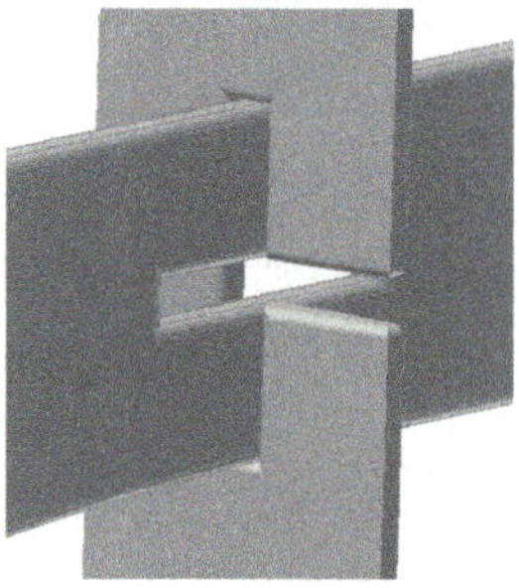

图 2-4-62　完成装配

图 2-4-63　进行约束

32）依照餐勺与刀具的装配方法，将剩下的叉子也放入文件中，进行装配。装配时可以按实体的各个面对齐，也可以按边缘线对齐，如图 2-4-64 和图 2-4-65 所示。

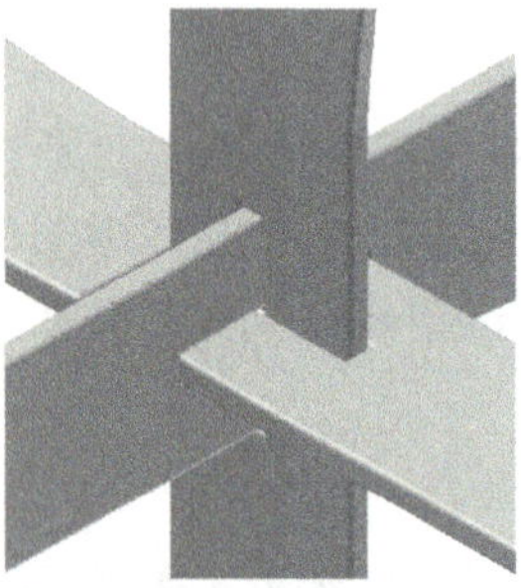

图 2-4-64　进行约束

图 2-4-65　完成装配

项目小结

本项目通过设计制作两款组合餐具，详细讲解了两款产品创作的整体思路，产品的功能特点。结合软件的操作步骤，读者可以掌握创建旋转曲面轮廓的方法，熟练应用抽壳、添加约束及材质渲染等功能，从而进一步深入学习 Inventor 软件的强大功能及其使用技巧。

项目 5　便携式 U 盘的设计与制作

导学重点知识

※ 创建旋转曲面轮廓
※ 抽壳的应用
※ 止口的应用
※ 实体分割方式及生成零部件
※ 添加约束及装配

项目分析

生活中的产品形态是信息的载体，人们通常运用独有的造型语言和手法创造出特有的产品形态，以此向外界传递出产品的基本内容。世界上任何一个事物都有一个从形成到成长、成熟、衰亡的过程，产品也不例外。一个产品进入市场以后也必然会有一个从逐步成熟到退出市场的过程，这一过程称之为产品的生命周期。在当今社会，由于科学技术、人们的生活方式、价值观念等变化因素，导致了一部分产品不再适合人们生活的需要。因而人们渴望用新产品来代替旧产品，这就促使了产品在市场中生命周期的缩短。

因此，借助于对以往产品的不断改良来延长其在市场的生命周期，是现代企业追求的发展目标，以此获取产品在市场经营中的最大经济效益。本章所列举出的领夹式双头 U 盘和仿生植物 U 盘，都属不拘一格并且功能多样的产品，该类设计彰显了产品革新的发展趋势。

任务 1　领夹式双头 U 盘

作品展示

作品如图 2-5-1 所示。

图 2-5-1　领夹式双头 U 盘

任务分析及实施

此款产品采用金属外壳设计，颇具质感，而且外壳还可以更换，可同时拥有银色、黑色与灰色等不同颜色的外壳。让使用者可以根据不同风格的领带来搭配，女士也可以将其方便地夹在衣襟处，比较适合商务人士使用。

具体操作方法如下。

1）创建 U 盘夹。在“快速访问工具栏”中选择“新建”→“零件”命令新建一个零件文件，单击“草图”选项卡中的“矩形”按钮绘制 U 盘夹侧面草图。金属片厚为 0.3mm，外矩形轮廓尺寸为 3.5mm×20mm。单击“直线”按钮分别在 U 盘夹侧面草图上绘制两条直线作为分割夹子外轮廓的分割线，两条直线之间的距离为 12mm，如图 2-5-2 所示。

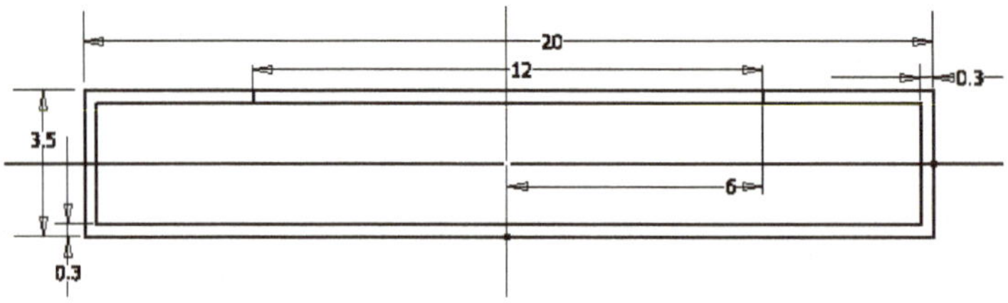

图 2-5-2　创建 U 盘夹外轮廓草图

2）完成草图后，单击“模型”选项卡中的“拉伸”按钮将 U 盘夹外轮廓拉伸 80mm，如图 2-5-3 所示。

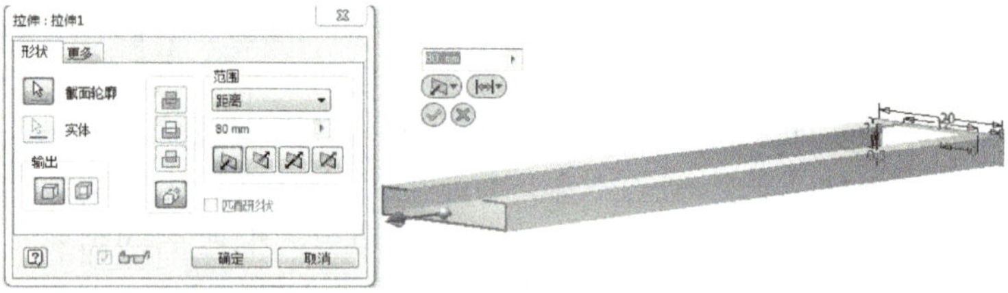

图 2-5-3　拉伸草图

3）调整空间视图到“左视图”，在实体平面上创建衣领夹草图截面轮廓。总长为 70mm，挡扣处长为 14mm，顶角为 145°，高为 3mm，如图 2-5-4 所示。

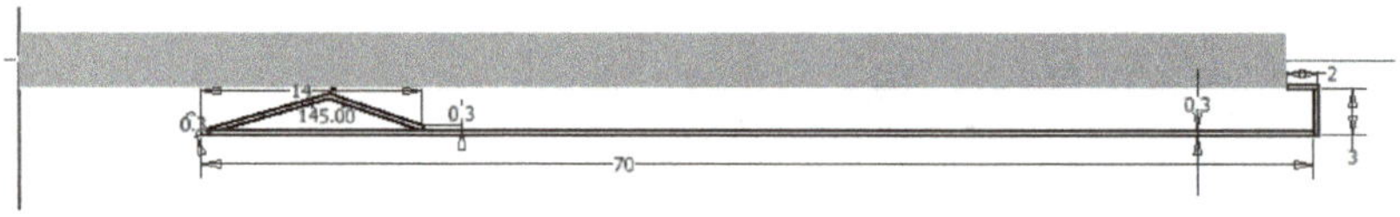

图 2-5-4　新建衣领夹草图截面轮廓

4）完成草图后，单击“模型”选项卡中的“拉伸”按钮将草图轮廓位伸 8mm，如图 2-5-5 所示。

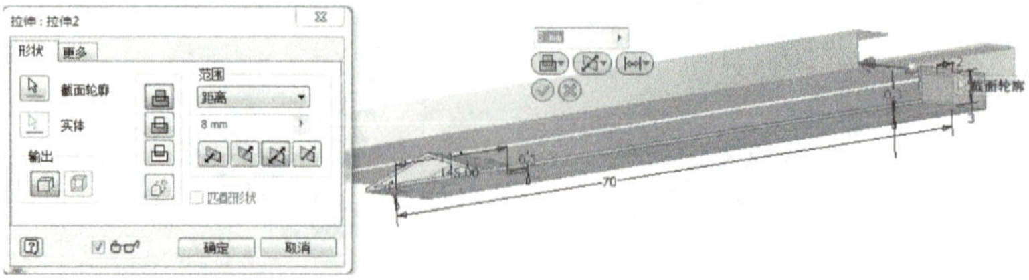

图 2-5-5　拉伸草图

5）为实体整体边缘倒圆角处理。单击“模型”选项卡中的“圆角”按钮，选择实体边缘线，设置倒圆角半径为 0.1mm，如图 2-5-6 和图 2-5-7 所示。

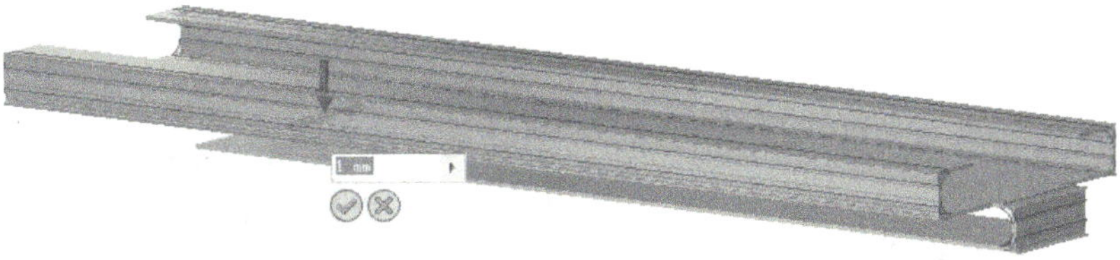

图 2-5-6 倒圆角

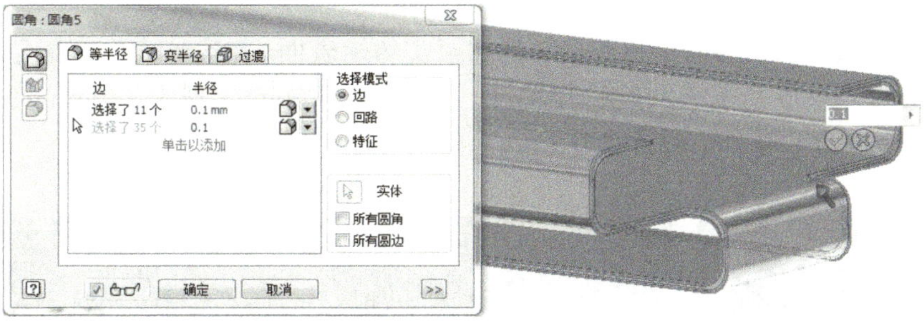

图 2-5-7 完成倒圆角

6）为完成的实体添加金属材质。单击“快速访问工具栏”中的“选择实体”下拉列表框选择“选择实体”命令，单击左键选择整个实体零件，在材质列表中选择“铬合金”，为实体添加金属材质，如图 2-5-8 和图 2-5-9 所示。

图 2-5-8 选择实体方式列表

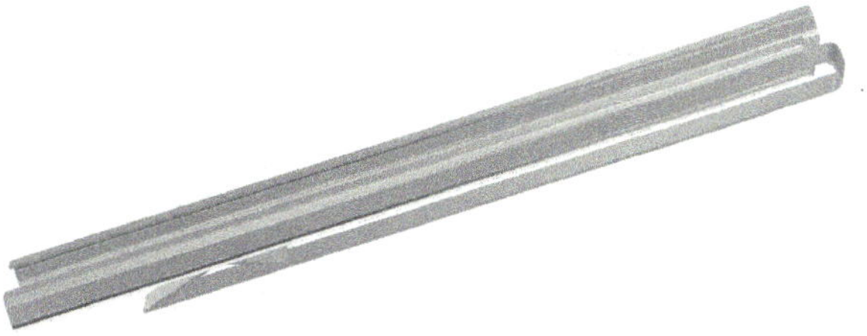

图 2-5-9 完成零件

7）完成 U 盘外夹套后，开始制作 U 盘芯片。在“快速访问工具栏”中选择菜单“新建”→“零件”命令新建一个零件文件。单击“草图”选项卡中的“矩形”按钮绘制 U 盘芯片截面图。芯片厚为 2.9mm，外矩形轮廓宽为 17.4mm。单击“草图”选项卡中的“圆角”按钮分别将矩形四边直角倒圆角处理，倒圆角半径为 1mm，如图 2-5-10 所示。

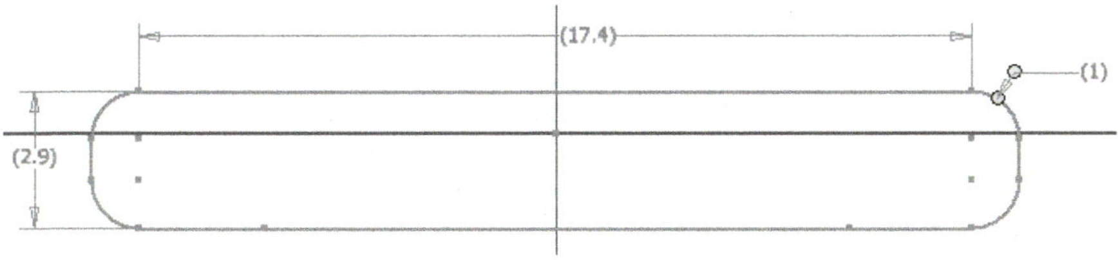

图 2-5-10 U 盘芯片截面草图

8）完成草图后，单击“模型”选项卡中的“拉伸”按钮将草图轮廓拉伸 80mm，如图 2-5-11 所示。

图 2-5-11　拉伸草图

9）创建 U 盘芯片表面纹理。调整空间视图至实体上表面，在实体表面新建草图。单击“草图”选项卡中的“矩形”按钮创建纹理草图，总长为 44.5mm，高为 12mm，纹理左侧到实体边缘距离为 17mm，单个矩形宽为 0.3mm，如图 2-5-12 所示。

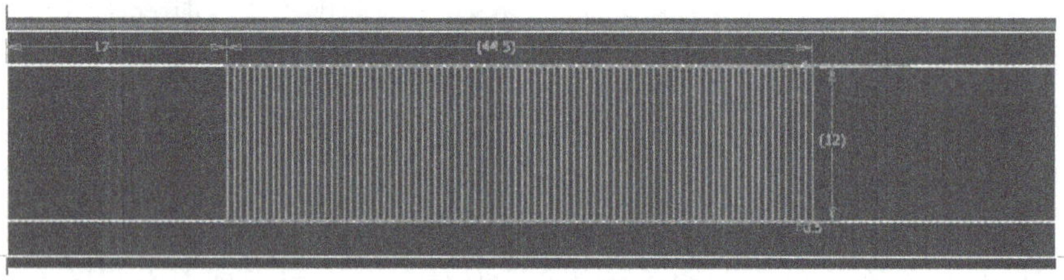

图 2-5-12　创建 U 盘芯片表面纹理

10）完成草图后，单击“模型”选项卡中的“拉伸”按钮将草图向下拉伸，拉伸模式为“求差”，用于修剪已有实体，拉伸高度为 1mm，如图 2-5-13 和图 2-5-14 所示。

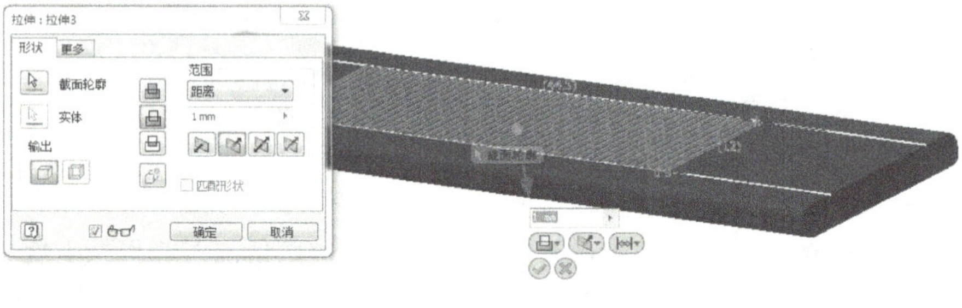

图 2-5-13　拉伸草图

图 2-5-14　拉伸修剪实体

11）创建 U 盘两端的金属片。调整空间视图至实体的某一端面，在该面上新建草图，单击“草图”选项卡中的“投影几何图元”按钮绘制端面轮廓，如图 2-5-15 所示。

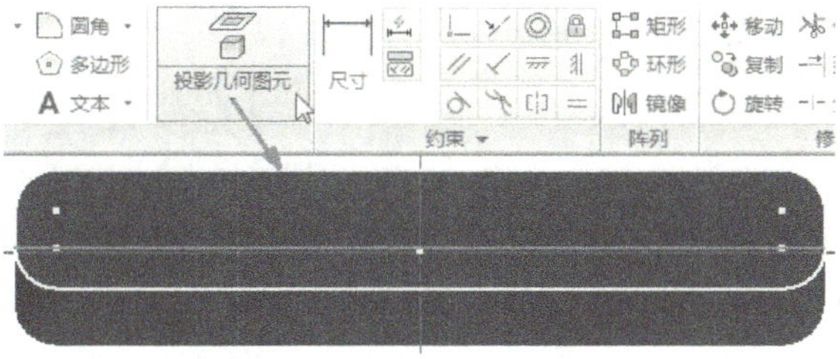

图 2-5-15　投影几何图元

12）完成草图后，单击“模型”选项卡中的“拉伸”按钮将草图轮廓拉伸 12mm，拉伸模式选择“求差”，用于修剪已有实体，如图 2-5-16 所示。

图 2-5-16　拉伸草图

13）为实体边缘轮廓倒角。单击“模型”选项卡中的“倒角”按钮，设置“倒角边长”为 0.8mm，如图 2-5-17 所示。

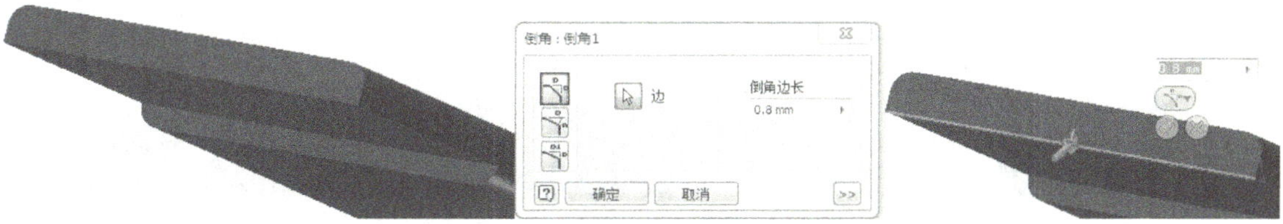

图 2-5-17　倒圆角

14）调整空间视图，在已被修剪完成的实体上方端面上新建草图，单击“草图”选项卡中的“矩形”按钮绘制金属芯片草图。两边大矩形为 10mm×1.7mm，中间小矩形为 7mm×1.7mm，芯片总宽为 14mm，如图 2-5-18 所示。

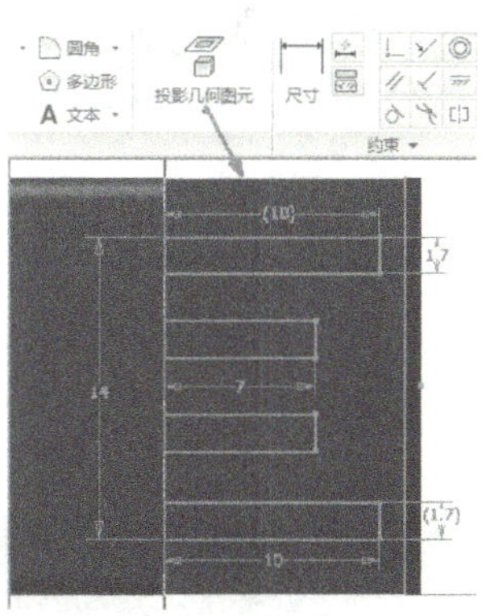

图 2-5-18　绘制金属芯片草图

15）完成草图后，单击“模型”选项卡中的“拉伸”按钮将草图轮廓向上拉伸 0.1mm，使芯片有一定的厚度。完成拉伸后，单击“快速访问工具栏”中的“选择实体”下拉列表框选择“选择特征”命令，为拉伸后的图形添加“黄铜”金属材质效果，如图 2-5-19 和图 2-5-20 所示。

16）调整空间视图，单击“草图”选项卡中的“平面”按钮，在“浏览器”中选择菜单“原始坐标系”→“XY 平面”命令，将实体上显示出的“XY 平面”拖动，进行复制偏移出一个新的平面并使其位于实体的中心，偏移距离为 40mm，如图 2-5-21 所示。

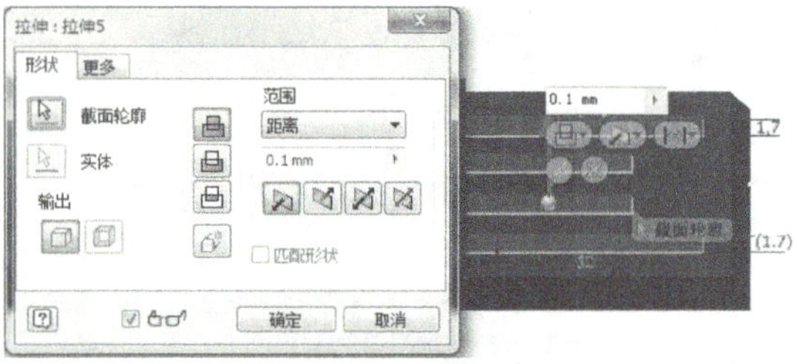

图 2-5-19　拉伸草图

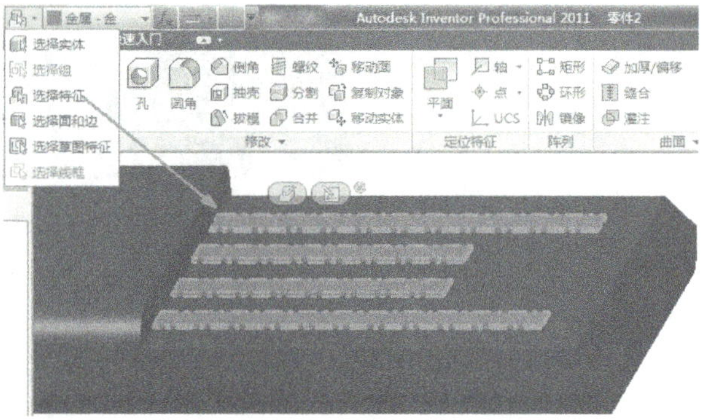

图 2-5-20　为芯片添加金属材质

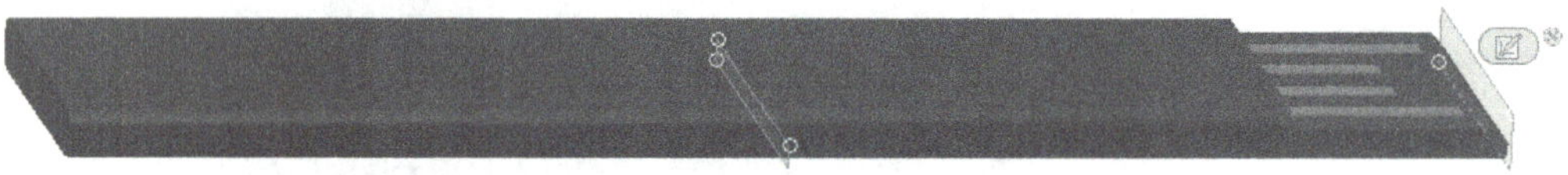

图 2-5-21　新建平面

17）单击“模型”选项卡中的“镜像”按钮，将之前拉伸完成的图形进行镜像处理，使现有实体两端形状相同，如图 2-5-22 和图 2-5-23 所示。

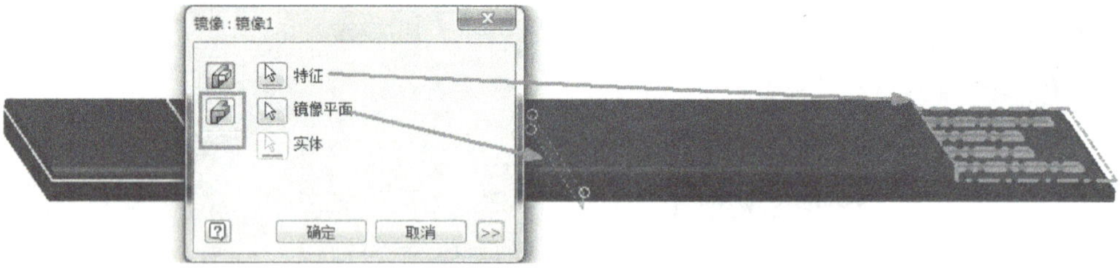

图 2-5-22　进行镜像

图 2-5-23　完成镜像

18）为实体两个端面轮廓倒角。单击“模型”选项卡中的“倒角”按钮，选择实体两个端面轮廓线，设置倒角边长为 0.8mm，如图 2-5-24 所示。

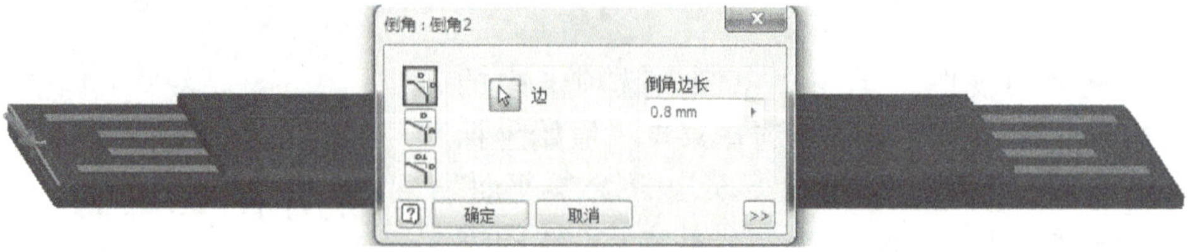

图 2-5-24　倒圆角

19）完成最后的装配。新建一个装配文件，单击“装配”选项卡中的“放置”下拉列表框选择“放置”命令，浏览选择第一个完成的 U 盘外夹零件，将该零件文件置入到文件中，如图 2-5-25 和图 2-5-26 所示。

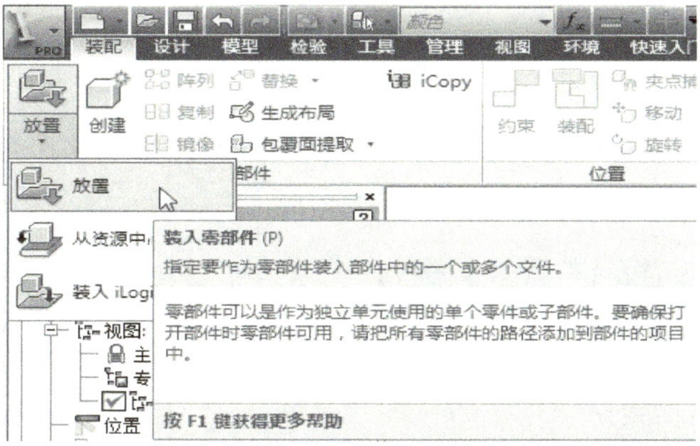

图 2-5-25　新建部件文件

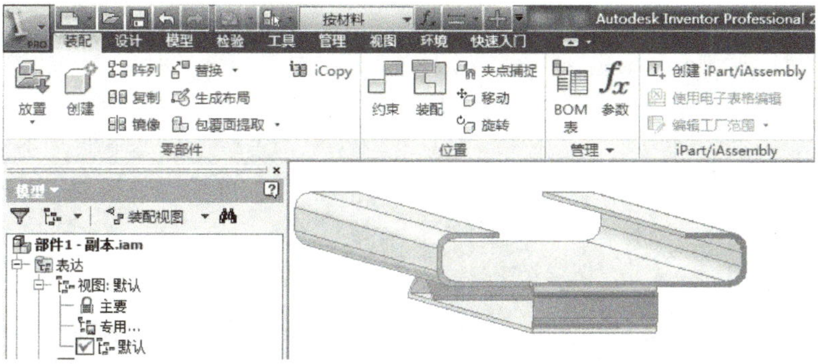

图 2-5-26　置入零件

20）重复选择“放置”命令，将 U 盘芯片零件置入到文件中。单击“装配”选项卡中的“约束”按钮，约束类型选择“配合”，选择 U 盘芯片一侧的外边侧面，再选择 U 盘夹内部侧面，使芯片嵌入 U 盘夹内部，如图 2-5-27 和图 2-5-28 所示。

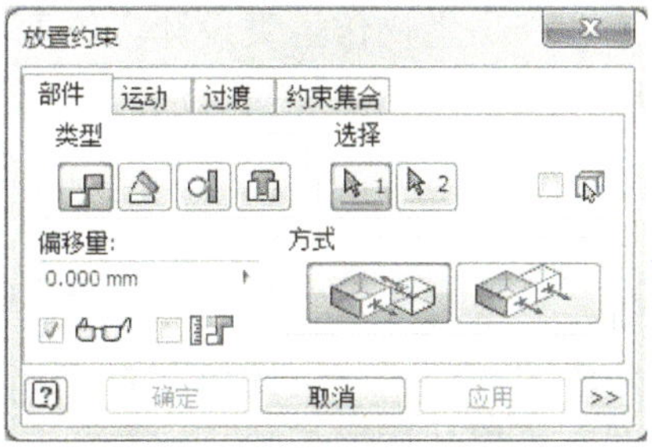

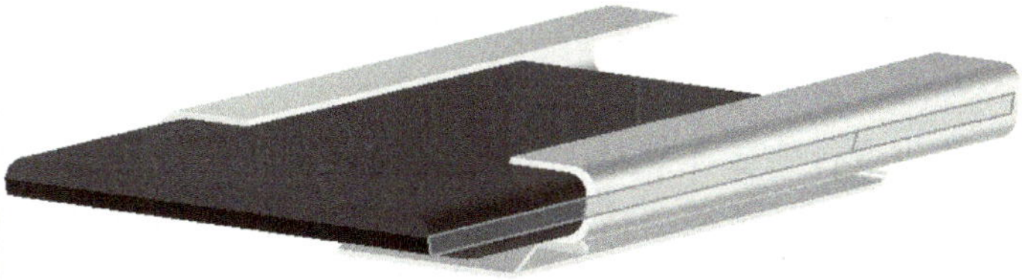

图 2-5-27　配合约束　　　　图 2-5-28　配合约束

21）重复单击“约束”按钮，约束类型选择“配合”，选择 U 盘芯片底面，再选择 U 盘夹内部底面，使芯片可以与 U 盘夹更好地配合，通过鼠标拖动，芯片可以在夹子里面滑动，最终完成效果如图 2-5-29 所示。

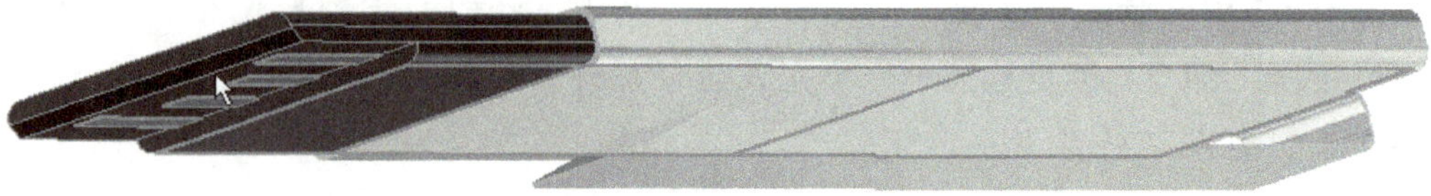

图 2-5-29　完成最后装配

22）为了使产品更加美观，还可以单击“草图”选项卡中的“文字”按钮在 U 盘金属夹的表面雕刻文字。还可以创建其他颜色的 U 盘，最后再渲染出多个角度的效果图。

任务 2　爱心豆便携式 U 盘

作品展示

作品如图 2-5-30 所示。

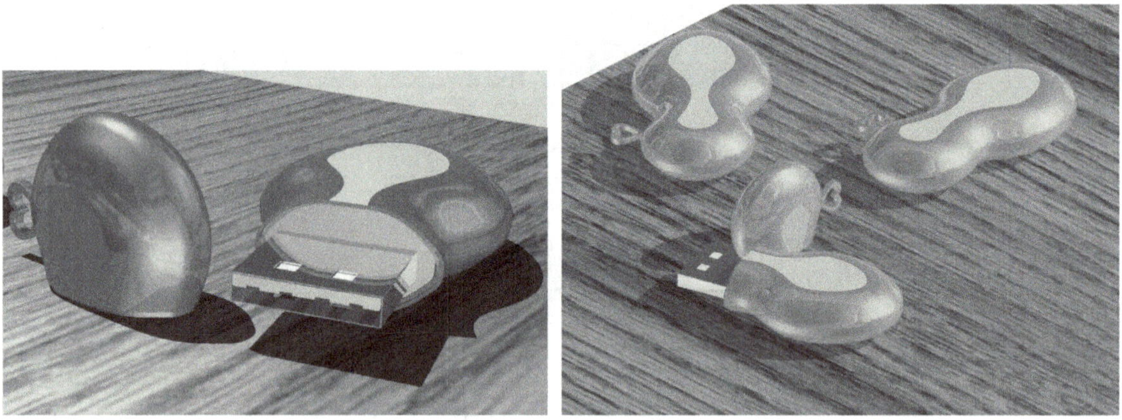

图 2-5-30　爱心豆便携式 U 盘

任务分析及实施

该款产品的整体造型是仿一颗豆子的外形设计的，并以鲜艳的绿色为主色，中心部位设计配以浅黄色是为了体现整体层次关系，该款设计源于工业产品生物仿生类设计。仿生设计学，亦可称之为设计仿生学，是在仿生学和设计学的基础上发展起来的一门新兴边缘学科，研究范围非常广泛，研究内容丰富多彩。

仿生设计主要是运用工业设计的艺术与科学相结合的思维与方法，以人性化的角度，不仅在物质上，更是在精神上追求传统与现代、自然与人类、艺术与技术、主观与客观、个体与大众等多元化的设计融合与创新，体现辩证、唯物的共生美学观。仿生物形态的设计是在对自然生物体，包括动物、植物、微生物、人类等所具有的典型外部形态的认知基础上，寻求对产品形态的突破与创新。

具体操作方法如下。

1）本产品的设计将使用 Inventor 软件中的“实体整体分割”的方式来完成。

提示：“分割”可以将零件分割为多个实体，或修剪和删除某个边。如果需要，可以分割一个或多个面，然后在选定的面上拔模，也可以分割曲面体上的一个或多个面。

2）首先创建产品的整体外形。在“快速访问工具栏”中选择菜单“新建”→“零件”新建一个零件，单击“草图”选项卡中的“样条曲线”按钮绘制 U 盘整体外轮廓草图。总高度为 37mm，底部最大宽度为 20mm，其他部分尺寸可自行设置，如图 2-5-31 所示。

3）完成草图后，单击“模型”选项卡中的“拉伸”按钮将 U 盘夹外轮廓拉伸 8mm，完成实体效果如图 2-5-32 所示。

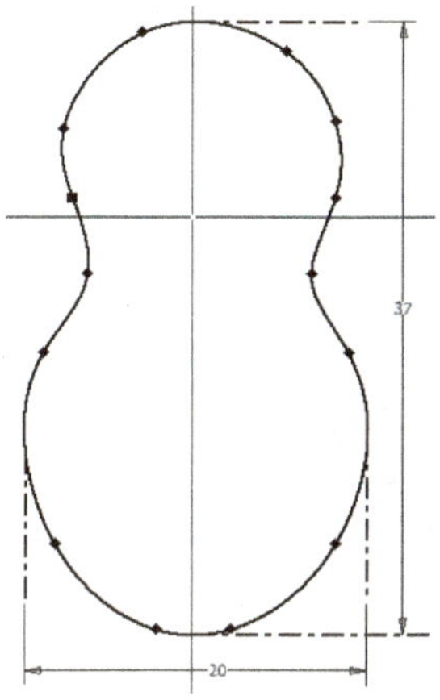

图 2-5-31 创建 U 盘整体外轮廓草图

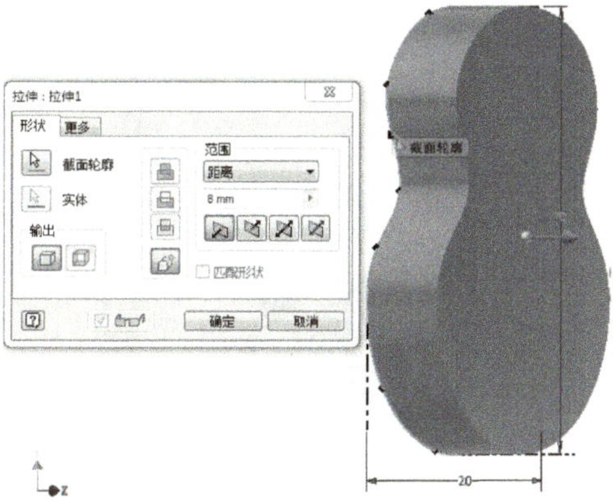

图 2-5-32 拉伸草图

4）单击“模型”选项卡中的“倒角”按钮，为实体上下两边线倒角，倒角边长均为 3mm，如图 2-5-33 和图 2-5-34 所示。

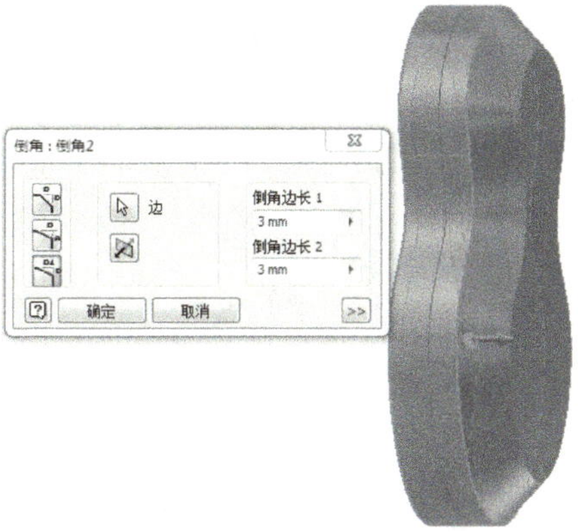

图 2-5-33 为实体上边线倒角

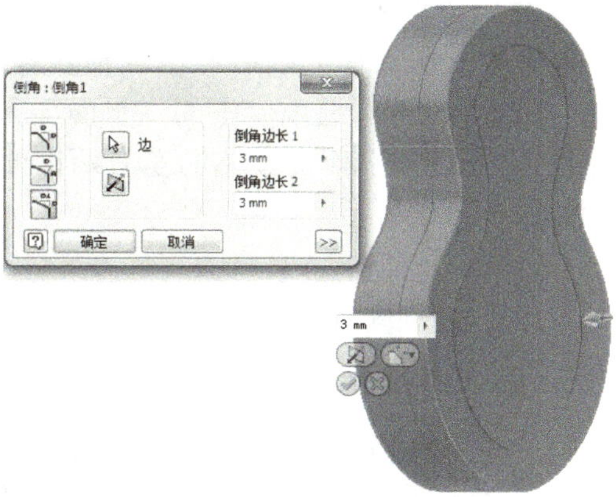

图 2-5-34 为实体下边线倒角

5）完成倒角后的实体效果，如图 2-5-35 所示。单击“模型”选项卡中的“圆角”按钮，分别将实体的上下边缘线倒圆角，倒角半径为 5.5mm。完成倒圆角后，实体的边缘将变得更加圆滑，如图 2-5-36 和图 2-5-37 所示。

6）分割实体，完成产品的各部分组成零件。选择整个实体，在“浏览器”中选择“原始坐标系”→“XZ 平面”命令，单击“模型”选项卡中的“分割”按钮，分割类型选择“分割实体”，分割工具选择“XZ 平面”，确定分割实体，如图 2-5-38 和图 2-5-39 所示。

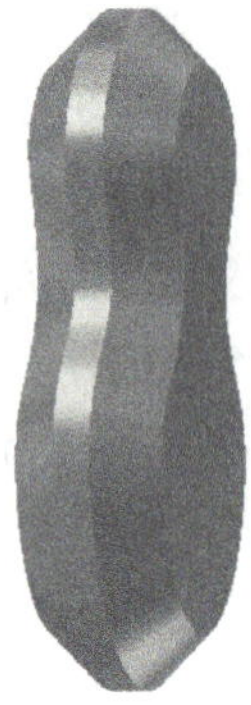

图 2-5-35　完成倒角

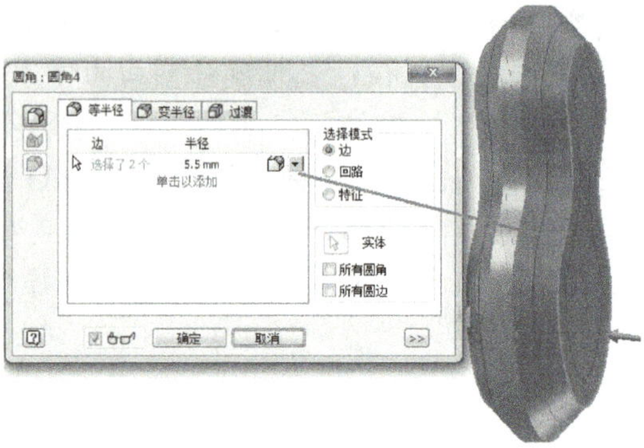

图 2-5-36　为实体上下边面倒圆角

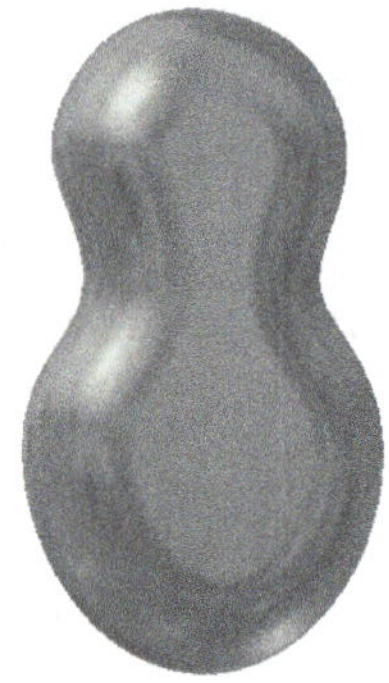

图 2-5-37　完成倒圆角

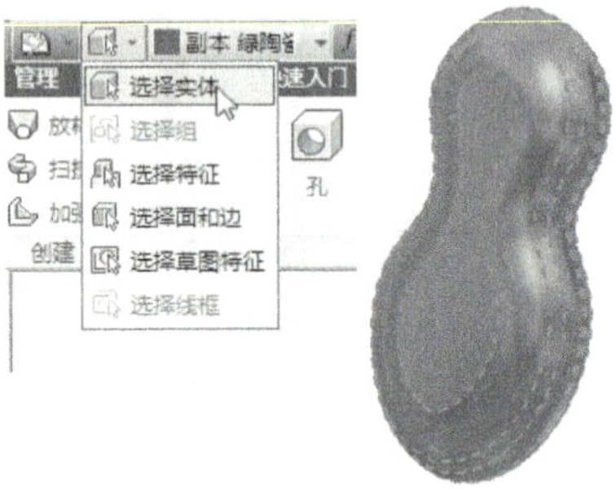

图 2-5-38　选择整个实体

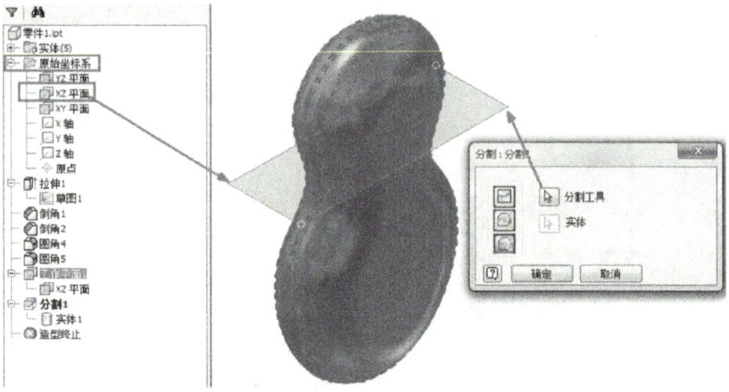

图 2-5-39　分割实体

提示：“分割”共分 3 个类型。①分割实体面或曲面体面。②修剪零件并删除一侧。③将零件分割成实体。默认情况下，“分割”可以删除分割零件的一侧，可以将一个零件分割为两个零件，并以不同的名称保存每个零件。

7）完成第一次实体分割后再次选择实体，在实体上方会出现虚线显示框，如图 2-5-40 所示。单击“模型”选项卡中的“平面”下拉列表框，选择菜单“在两个平行平面之间的中间面”命令，分别单击实体的左右两侧面，为实体中间部分创建一个新的平面，如图 2-5-41 和图 2-5-42 所示。

图 2-5-40　分割完成后的实体

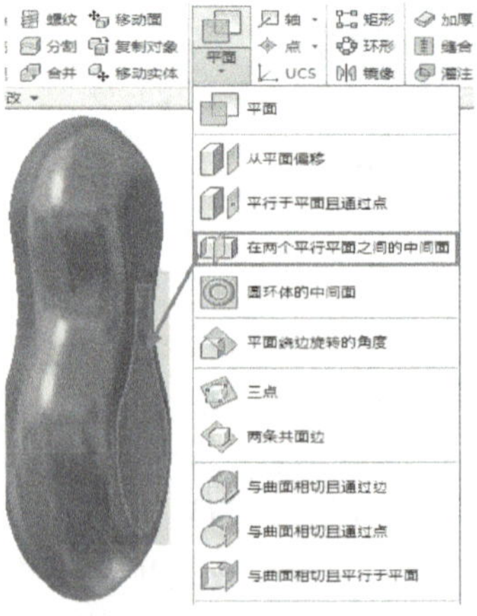

图 2-5-41　新建平面

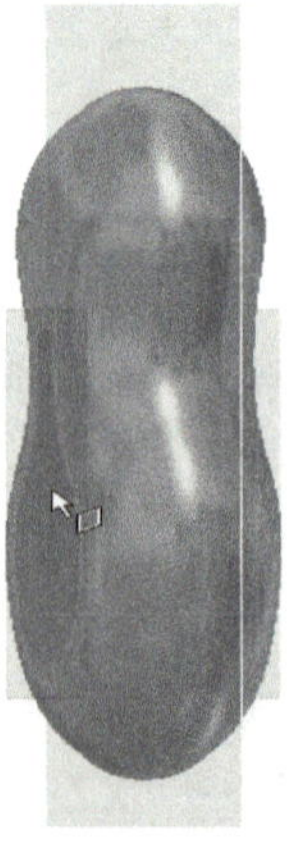

图 2-5-42　完成新建中间平面

8）选择整个实体的下部，单击“模型”选项卡中的“分割”按钮，以新建的实体中心面为分割工具，将下部实体分割为两部分，如图 2-5-43 所示。

9）将分割完成的实体分别存储为单独的零件文件。选择实体顶部，单击“管理”选项卡中的“生成零件”按钮，在“生成零件”对话框中设置“零件名称”“新文件位置”，单击“确定”按钮完成“零件 2”文件，如图 2-5-44 所示。

10）使用同样的方法，将整个实体的下部也分割出来，保存为“零件 3”，完成零件效果如图 2-5-45 所示。

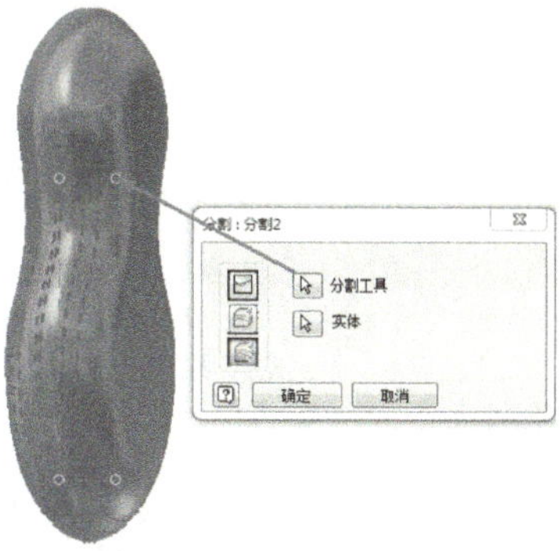

图 2-5-43　分割实体

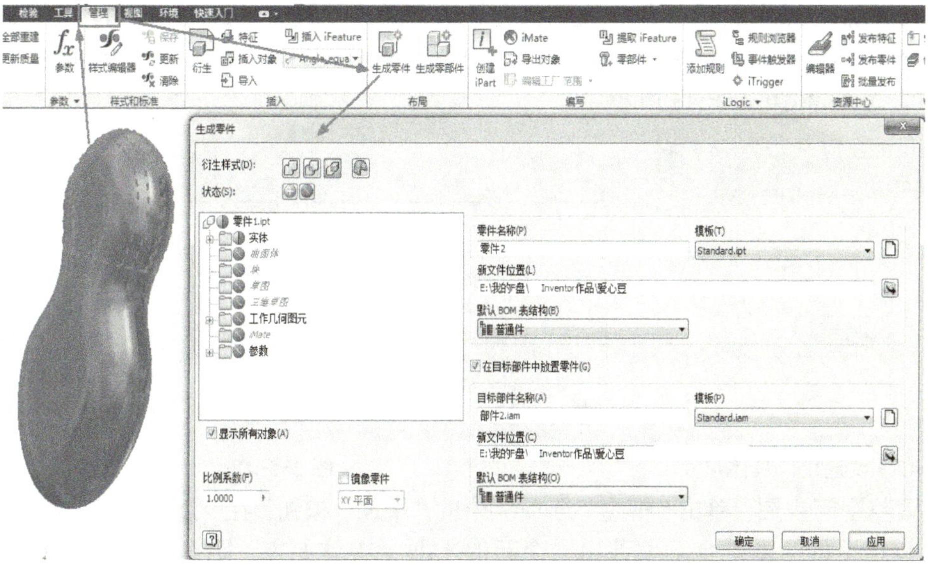

图 2-5-44　生成零件

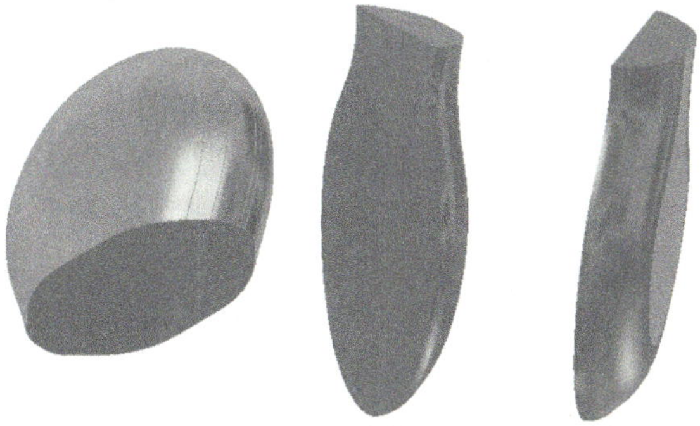

图 2-5-45　分割完成的零件

11）创建 U 盘帽。在 Inventor 软件中打开保存好的“零件 2”文件，单击“模型”选项卡中的“抽壳”按钮，单击实体下方的分割面为“开口面”，设置抽壳厚度为 0.5mm，完成实体抽壳，如图 2-5-46 所示。

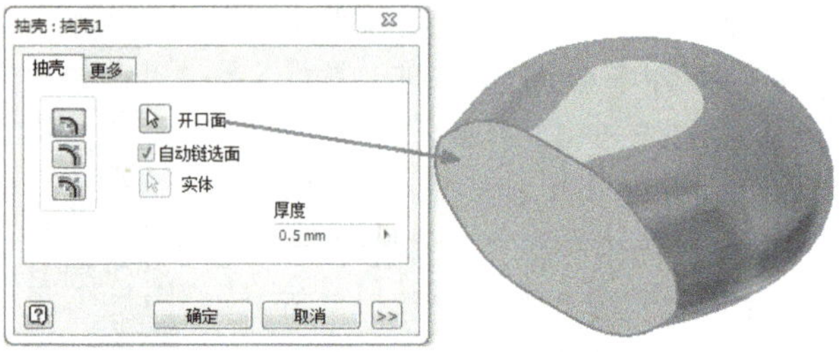

图 2-5-46　进行抽壳

提示：“抽壳”是从零件内部去除材料，从而创建出具有指定壁厚的腔。默认情况下，Autodesk Inventor 可以提供精确抽壳方式。当精确方式不存在时，Autodesk Inventor 将尝试使用近似方式。要将抽壳面重设为其原始厚度，可以在该面相应的“厚度”编辑框中单击，然后按 <Delete> 键。

12）完成抽壳操作之后，为 U 盘帽创建止口。单击“模型”选项卡中的“止口”按钮，设置止口的具体尺寸，止口高为 0.5mm，宽为 0.25mm，选择“路径边”为 U 盘帽底部轮廓线，如图 2-5-47 和图 2-5-48 所示。

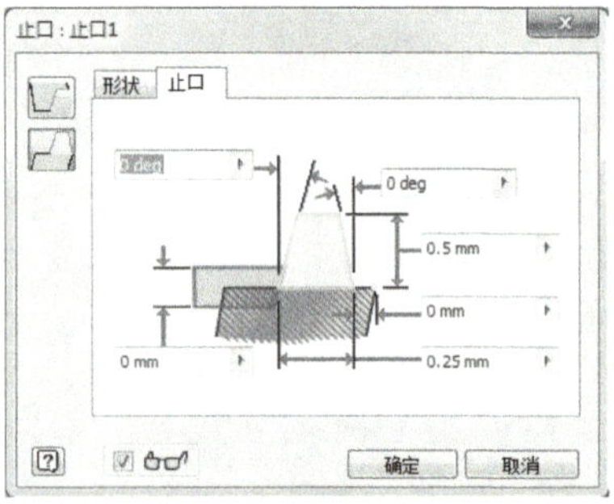

图 2-5-47　设置止口具体尺寸

图 2-5-48　止口

13）调整空间视图，单击“模型”选项卡中的“平面”按钮，在“浏览器”中选择菜单“YZ 平面”，以该平面为基础拖动偏移出一个新的平面至实体上方，距离为 20mm，如图 2-5-49 所示。

14）在新建的平面上方新建草图，单击“草图”选项卡中的“矩形”按钮绘制一个 5.5mm×0.9mm 的矩形。完成草图后，单击“模型”选项卡中的“拉伸”按钮将草图拉伸为实体，拉伸方式选择“表面到表面”，单击选择 U 盘帽表面，如图 2-5-50 和图 2-5-51 所示。

15）为 U 盘创建心形装饰环。调整空间视图，在拉伸完成的矩形表面新建草图，单击“草图”选项卡中的“投影几何图元”按钮将矩形表面轮廓投影出来。单击“样条曲线”按钮绘制一个心形图案，大小不超出该矩形表面，如图 2-5-52 所示。

16）完成草图后，单击“模型”选项卡中的“拉伸”按钮将围绕在心形之后的截面轮廓进行拉伸，拉伸模式选择“求差”，长度可根据情况适当应用大一些的尺寸，如图 2-5-53 所示。

17）在拉伸修剪完成后的心形实体表面上新建草图，再次单击“草图”选项卡中的“投影几何图元”按钮将心形外轮廓投影出来，单击“偏移”按钮将轮廓向内偏移，具体效果如图 2-5-54 所示。

18）完成草图后，单击“模型”选项卡中的“拉伸”按钮将其拉伸，拉伸模式选择“求差”用于修剪已有实体，使心形中空，如图 2-5-55 所示。

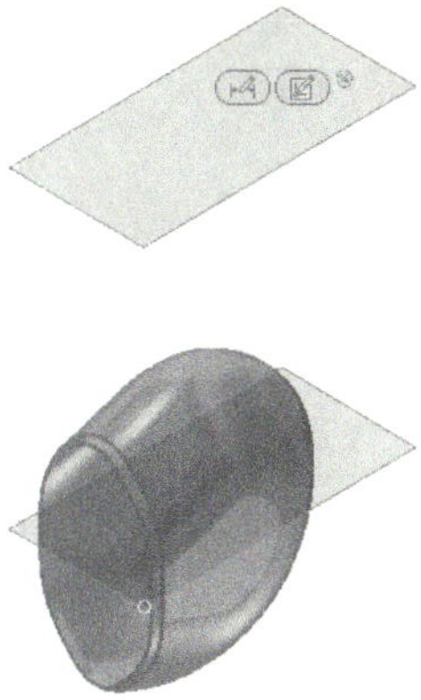

图 2-5-49　新建平面

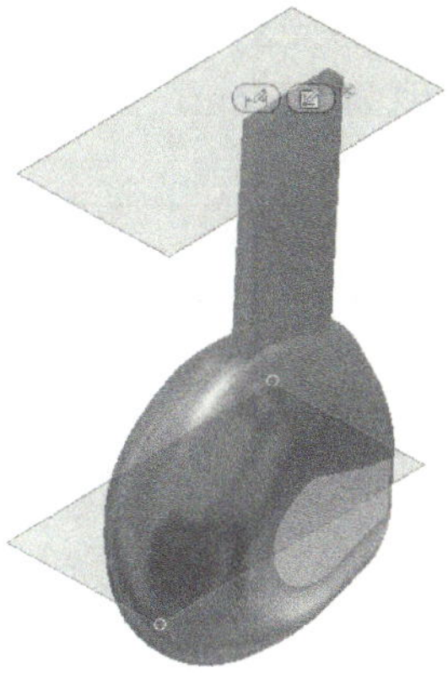

图 2-5-50　新建草图

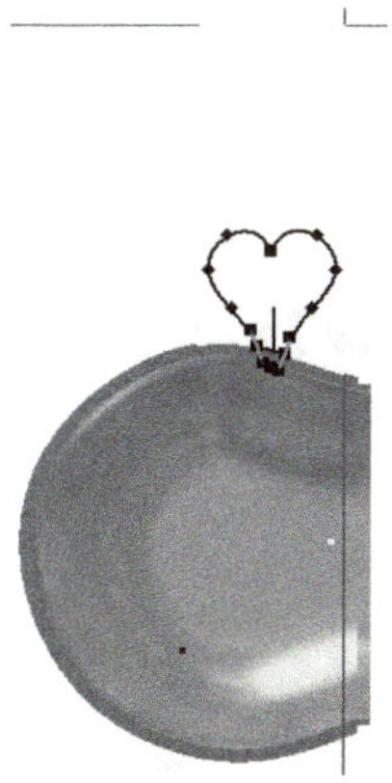

图 2-5-51　拉伸草图

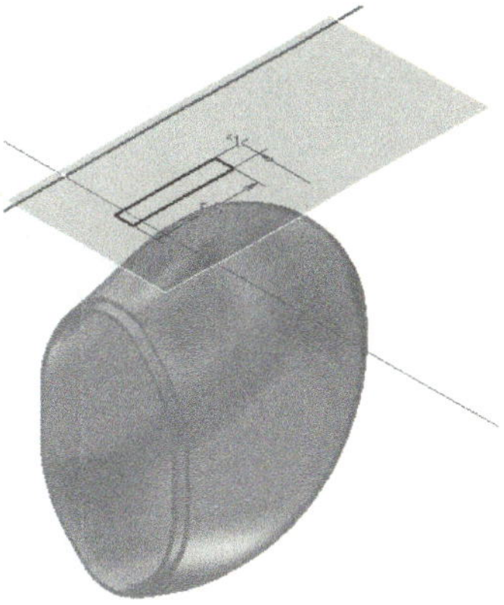

图 2-5-52　新建心形草图

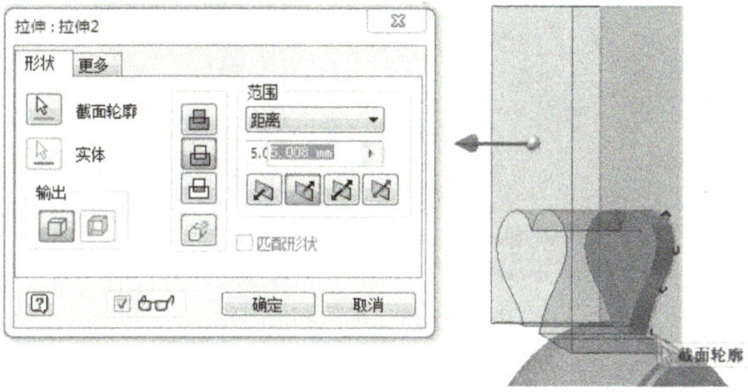

图 2-5-53　拉伸草图

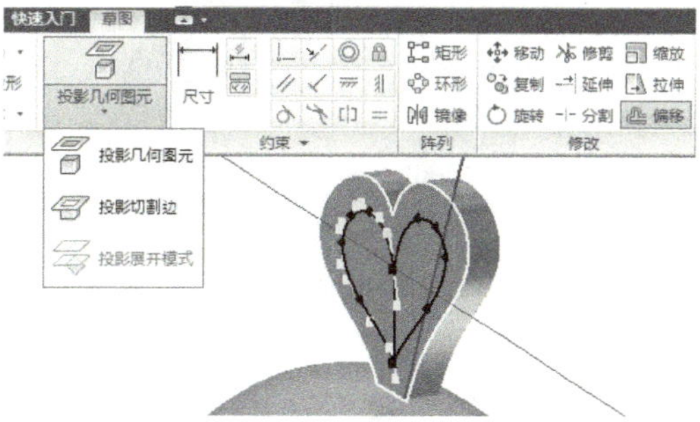

图 2-5-54　新建内部心形草图

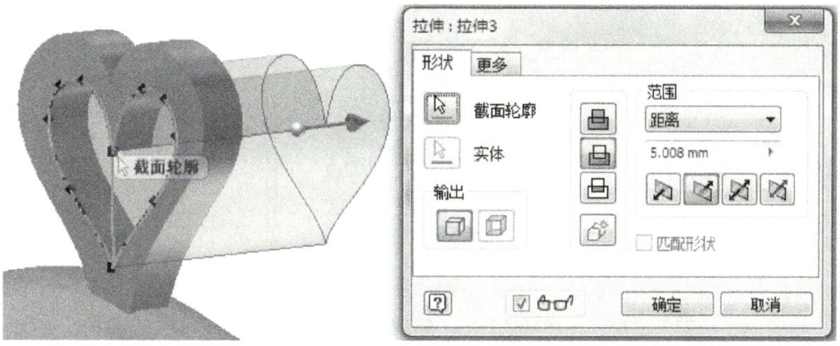

图 2-5-55　拉伸草图

提示：单击“草图”选项卡中的“偏移”按钮来复制选定的草图几何图元，并将其放置在相对原几何图元偏移一定距离的位置。在默认情况下，偏移几何图元与原几何图元有等距约束（等长约束）。默认设置是自动选择回路（端点连在一起的曲线）并将偏移曲线约束为与原曲线距离相等。要偏移一个或多个独立曲线，或者要忽略等长约束，请单击鼠标右键并清除“选择回路”和“约束偏移量”复选项上的复选标记。

19）单击“模型”选项卡中的“圆角”按钮为实体边缘添加倒圆角效果，倒角半径为 0.1mm，如图 2-5-56 所示。

20）通过对实体的修改，最终完成 U 盘帽的整体外形，如图 2-5-57 所示。

21）创建U盘下部外壳零件。打开之前保存过的分割零件“零件3”，单击“模型”选项卡中的“抽壳”按钮将实体中间抽空，抽壳厚度为0.5mm，如图2-5-58所示。

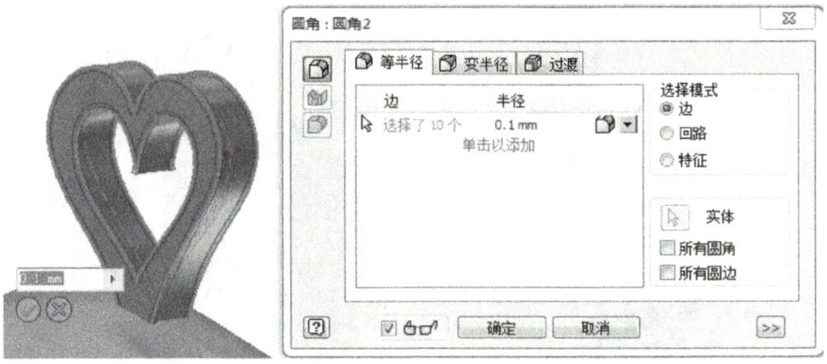

图2-5-56　倒圆角

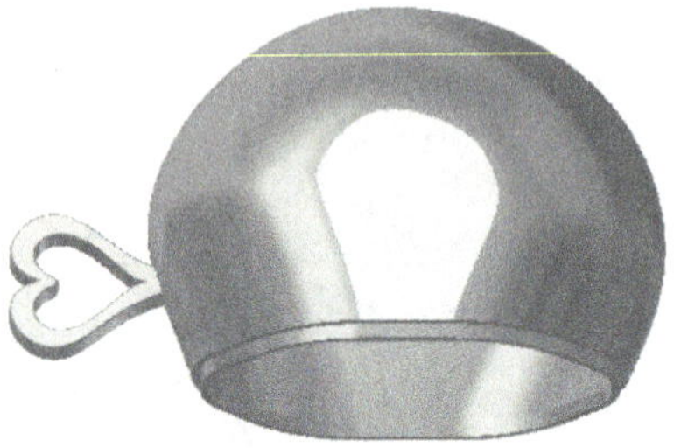

图2-5-57　U盘帽的整体外形

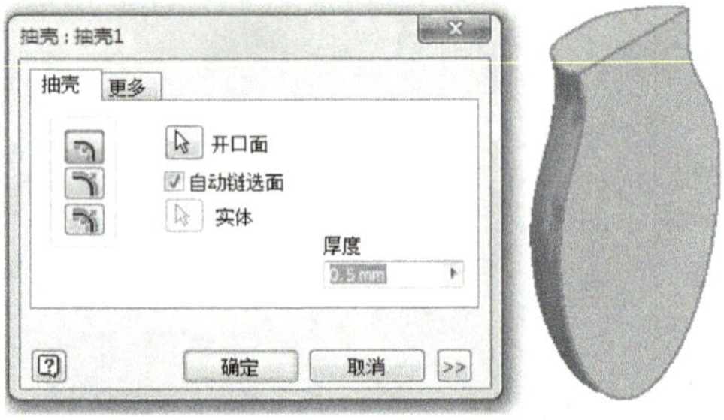

图2-5-58　进行抽壳

22）单击“模型”选项卡中的“止口”按钮，完成U盘外壳上部的止口设计，止口高为0.5mm，止口下部宽为0.25mm。止口具体参数设置及U盘外壳完成最终效果如图2-5-59～图2-5-63所示。

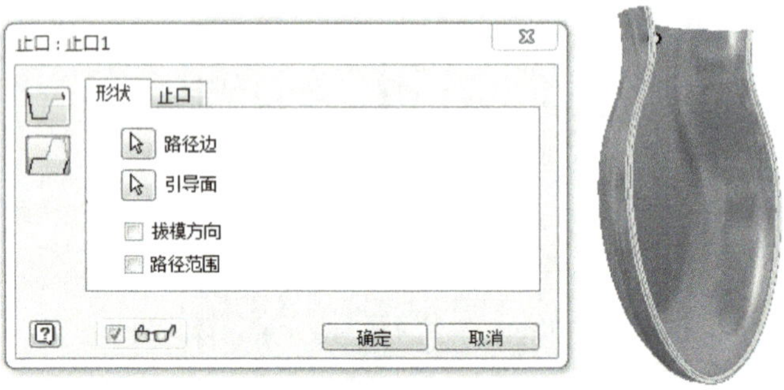

图2-5-59　止口1

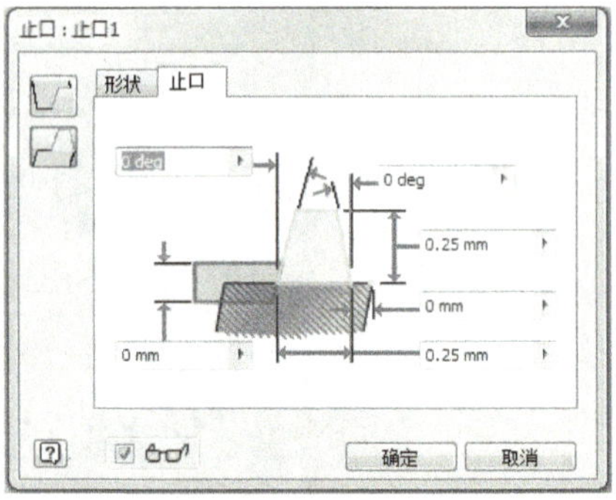

图2-5-60　止口2

图2-5-61　止口3

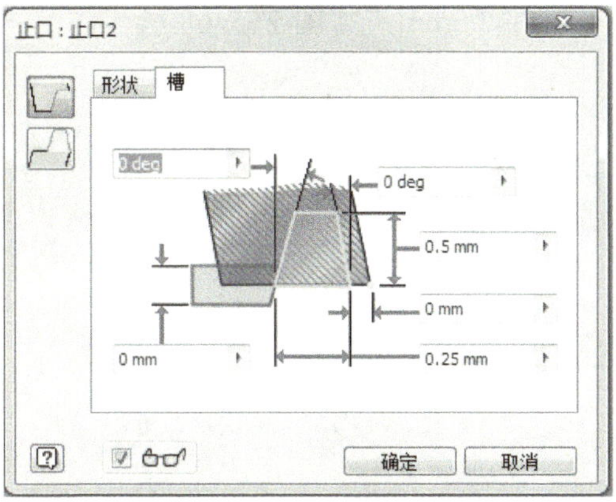

图 2-5-62　止口参数设置

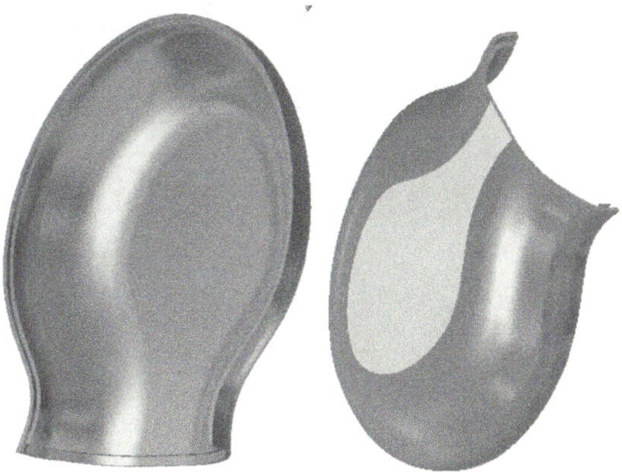

图 2-5-63　U 盘外壳完成效果

23）调整空间视图，在“浏览器”中选择“YZ 平面”。单击“模型”选项卡中的“平面”按钮，以 YZ 平面为基础，单击外壳顶端边角点新建平面，如图 2-5-64 所示。

24）在新建的平面上新建草图，单击“草图”选项卡中的“圆”按钮绘制一个半径为 0.5mm 的圆，如图 2-5-65 所示。

图 2-5-64　新建平面

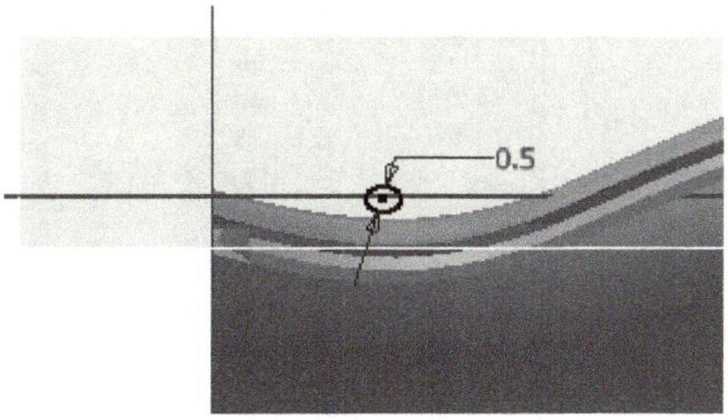

图 2-5-65　绘制草图

25）完成草图后，单击“模型”选项卡中的“拉伸”按钮将草图进行拉伸。拉伸模式选择“求差”，拉伸范围选择“贯通”，用于修剪已有实体，如图 2-5-66 所示。

26）为通孔处边缘添加圆角效果，单击“模型”选项卡中的“圆角”按钮，选择通孔内外边线，设置圆角半径为 0.1mm，最终完成外壳的设计，如图 2-5-67 所示。

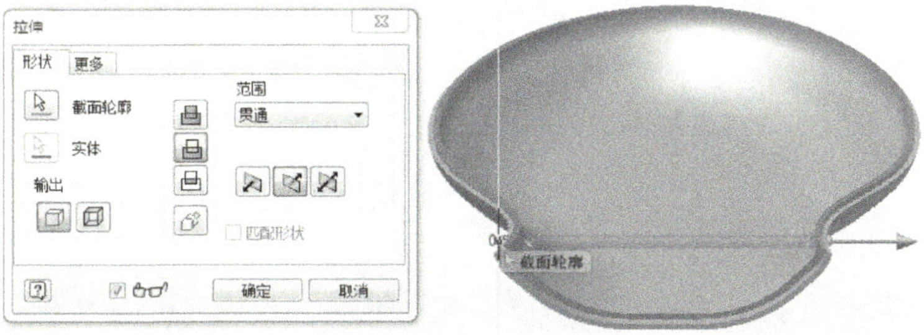

图 2-5-66　拉伸草图

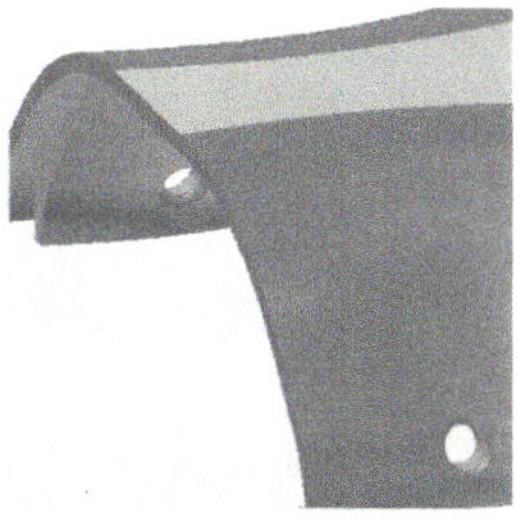

图 2-5-67　倒圆角

27）创建 U 盘的内部结构。在“快速访问工具栏”中选择菜单“新建”→“零件”命令新建一个零件。单击“草图”选项卡中的“样条曲线”按钮或是“圆”+“矩形”按钮，绘制一个外轮廓草图，总长度为 13.4mm，总宽度不超过 7.5mm，如图 2-5-68 所示。

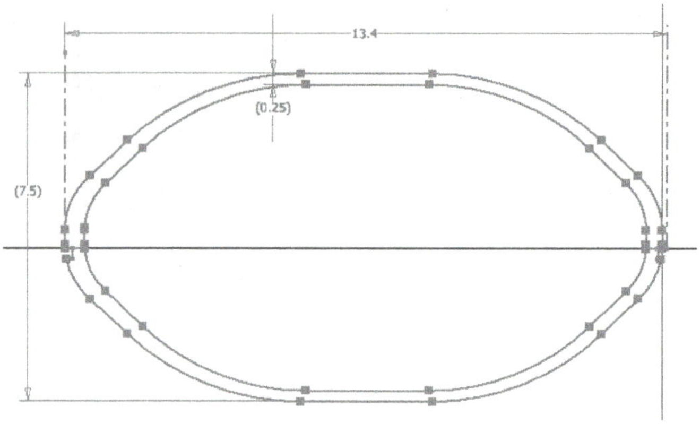

图 2-5-68 新建外轮廓草图

28）完成草图后，单击“模型”选项卡中的“拉伸”按钮将内部轮廓草图拉伸为实体，拉伸长度为 17.5mm，如图 2-5-69 所示。

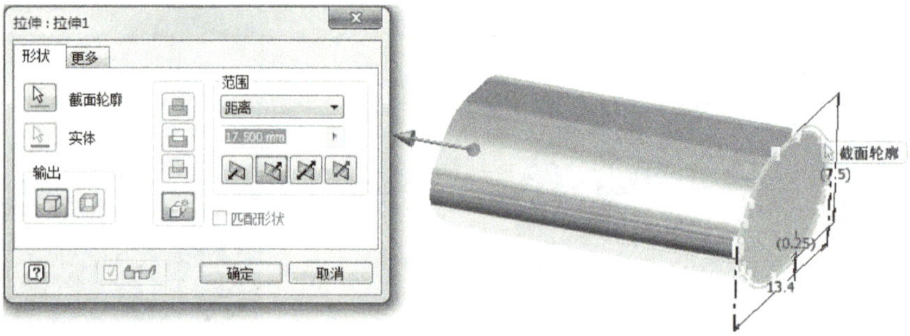

图 2-5-69 拉伸草图

29）调整空间视图，在被拉伸的实体上方表面新建草图。单击“草图”选项卡中的“矩形”按钮绘制一个 10mm×2.2mm 的矩形，且该矩形的中心应与实体的中心重合。单击“偏移”按钮将矩形向内偏移 0.2mm，如图 2-5-70 所示。

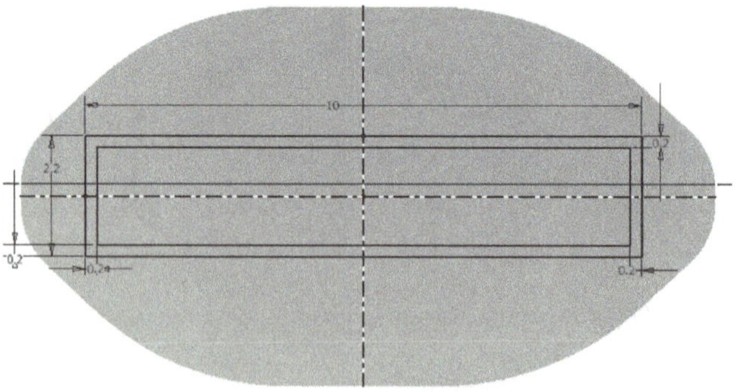

图 2-5-70 绘制矩形草图

30）完成草图后，单击“模型”选项卡中的“拉伸”按钮，将草图中间轮廓进行拉伸，拉伸距离为 9mm，如图 2-5-71 所示。

31）调整空间视图至拉伸实体表面，在其下方新建草图，单击“草图”选项卡中的“矩形”按钮绘制草图。矩形宽为 1.5mm，高为 1.6mm，两个矩形的间距为 3mm，如图 2-5-72 所示。

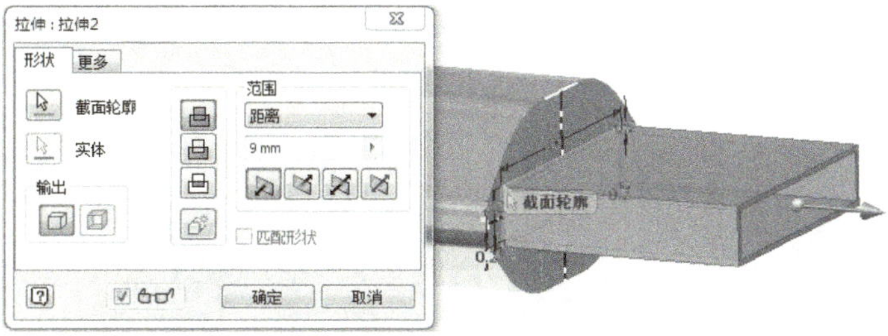

图 2-5-71　拉伸草图

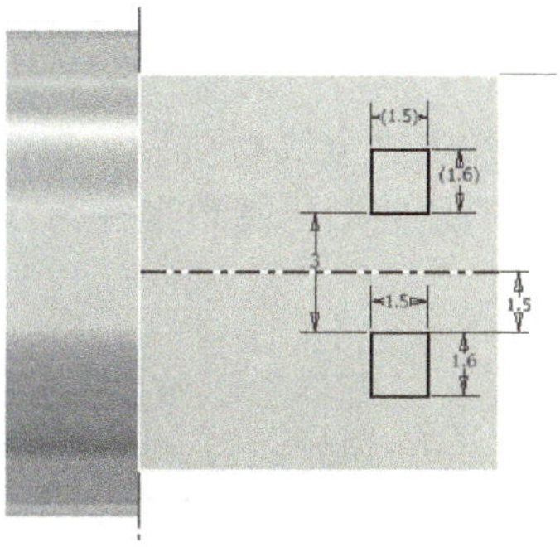

图 2-5-72　绘制草图

32）完成草图后，单击“模型”选项卡中的“拉伸”按钮将两个小矩形进行拉伸。模式选择“求差”，拉伸范围选择“贯通”，用于修剪已有实体，完成 USB 接口的制作，如图 2-5-73 所示。

33）调整空间视图至实体顶部，在其表面上新建草图。按 <F7> 键进入实体剖切面模式，单击“草图”选项卡中的“矩形”按钮绘制长为 10mm，宽为 1mm 的矩形。矩形底边应与之前拉伸完成的 USB 接口底边线重合，如图 2-5-74 所示。

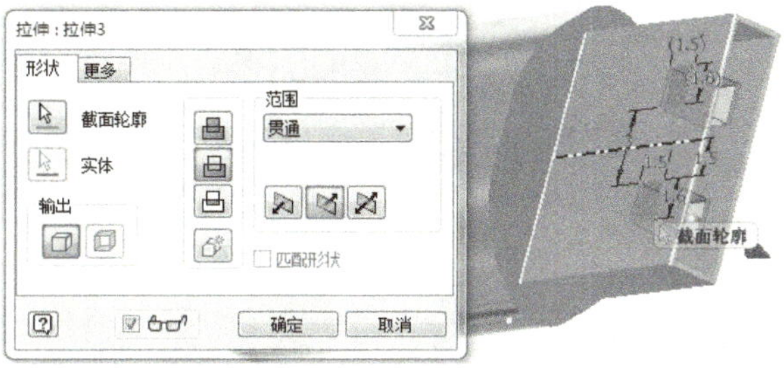

图 2-5-73　拉伸草图

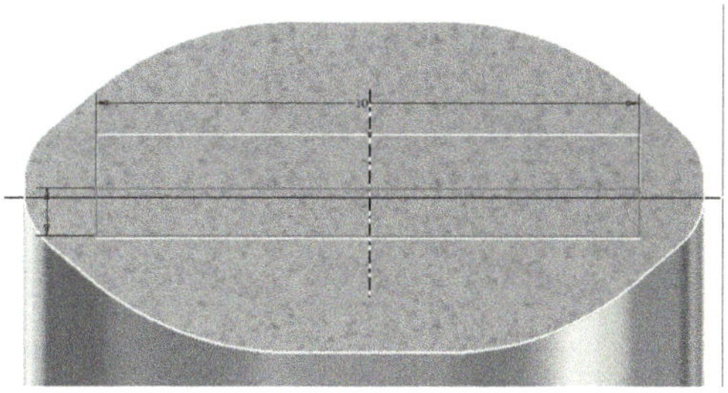

图 2-5-74　绘制草图

34）完成草图后，单击“模型”选项卡中的“拉伸”按钮将矩形拉伸为实体，拉伸距离为 9mm，与之前完成的 USB 接口顶端平齐，如图 2-5-75 所示。

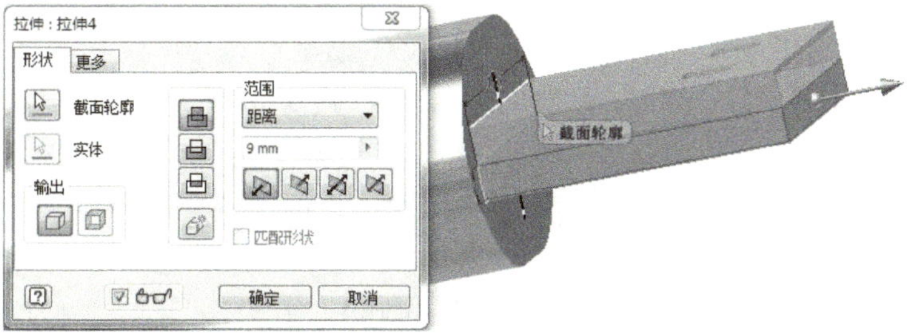

图 2-5-75　拉伸草图

35）创建 USB 接口内部金属芯片。调整空间视图到实体最顶端，新建草图，单击“草图”选项卡中的“矩形”按钮绘制 4 个 1mm×0.2mm 的矩形。两端矩形距离实体内部边缘线 1.5mm，中间两个矩形的间距为 1mm，如图 2-5-76 所示。

36）完成草图后，单击“模型”选项卡中的“拉伸”按钮将 4 个矩形拉伸为实体，拉伸距离为 9mm，如图 2-5-77 所示。

37）单击“快速访问工具栏”中的“选择特征”按钮，将拉伸完成的金属芯片特征全选，为其添加“金属材质”。单击“模型”选项卡中的“圆角”按钮，为 USB 接口四周边线添加倒圆角效果，圆角半径为 0.2mm，如图 2-5-78 所示。

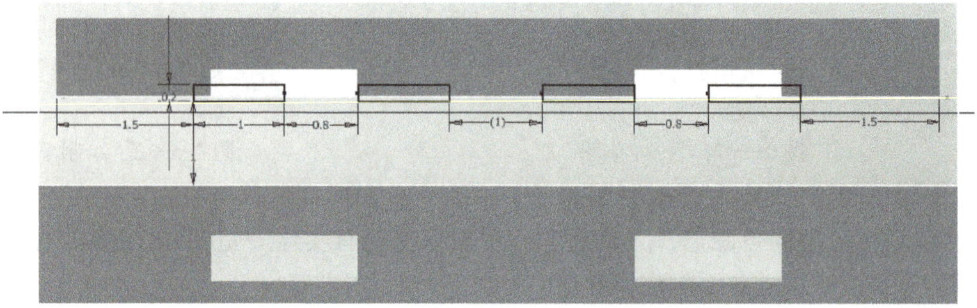

图 2-5-76　绘制 USB 接口内部金属芯片草图

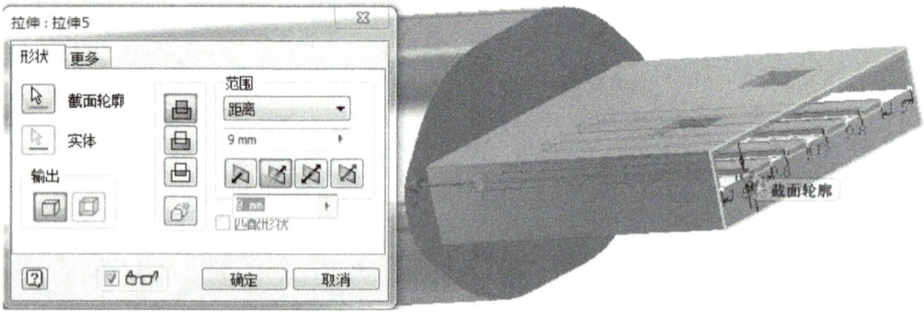

图 2-5-77　拉伸草图

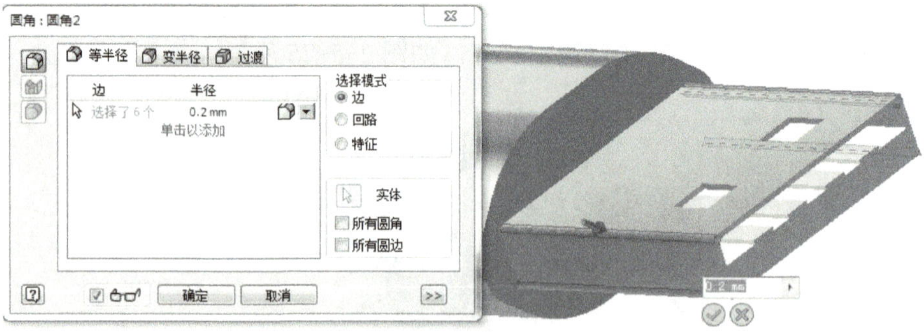

图 2-5-78　倒圆角

38）新建一个部件文件，将各部分零件进行装配，完成最终产品，如图 2-5-79 所示。

图 2-5-79　完成产品装配

项目小结

本项目通过设计制作两款简约型 U 盘，分析新产品衍生的过程，详细介绍了产品的设计亮点及实体分割过程。结合软件的操作步骤，使读者掌握分割零部件、实体衍生过程、创建产品止口等重点知识，从而进一步深入学习 Inventor 软件的强大功能及其使用技巧。

项目6　数码电子产品的设计与制作

项目重点知识

※ 创建旋转曲面轮廓

※ 异形体外壳效果的创建

※ 添加螺纹效果及装配部件

项目分析

随着科技的不断发展，电子产品日趋小型便携化，尺寸小巧，方便携带，炫酷的外形，新潮时尚，个性化的色彩搭配，清新自然的新产品已经替代了传统的大型化产品，成为时尚一族的新宠儿。

任务　伸缩式立体小音箱

作品展示

作品如图 2-6-1 所示。

图 2-6-1　伸缩式立体小音箱

任务分析及实施

该款产品，整体外观设计采用双向组合体形式。在工作期间上下开启，中间部分可以伸缩，颜色以“中国红”为主色调，配有古典的花纹图案，使产品更加美观、时尚。迷你小音响也可以根据客户要求定制不同的颜色。此款小音箱除了具有伸缩功能外，还可以进行

360° 扭动、折叠、拉伸，且声音清澈、无杂音。可接入 MP3、MP4、手机、计算机等音源耳机插孔中，打开音箱开关，并将开关控制钮旋转到所需的音量，即可聆听高保真的音乐。

具体操作方法如下。

1）在“快速访问工具栏中”选择菜单“新建”→“零件”命令新建一个零件，单击“草图”选项卡中的“圆”按钮绘制音箱整体外轮廓草图，直径为 30mm。单击“直线”按钮绘制一条通过圆心的直线，该直线将圆平分，如图 2-6-2 所示。

2）完成草图后，单击“模型”选项卡中的“旋转”按钮，选择草图中的半圆截面为旋转轮廓，选择中间线为旋转轴，设置旋转角度为 360° ，如图 2-6-3 所示。

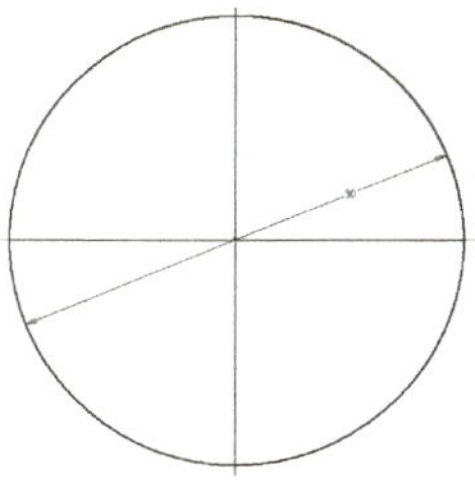

图 2-6-2　绘制草图

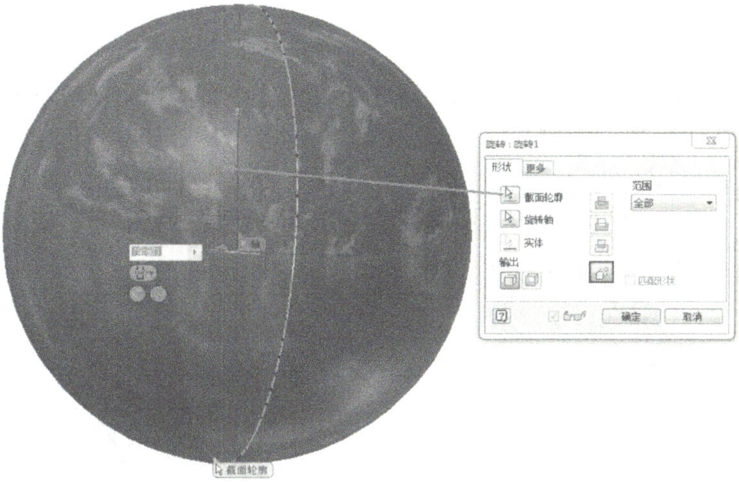

图 2-6-3　旋转草图

3）创建新平面。单击“模型”选项卡中的“平面”按钮，在“浏览器”中选择菜单“原始坐标系”→“XY 平面”命令在实体侧面新建平面，两平面之间应有一定的距离，如图 2-6-4 所示。

4）在新建的平面上新建草图，单击“草图”选项卡中的“投影几何图元”按钮，单击实体表面，将实体草图“圆”投影出来，如图 2-6-5 所示。

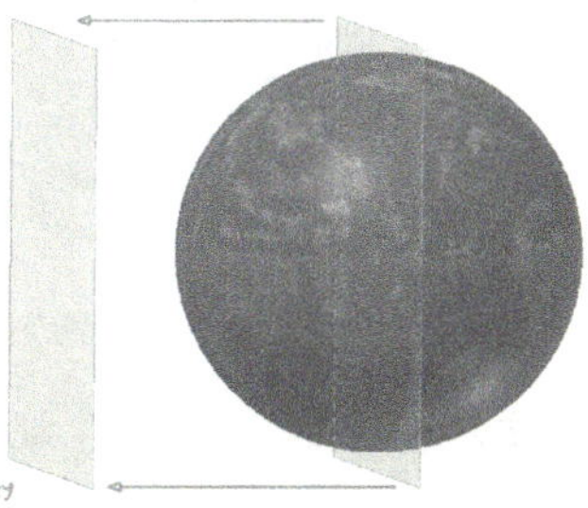

图 2-6-4 新建平面

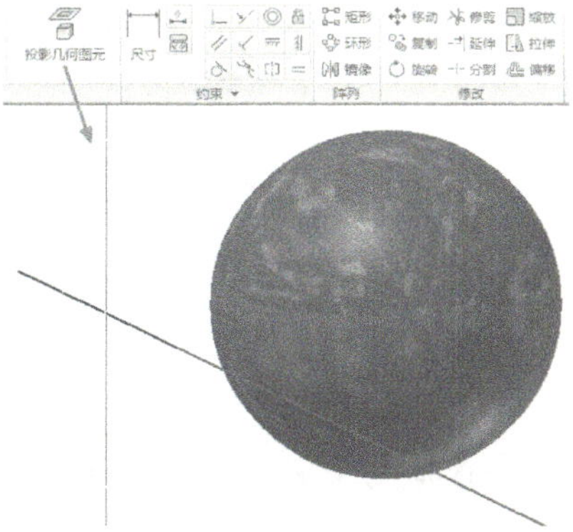

图 2-6-5　投影几何图元

5）单击“草图”选项卡中的“直线”按钮在已投影的草图上绘制水平直线，该直线通过已有圆的圆心，作为分割实体的工具，完成草图绘制。单击“模型”选项卡中的“分割”按钮选择要进行分割的实体，使用草图将球体分割，如图 2-6-6 所示。

图 2-6-6　分割实体

6）创建音箱底座零部件。调整空间视图，在实体表面新建草图，单击“草图”选项卡中的“矩形”按钮绘制一个 25mm×5mm 的矩形，该矩形距离实体中心 13mm，如图 2-6-7 所示。

7）单击“模型”选项卡中的“拉伸”按钮，拉伸范围选择“贯通”，拉伸模式选择“修剪”。将已绘制完成的草图拉伸为实体，用以修剪已有球体，如图 2-6-8 所示。

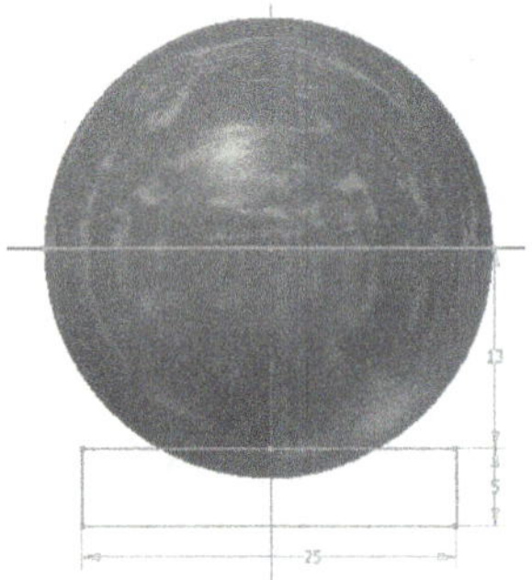

图 2-6-7　绘制矩形草图

图 2-6-8　拉伸草图

8）选择实体的下半球，单击“模型”选项卡中的“抽壳”按钮抽空实体内部，抽壳厚度为 1mm，如图 2-6-9 和图 2-6-10 所示。

图 2-6-9　进行抽壳

图 2-6-10　完成抽壳

提示： 要将抽壳面重设为其原始厚度，可以在该面相应的“厚度”编辑框中单击，然后按 <Delete> 键。

9）为了避免操作上的麻烦，在“浏览器”中可以设置实体的显示与隐藏，如图 2-6-11 所示。

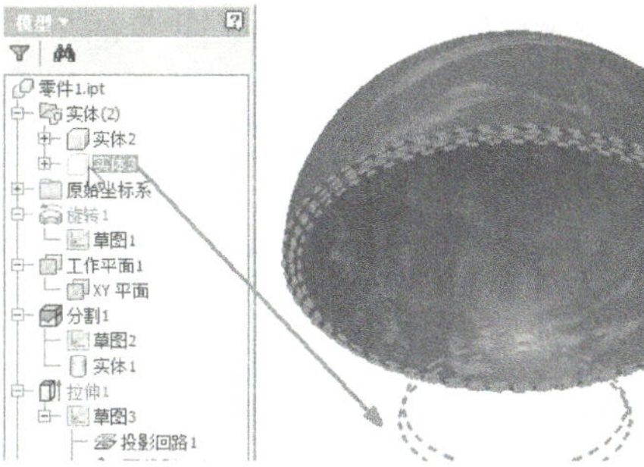

图 2-6-11　设置实体的可见性

10）创建音箱整体外壳。选择实体的上半球，单击“模型”选项卡中的“抽壳”按钮抽空实体内部，抽壳厚度为 1mm，如图 2-6-12 和图 2-6-13 所示。

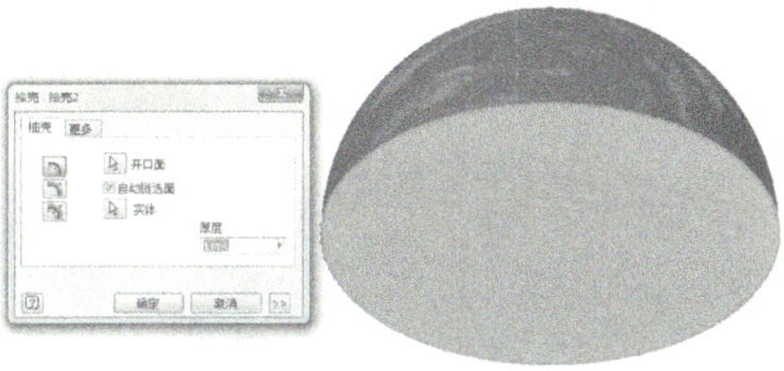

图 2-6-12　进行抽壳

图 2-6-13　完成抽壳

11）为已完成的实体边缘添加止口效果，完成音箱外壳的整体效果。单击“模型”选项卡中的“止口”按钮，设置止口槽的高为 0.5mm，宽为 0.5mm，如图 2-6-14 和图 2-6-15 所示。

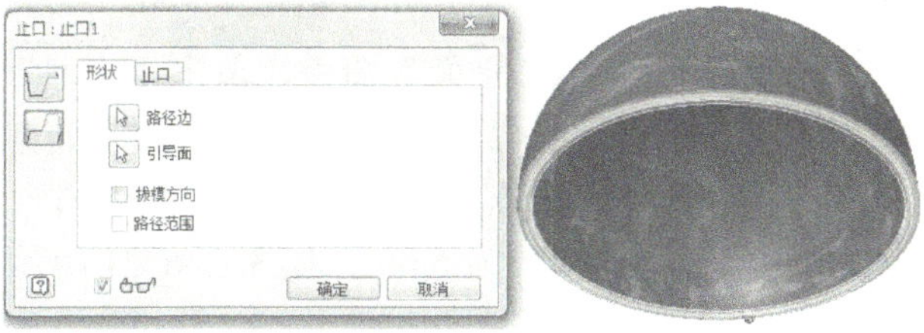

图 2-6-14　止口

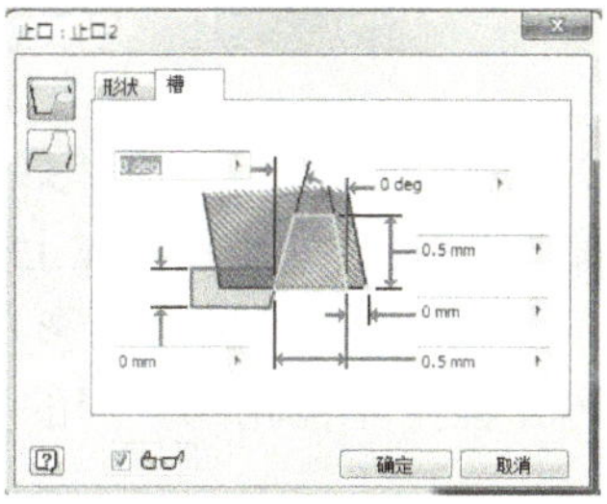

图 2-6-15　设置止口参数

12）使用同样方法，为实体下半部分设置止口，最终完成止口效果如图 2-6-16 和图 2-6-17 所示。

图 2-6-16　完成上半球实体止口效果

图 2-6-17　完成下半球实体止口效果

13）调整空间视图，在“浏览器”中选择菜单“原始坐标系”命令。在“XY 平面”

上新建草图，按 <F7> 键进入实体剖切模式。单击“草图”选项卡中的“投影几何图元”按钮将实体的轮廓进行投影，单击“直线”按钮在实体右侧边缘处绘制一个宽为 0.5mm 的轮廓草图，作为产品的外装饰边，如图 2-6-18 所示。

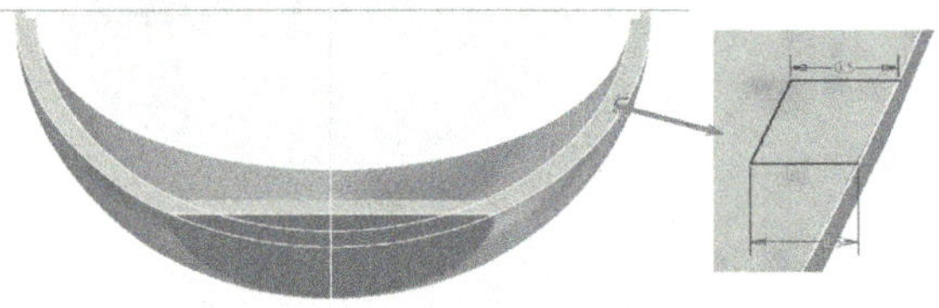

图 2-6-18 新建草图

14）完成草图后，单击“模型”选项卡中的“旋转”按钮。旋转范围选择“全部”，选择已绘制完成的草图，设置旋转轴为通过实体圆心的垂直方向上的线，完成旋转效果如图 2-6-19 所示。

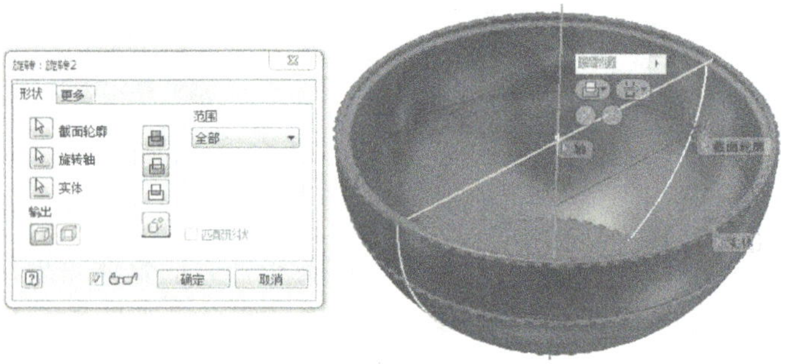

图 2-6-19 旋转草图

15）在“浏览器”中选择菜单“原始坐标系”→“XZ 平面”命令，单击“模型”选项卡中的“平面”按钮将其向实体上方偏移，如图 2-6-20 所示。在新偏移出的平面上新建草图，单击“草图”选项卡中的“投影几何图元”按钮将球体顶部轮廓投影出来。单击“圆”“圆弧”按钮绘制水滴形草图轮廓，圆的直径为 20mm，圆弧的半径为 6mm，如图 2-6-21 所示。

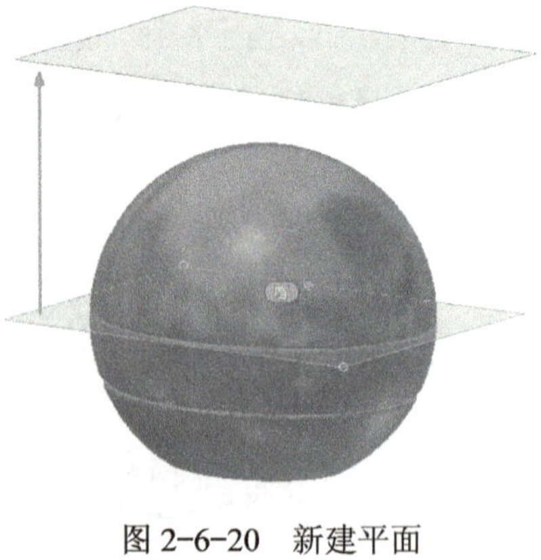

图 2-6-20 新建平面

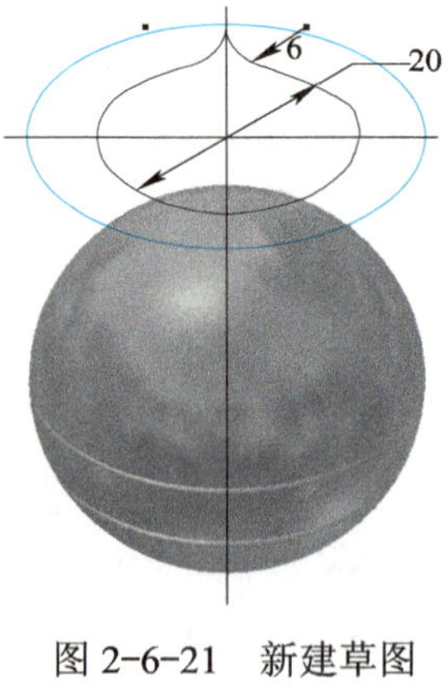

图 2-6-21 新建草图

16）完成草图后，单击“模型”选项卡中的“拉伸”按钮将草图拉伸为实体，用于修剪已有实体，如图 2-6-22 和图 2-6-23 所示。

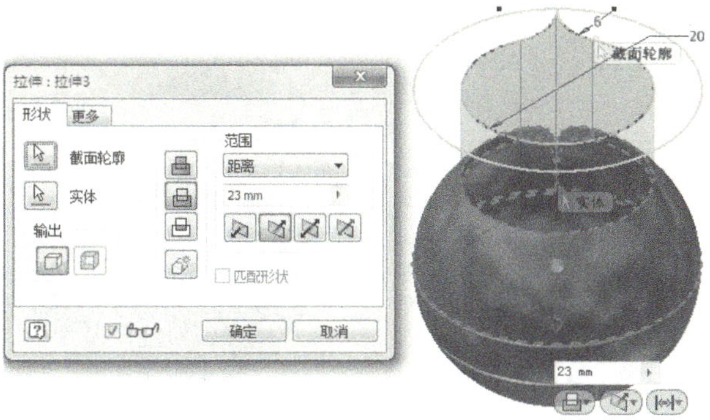

图 2-6-22　拉伸草图

图 2-6-23　完成实体修剪

17）为使产品外观更加时尚创新，进一步修饰。单击“模型”选项卡中的“环形”按钮将雨滴形草图进行环形阵列，数量为 4 个，角度为 360°，如图 2-6-24 所示。

18）阵列完成后，小音箱主体外壳已完成，如图 2-6-25 所示。

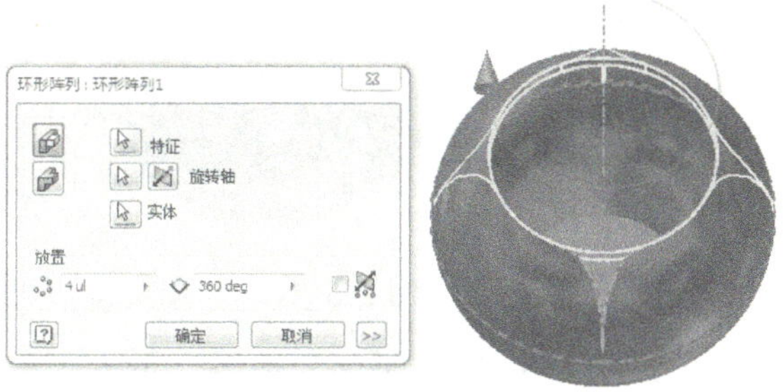

图 2-6-24 环形阵列

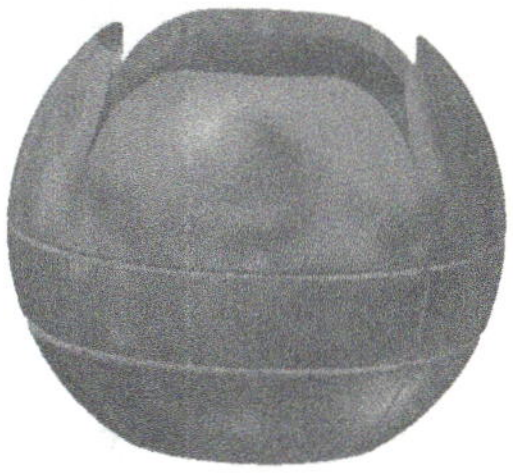

图 2-6-25　主体外壳效果

提示： 在“模型”选项卡的“阵列”选项组中，单击“环形”来复制零件特征 / 实体或部件特征，并以圆弧或环形排列生成的特征。在部件中，只能阵列草图部件特征，包括其从属圆角和倒角。无法阵列焊接特征，且某些约束可能不会保留，必须重新应用。在“浏览器”中的引用上单击鼠标右键，然后选择“抑制”命令。通过在“浏览器”中扩展阵列引用，并在所需特征上单击鼠标右键以访问可见性和半透明性选项，还可以控制曲面的可见性和半透明性以及定位特征的可见性。

19）创建音箱顶盖。在“快速访问工具栏”中选择菜单“新建”→“零件”命令新建一个零件，单击“草图”选项卡中的“圆”按钮绘制音箱顶盖轮廓草图，直径为 28mm。单击“直线”按钮绘制旋转轴，单击“模型”选项卡中的“旋转”按钮创建实体，如图 2-6-26 和图 2-6-27 所示。

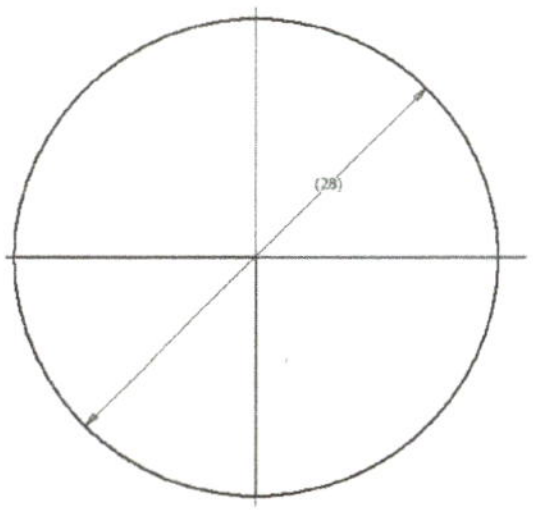

图 2-6-26　创建草图

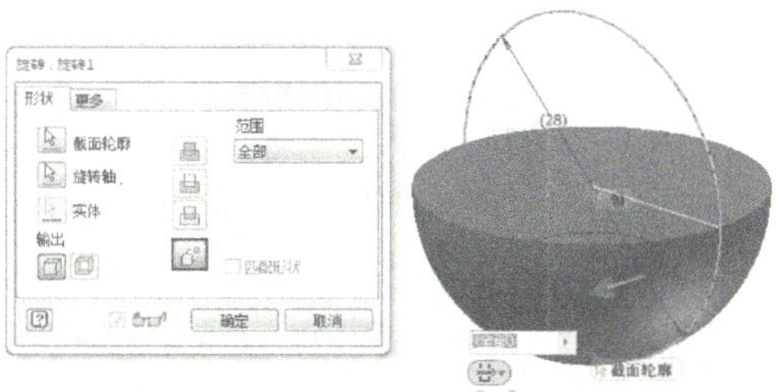

图 2-6-27　旋转草图

20）单击“模型”选项卡中的“止口”按钮为实体边缘添加止口效果，止口厚度为1mm，如图 2-6-28 ～图 2-6-31 所示。

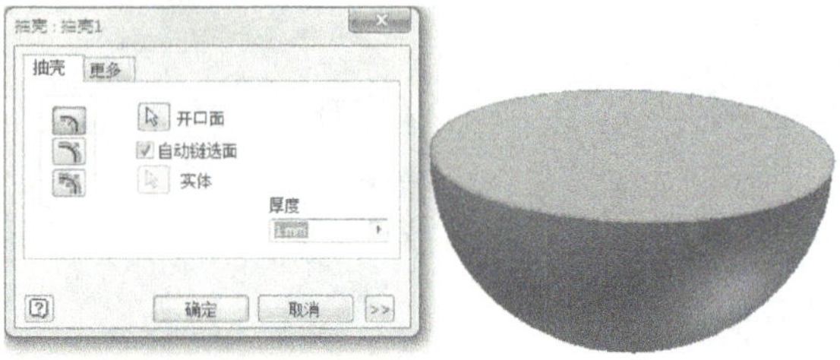

图 2-6-28　止口

图 2-6-29　完成止口

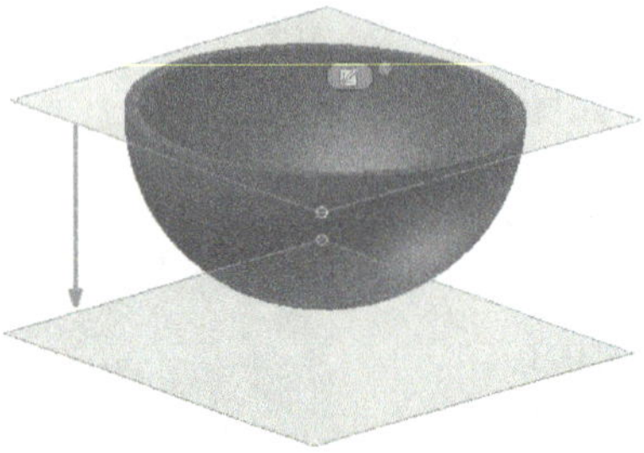

图 2-6-30　止口

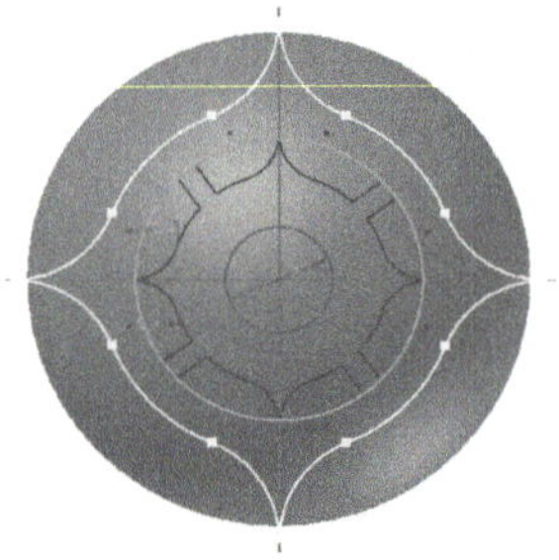

图 2-6-31　完成止口

21）在“浏览器”中选择菜单“原始坐标系”→“XZ 平面”命令，单击“模型”选项卡中“平面”按钮将其向实体下方偏移。在新偏移出的平面上新建草图，单击“草图”选项卡中的“投影几何图元”按钮将球体顶部轮廓投影出来。

22）单击“草图”选项卡中的“圆弧”“直线”按钮绘制草图图案，中心内圆直径为6mm。在绘制图案的过程中也可以单击“样条曲线”按钮来配合完成，线条连接处可以使用“约束”来完成。

23）完成草图绘制后，单击“模型”选项卡中的“拉伸”按钮将草图拉伸贯通，如图 2-6-32 所示。调整空间视图至实体顶部，在“浏览器”中选择“原始坐标系”→“XZ 平面”命令，单击“模型”选项卡中的“平面”按钮在实体顶部新建平面。在平面上新建草图，单击“草图”选项卡中的“圆弧”按钮创建心形草图轮廓，如图 2-6-33 所示。

图 2-6-32　拉伸

图 2-6-33　创建“心”形草图

24）完成草图后，单击“模型”选项卡中的“拉伸”按钮，设置拉伸距离为 10mm，拉伸模式选择“修剪”，如图 2-6-34 所示。

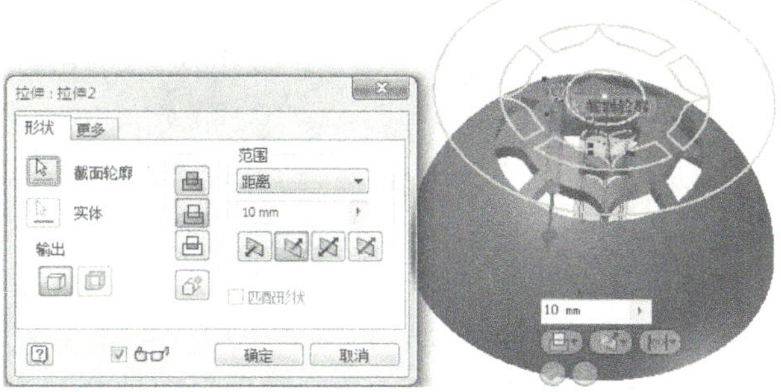

图 2-6-34　拉伸草图

25）单击“模型”选项卡中的“环形”按钮将拉伸完成草图特征进行阵列，阵列数量为 4 个，阵列角度为 360°，如图 2-6-35 所示。

提示：单击“特征”按钮。如果文件中有多个实体，则“实体”选择箭头可用。使用此选择箭头来指定用于接收特征的实体。此特征所附着的实体是默认选择的。如果需要，可以选择将该阵列附着在其他实体上。如果需要，单击“反向”按钮以反转阵列方向。如果选择“中间平面”且引用数目为偶数，请单击“反向”按钮以指示取得额外引用的一侧。

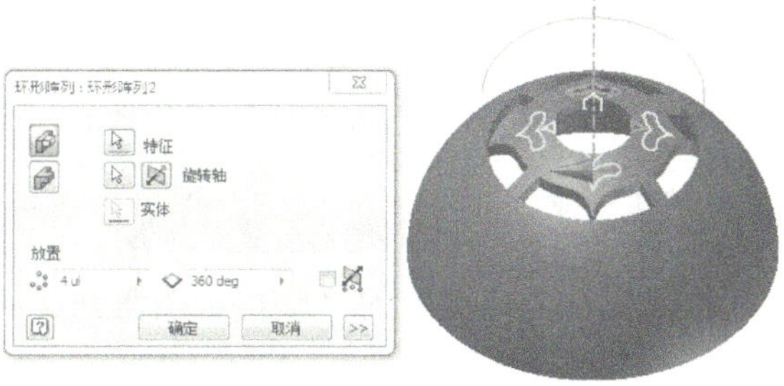

图 2-6-35　环形阵列

26）创建顶盖边缘的螺纹效果。调整空间视图，在“浏览器”中选择“原始坐标系”→“YZ 平面”命令，按 <F7> 键切换至实体剖视图，在平面上新建草图，单击“草图”选项卡中的“投影几何图元”按钮将实体轮廓投影出来。单击“直线”按钮在实体右侧顶部边缘绘制螺纹截面图，如图 2-6-36 所示。

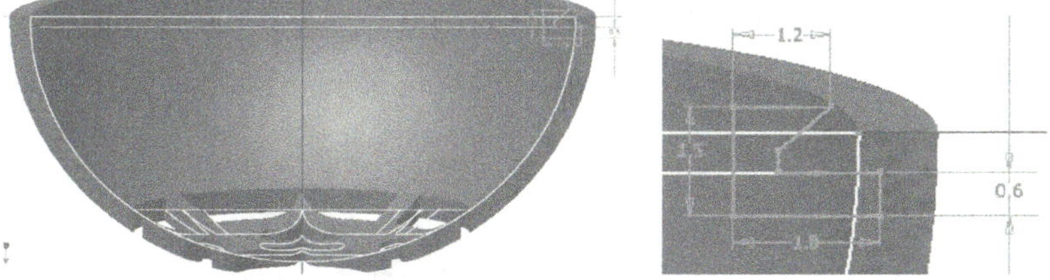

图 2-6-36　螺纹截面草图

27）完成草图后，单击“模型”选项卡中的“旋转”按钮将草图轮廓旋转为实体。旋转模式选择“修剪”，旋转范围选择“全部”，用于修剪已有实体，最终完成顶盖实体效果如图 2-6-37 所示。

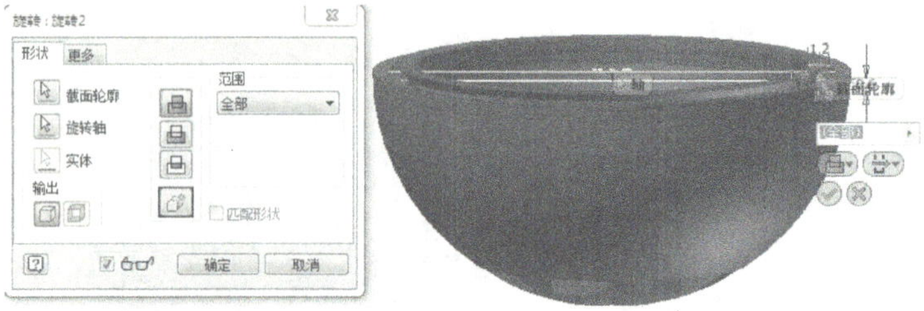

图 2-6-37　旋转草图

28）创建音箱伸缩部分零件。在“快速访问工具栏”中选择菜单“新建”→“零件”命令新建一个零件，单击“草图”选项卡中的“矩形”“直线”按钮绘制音箱伸缩部分截面草图。矩形为 0.5 mm×0.3mm，如图 2-6-38 所示。

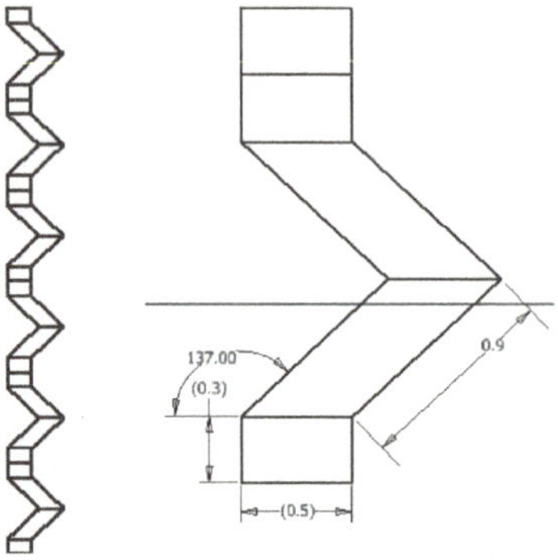

图 2-6-38　音箱伸缩部分截面草图

29）完成草图后，单击“模型”选项卡中的“旋转”按钮创建实体，如图 2-6-39 所示。

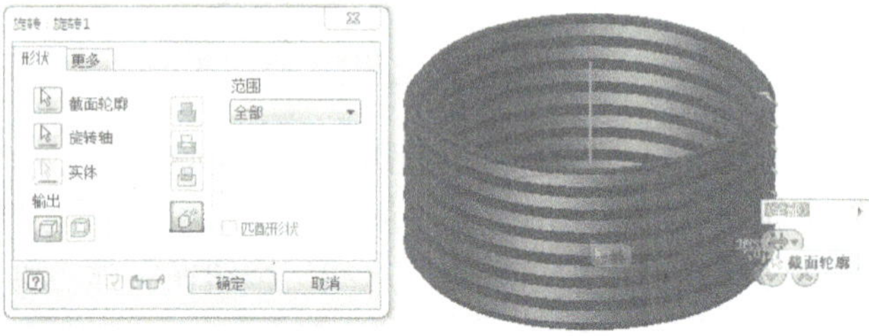

图 2-6-39　旋转草图

30）旋转完成的实体边缘太过于尖锐，需要为其添加倒角效果。单击“模型”选项卡中的“圆角”按钮，设置倒角半径为 0.2mm，依次选择实体凸出部分的边缘线，为其添加倒圆角效果，如图 2-6-40 所示。

图 2-6-40　倒圆角

31）创建音箱扩音器零件。在“快速访问工具栏”中选择菜单“新建”→“零件”命令新建一个零件，单击“草图”选项卡中的“圆”按钮绘制直径为 7mm 轮廓草图。单击“模型”选项卡中的“拉伸”按钮将草图拉伸为实体，拉伸高度为 1mm，如图 2-6-41 和图 2-6-42 所示。

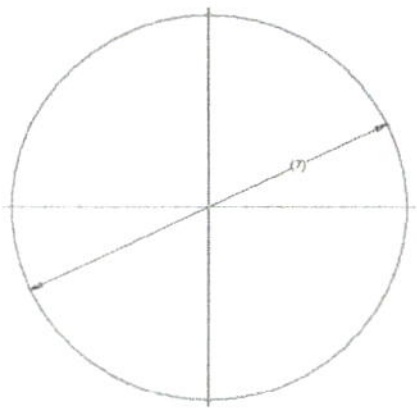

图 2-6-41　新建草图

图 2-6-42　拉伸草图

32）调整空间视图，在实体上表面新建草图。单击“草图”选项卡中的“投影几何图元”按钮将边缘轮廓投影出来，完成草图后，单击“模型”选项卡中的“拉伸”按钮将草图拉伸为实体，拉伸距离为 2mm，在“更多”选项卡中，设置拉伸角度为 40°，如图 2-6-43 所示。

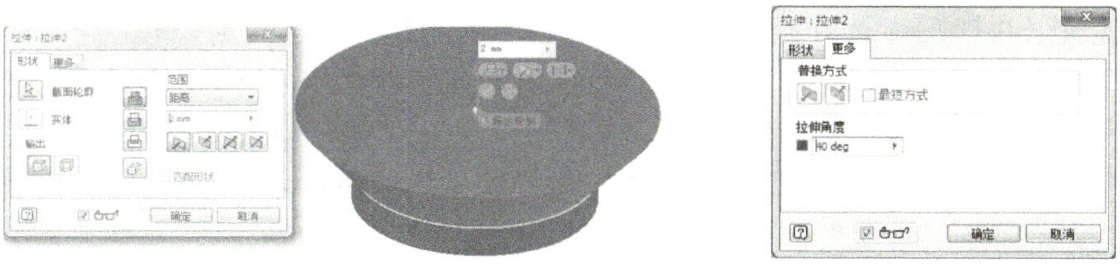

图 2-6-43　拉伸草图

33）完成实体拉伸后，单击“模型”选项卡中的“圆角”按钮，为实体边缘倒圆角处理。倒角半径为 0.2mm，如图 2-6-44 所示。

图 2-6-44　倒圆角

34）调整空间视图，在最初创建的实体表面新建草图。按 <F7> 键进入实体剖切模式，单击“草图”选项卡中的“投影几何图元”按钮将已有实体轮廓投影出来。单击“圆”按钮以实体中心点为圆心点，绘制直径为 12mm 的圆，如图 2-6-45 所示。完成草图后，单击“模型”选项卡中的“拉伸”按钮将草图向下拉伸到“XY 平面”，如图 2-6-46 所示。

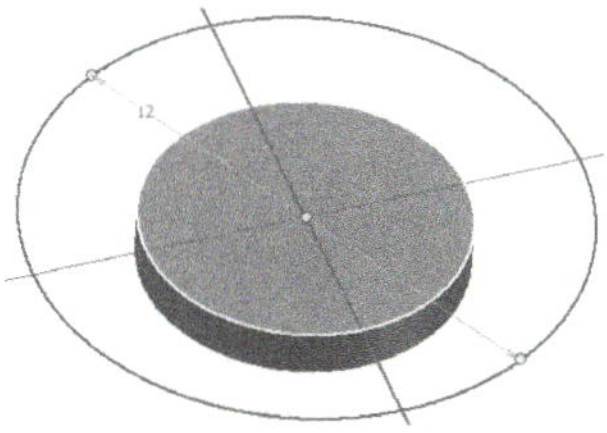

图 2-6-45　新建草图

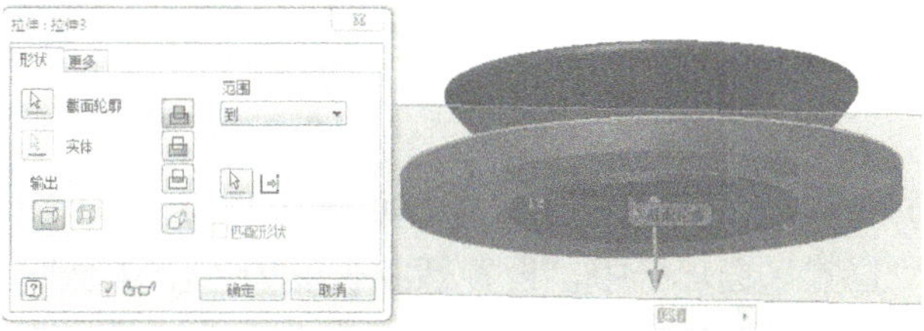

图 2-6-46　拉伸草图

35）新拉伸出来的实体边缘都比较尖锐，需要为其添加倒角效果。单击“模型”选项卡中的“倒角”按钮，选择需要进行倒角的实体边，设计倒角边长为 0.2mm，确定完成倒角，如图 2-6-47 所示。

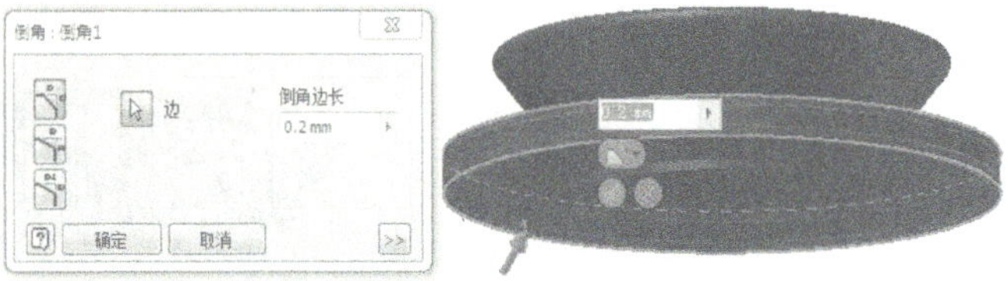

图 2-6-47　倒角

提示：在“模型”选项卡的“修改”选项组中，单击“倒角”按钮以向零件的一条边或多条边添加倒角。可以创建由单个距离、距离和角度或者两个距离定义的倒角。在一次操作中创建的所有倒角都是一个特征。对于在部件环境中创建的倒角，可以从多个零件中选择几何图元，也可以按 <Shift+Ctrl+K> 组合键来执行倒角命令。

36）调整空间视图，选择整体实体最底面新建草图，创建固定螺孔。单击“草图”选项卡中的“圆”按钮绘制直径为 0.6mm 的圆，该圆的圆心在实体圆心的水平线上，如图 2-6-48 所示。

37）完成草图后，单击“模型”选项卡中的“拉伸”按钮将草图拉伸，拉伸范围选择“贯通”，拉伸模式选择“修剪”，用于已有实体，如图 2-6-49 所示。

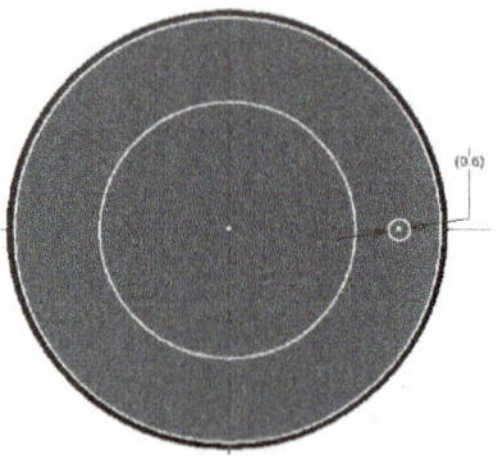

图 2-6-48　新建螺孔草图

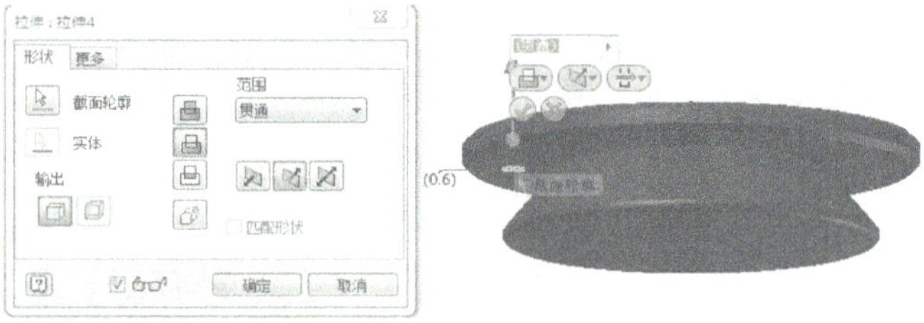

图 2-6-49　拉伸草图

38）单击“模型”选项卡中的“环形”按钮将拉伸完成的实体特征旋转阵列，阵列数量为 4 个，阵列角度为 360°，如图 2-6-50 所示。

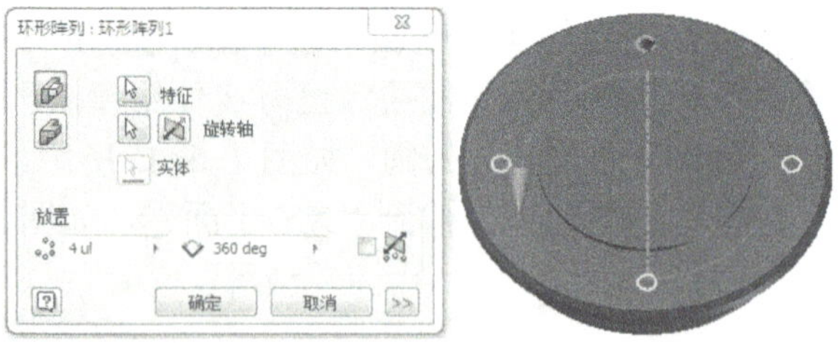

图 2-6-50　环形阵列

39）为螺纹孔添加螺纹特征。单击“模型”选项卡中的“螺纹”按钮，在“螺纹”对话框的“位置”选项卡中，设置螺纹长度为“全螺纹”。在“定义”选项卡中，设置螺纹类型为“ANSI Metric M Profile”，大小为“0.6”，规格为“M0.6×0.15”，精度等级为“6H”，如图 2-6-51 所示。

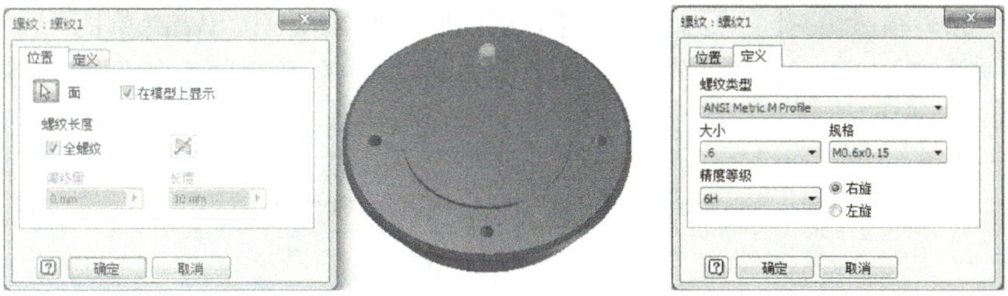

图 2-6-51　设置螺纹

提示： 在“模型”选项卡的“修改”选项组中，单击“螺纹”按钮，在孔中或圆柱体（例如轴、螺柱或螺栓）上创建螺纹。在工程视图中，可以添加螺纹尺寸来标注螺纹孔、轴或圆柱。在着色工程视图中，螺纹的显示和在模型环境中一样。可以单击“螺纹”或“孔”按钮来指定螺纹孔上的螺纹，但是孔注释和孔参数表不可用于锥形拉伸切割。若要添加孔注释或孔参数表，请单击“孔”按钮创建锥形螺纹孔。

40）创建扩音器顶部喇叭特征。在“浏览器”中选择“原始坐标系”→“YZ 平面”命令，在该平面上新建草图。调整空间视图，按 <F7> 键进入实体剖切面视图，单击“草图”选项卡中的“投影几何图元”按钮将实体顶端轮廓投影出来。单击“圆弧”按钮以实体顶部中心为圆弧中点绘制半径为 20mm 的圆弧，如图 2-6-52 所示。

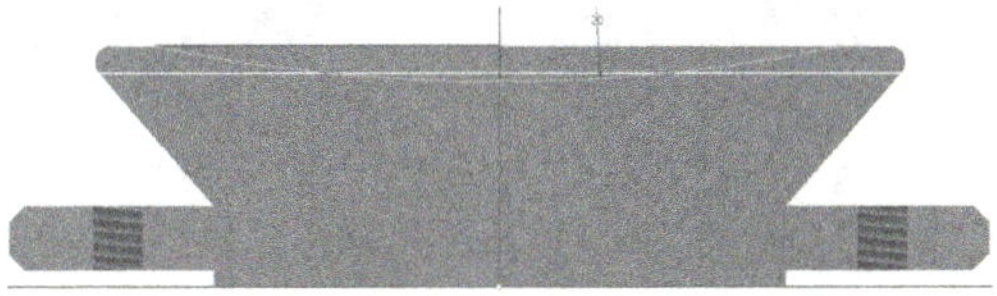

图 2-6-52　新建草图

41）单击“模型”选项卡中的“旋转”按钮，选择旋转截面，将完成草图部分旋转为实体特征，旋转范围选择“全部”。为显示明显，可以为实体特征添加相应的材质效果，如图 2-6-53 所示。

图 2-6-53　旋转草图

42）创建音箱底部机壳零件。复制最早创建的外壳零件，保留底部实体。选择“原始坐标系”→“XY 平面”命令，单击“模型”选项卡中的“平面”按钮将其偏移出实体，如图 2-6-54 和图 2-6-55 所示。

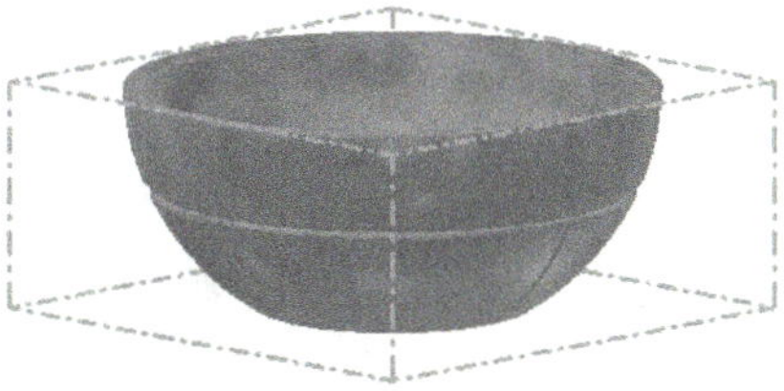

图 2-6-54　复制外壳零件

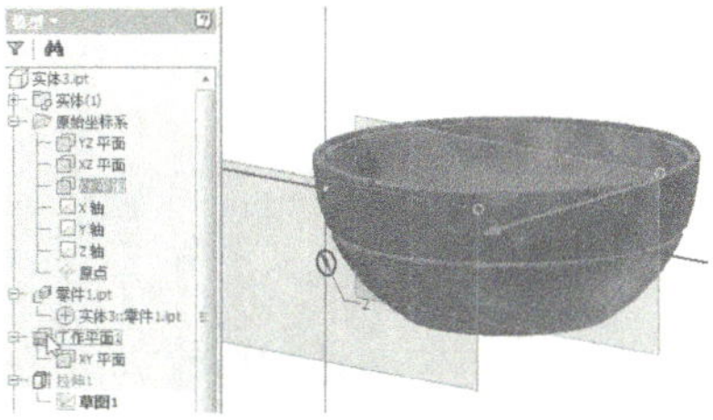

图 2-6-55　偏移平面

43）创建产品外壳上的孔特征。在偏移出的平面上新建草图，单击“草图”选项卡中的“圆”按钮绘制一个直径为 2mm 的圆。单击“模型”选项卡中的“拉伸”按钮将草图拉伸为实体，拉伸模式选择“修剪”，拉伸距离为 10mm，如图 2-6-56 所示。

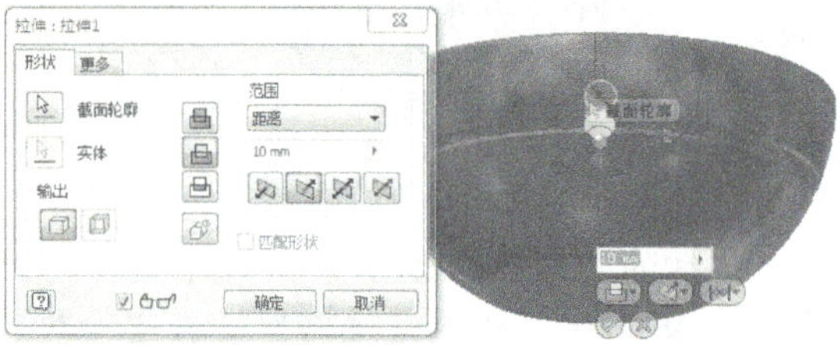

图 2-6-56　拉伸草图

44）使用同样的方法，在实体另一侧表面创建一个新草图。单击“草图”选项卡中的“矩形”按钮绘制一个 4mm×1.5mm 的矩形，该矩形将作为产品中的 USB 接口，如图 2-6-57 所示。

45）完成草图后，单击“模型”选项卡中的“拉伸”按钮将草图拉伸为实体，拉伸模式选择“修剪”，拉伸范围选择“贯通”，如图 2-6-58 所示。

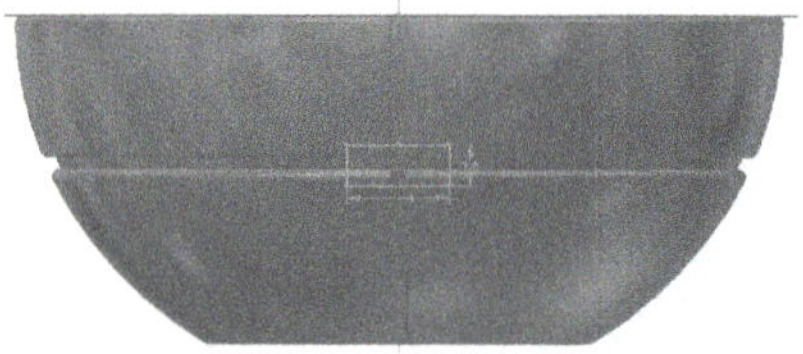

图 2-6-57　新建草图

图 2-6-58　拉伸草图

46）调整空间视图至实体底部，在底部表面新建草图。单击“草图”选项卡中的“矩形”按钮绘制一个 3.5mm×1mm 矩形，且矩形长边中心点与实体底部圆心点在同一条直线上，如图 2-6-59 所示。

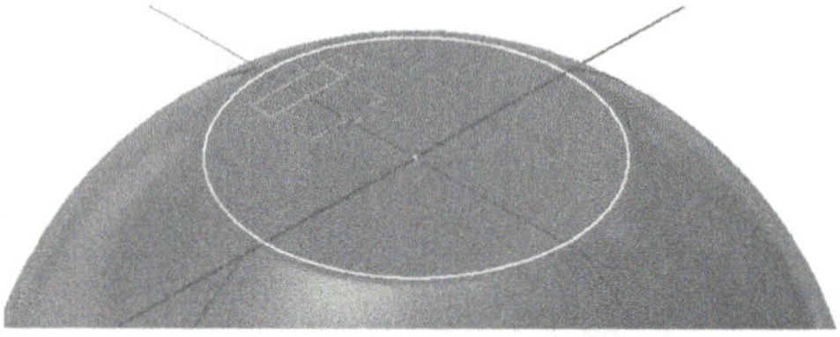

图 2-6-59　新建草图

47）完成草图后，单击“模型”选项卡中的“拉伸”按钮将草图向上拉伸。拉伸高度为 0.3mm，如图 2-6-60 所示。拉伸完成的实体边缘太过于尖锐，需要为其添加圆角效果。单击“圆角”按钮为其边缘添加倒圆角效果，圆角半径为 0.1mm，如图 2-6-61 所示。

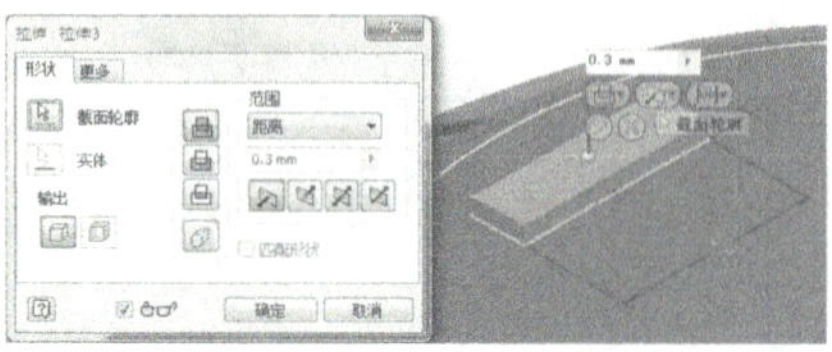

图 2-6-60　拉伸草图

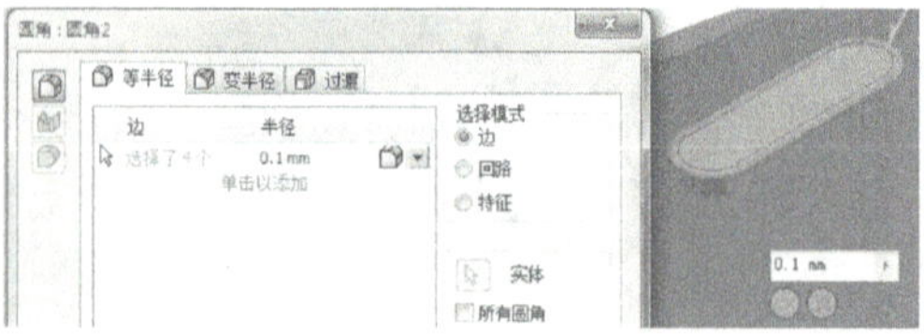

图 2-6-61　倒圆角

48）完成一个底部实体后，单击“模型”选项卡中的“环形”按钮将该实体特征阵列出 3 个，如图 2-6-62 和图 2-6-63 所示。

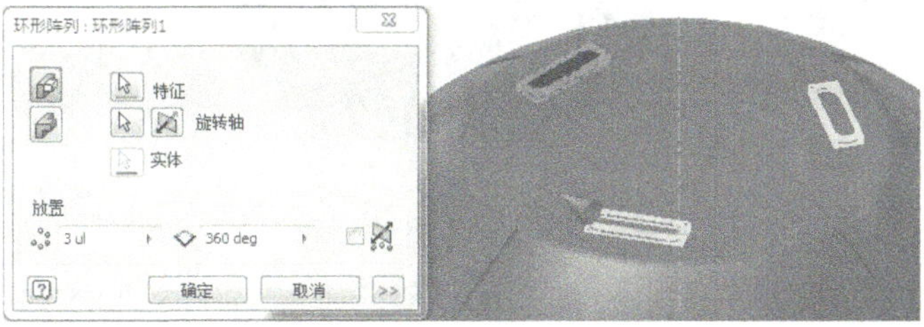

图 2-6-62　环形阵列

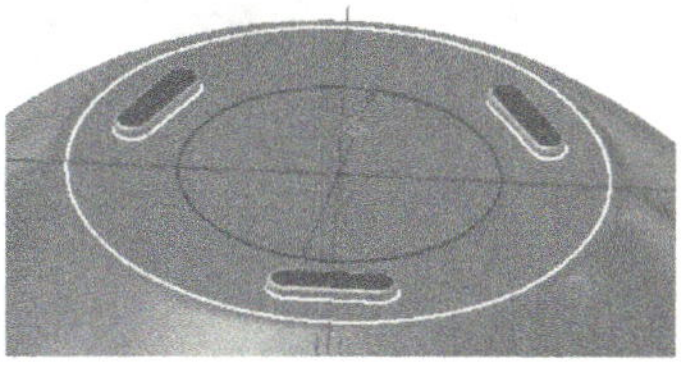
图 2-6-63　环形阵列

49）为使新建特征底部有橡胶软材质的效果，可以选择实体表面，为其添加“黑色”。在底面表面上新建草图，单击“草图”选项卡中的“圆”按钮绘制直径为 8.5mm 的圆，如图 2-6-64 所示。

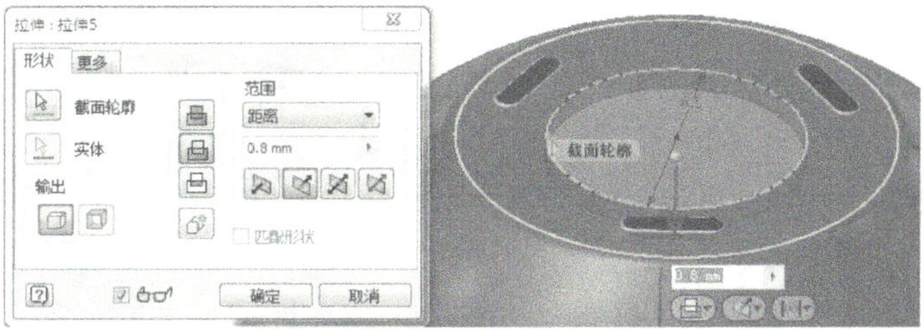

图 2-6-64　拉伸草图

50）在“浏览器”中选择菜单“原始坐标系”→“XY 平面”命令，偏移出实体的平面。在该平面上新建草图，单击“草图”选项卡中的“文本”按钮在草图上输入文本内容，如图 2-6-65 所示。

提示： 可以向激活的工程图草图或工程图资源（例如标题栏格式、自定义图框或略图符号）中添加或编辑文本框。单击“标注”选项组中的“文本”按钮。在工程图中，默认文本格式由激活标准对象的默认样式控制。要更改工程图或模板的默认文本格式，请修改文本样式和对象默认样式。

51）完成草图后，单击“模型”选项卡中的“凸雕”按钮将文字雕刻到实体表面，凸雕深度为 0.2mm，如图 2-6-66 所示。

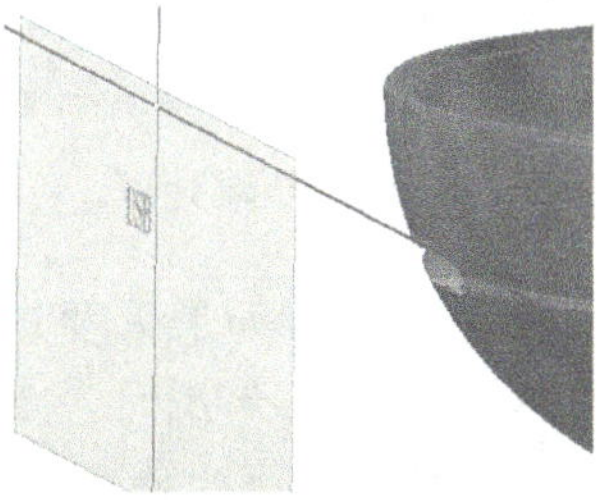
图 2-6-65　输入文本

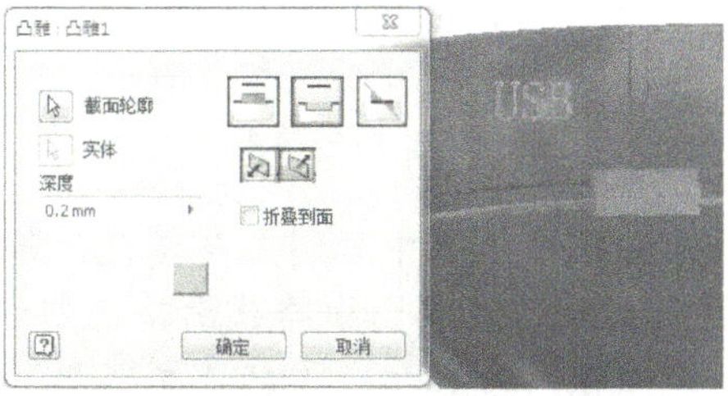

图 2-6-66　进行凸雕处理

52）使用同样的方法在实体另一侧面也雕刻上文字，作为该款产品的品牌标志，如图 2-6-67 所示。

图 2-6-67　进行凸雕处理

53）创建产品电源开关部分。在“浏览器”中选择菜单“原始坐标系”→“XY 平面”命令，偏移出实体的平面。在该平面上新建草图，单击“草图”选项卡中的“矩形”按钮绘制一个 6mm×2.5mm 的矩形作为电源开关的外轮廓，如图 2-6-68 所示。

54）完成草图后，单击“模型”选项卡中的“凸雕”按钮将草图雕刻到实体表面。设置凸雕模式为“嵌入”，选中“折叠到面”复选项，凸雕深度为 0.2mm，如图 2-6-69 所示。

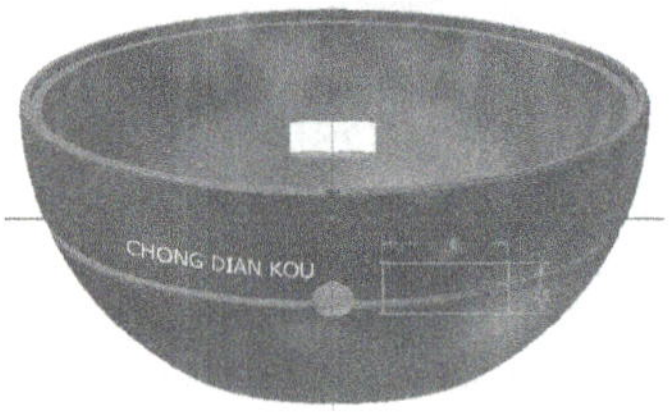

图 2-6-68　新建草图

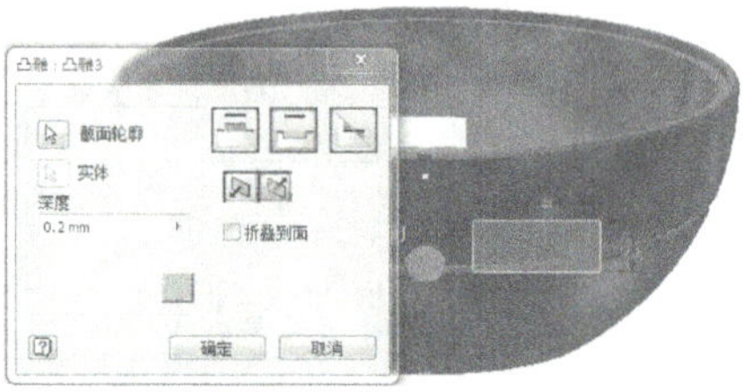

图 2-6-69　进行凸雕处理

55）为电源开关添加标志图案。在“浏览器”中选择菜单“原始坐标系”→“XY 平面”命令，偏移出实体的平面。在该平面上新建草图，单击“草图”选项卡中的“圆”“矩形”按钮绘制标志，配合“修剪”完成标志设计，如图 2-6-70 所示。完成草图后，单击“模型”选项卡中的“凸雕”按钮将草图雕刻到实体上，并为表面添加相应的材质，如图 2-6-71 所示。

图 2-6-70　新建草图

图 2-6-71　进行凸雕处理

提示：如果很难选中草图几何图元，请关闭“自动投影”。如果需要表示出模型面上的凸雕或凹雕区域，在草图中将截面轮廓创建为草图文本或草图几何图元，然后选择凸雕命令，即可以将草图缠绕到模型上的截面轮廓。单击“模型”选项卡的“创建”选项组中的“凸雕”按钮，也可以对模型面应用位图图像。

56）为凸雕完成的部分添加倒圆角效果。单击“模型”选项卡中的“圆角”按钮，设置倒角半径为 1mm，选择 4 个边角为其倒圆角，如图 2-6-72 所示。

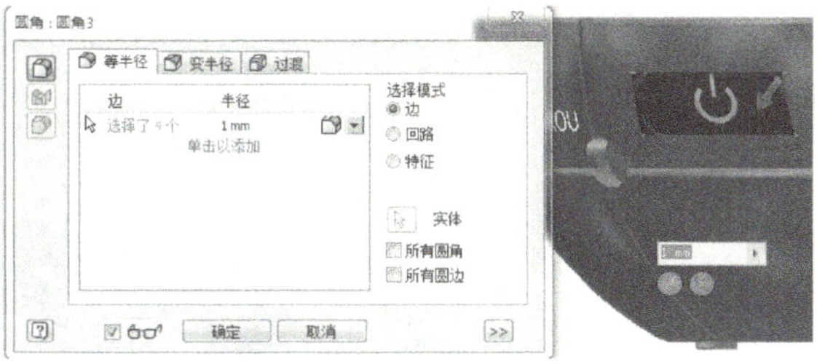

图 2-6-72　倒圆角

57）创建产品外接充电插口零件。在“快速访问工具栏”中选择“新建”→“零件”命令新建一个零件，单击“草图”选项卡中的“圆”按钮绘制一个直径为 2mm 圆。单击“模型”选项卡中的“拉伸”按钮将草图拉伸为实体，拉伸高度为 1.5mm。调整空间视图，在实体上表面新建草图，单击“草图”选项卡中的“圆”按钮以实体圆心为起点绘制一个直径为 1.5mm 的圆。完成草图后，单击“模型”选项卡中的“拉伸”按钮，拉伸模式选择“修剪”，拉伸高度为 1mm，用于修剪已有实体，如果 2-6-73 和图 2-6-74 所示。

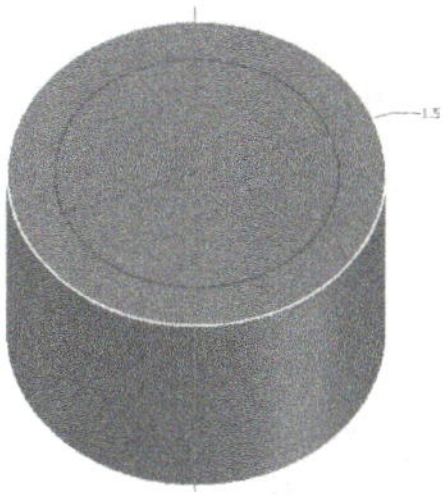

图 2-6-73　新建草图

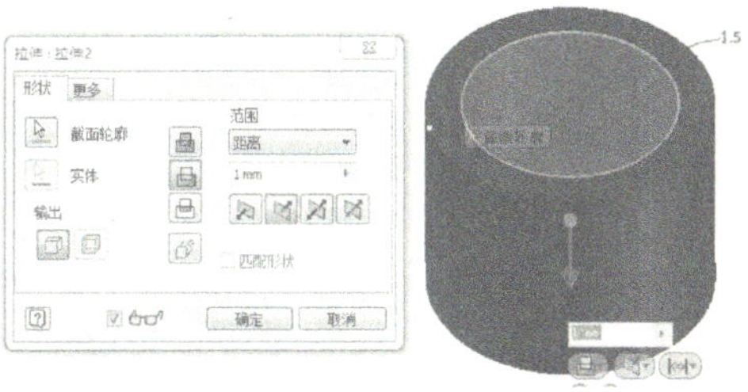

图 2-6-74　拉伸草图

58）为实体添加倒圆角效果。单击“模型”选项卡中的“圆角”按钮，设置圆角半径为 0.2mm，选择要进行倒角的边，如图 2-6-75 所示。

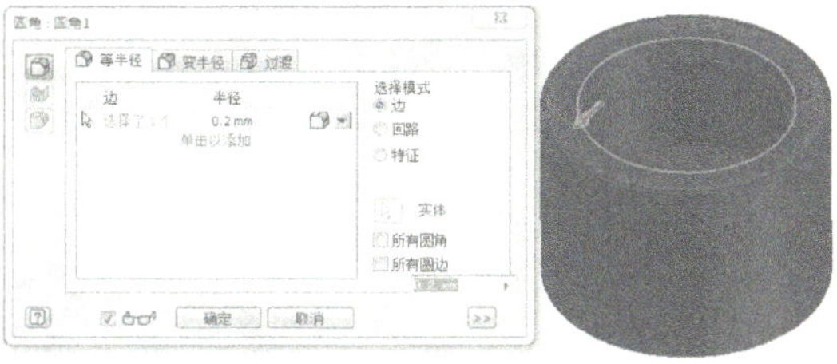

图 2-6-75　倒圆角

59）调整空间视图，在实体内部底面上新建草图。单击“草图”选项卡中的“圆”按钮绘制一个直径为 0.2mm 的圆，该圆的圆心与实体底面圆心重合。完成草图后，单击“模型”选项卡中的“拉伸”按钮将草图拉伸为实体，设置拉伸距离为 1mm，如图 2-6-76 所示。

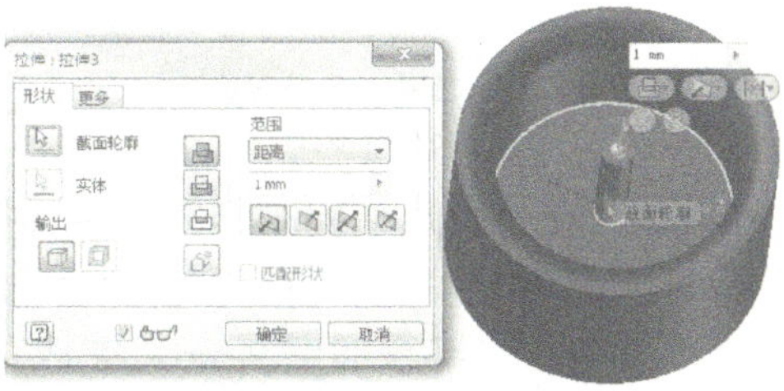

图 2-6-76　拉伸草图

60）单击“模型”选项卡中的“圆角”按钮，为拉伸出来的实体边缘倒圆角处理，倒角半径为 0.1mm，如图 2-6-77 所示。

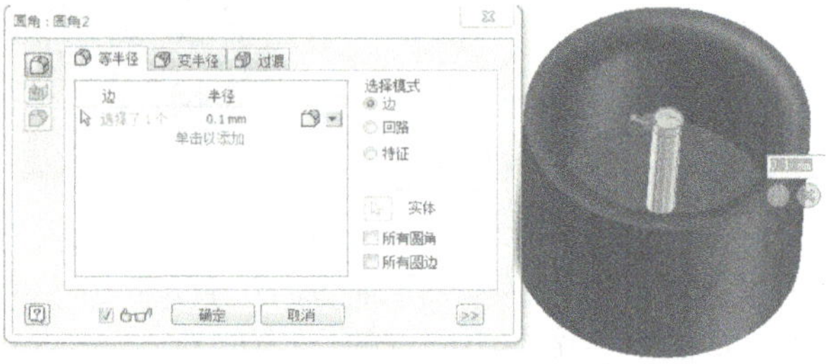

图 2-6-77　倒圆角

61）调整空间视图到实体最底部，在表面上新建草图。单击“草图”选项卡中的“投影几何图元”按钮，将之前拉伸完成的实体轮廓投影出来。单击“模型”选项卡中的“拉伸”按钮将草图向上拉伸 0.1mm，如图 2-6-78 所示。

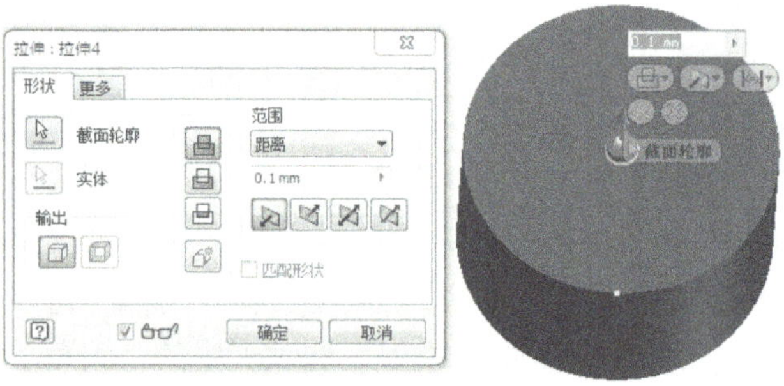

图 2-6-78　拉伸草图

62）单击“模型”选项卡中的“圆角”按钮为拉伸完成的实体添加倒圆角效果，圆角半径为 0.1mm，如图 2-6-79 所示。

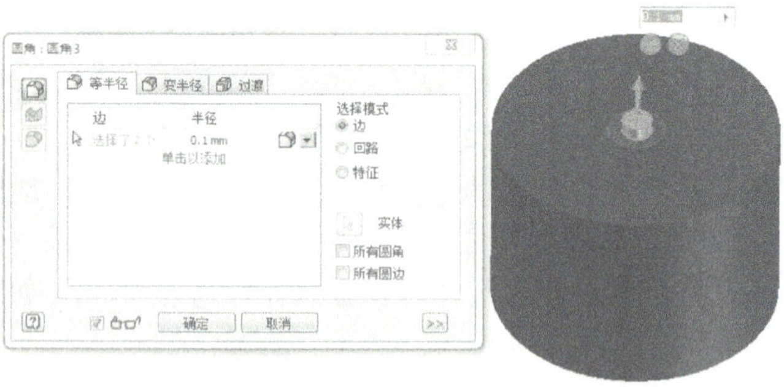

图 2-6-79　倒圆角

63）创建音箱内部固定架零件。在“快速访问工具栏”中选择菜单“新建”→“零件”命令新建一个零件，单击“草图”选项卡中的“圆”“直线”按钮绘制草图，圆半径分别为 13mm、14mm，支架顶面宽 14mm、支架底部宽 9mm。完成草图后，单击“模型”选项卡中的“旋转”按钮将草图旋转为实体，如图 2-6-80 和图 2-6-81 所示。

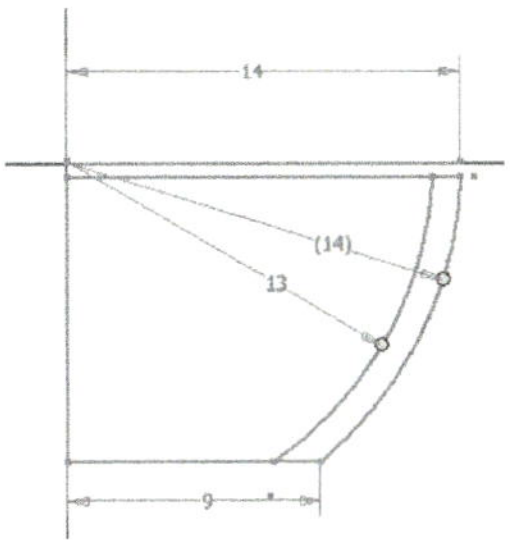

图 2-6-80　绘制草图

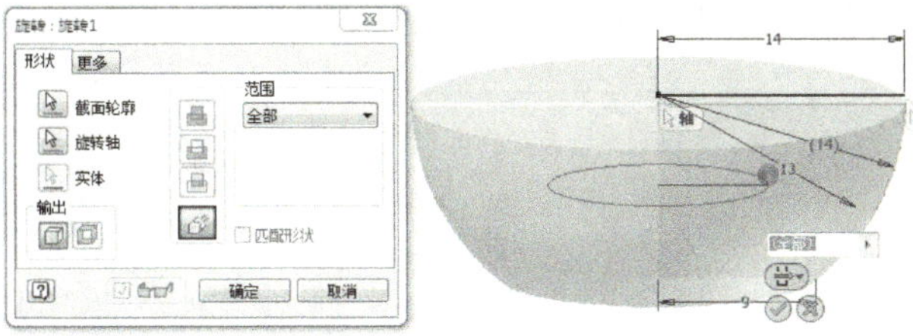

图 2-6-81　旋转草图

64）调整空间视图，选择实体表面新建草图。单击“草图”选项卡中的“圆”“样条曲线”按钮绘制图案，如图 2-6-82 所示。

65）完成草图后，单击“模型”选项卡中的“拉伸”按钮将绘制好的图案拉伸为实体，用于修剪已有实体部分，拉伸距离为 0.5mm，拉伸完成效果如图 2-6-83 所示。

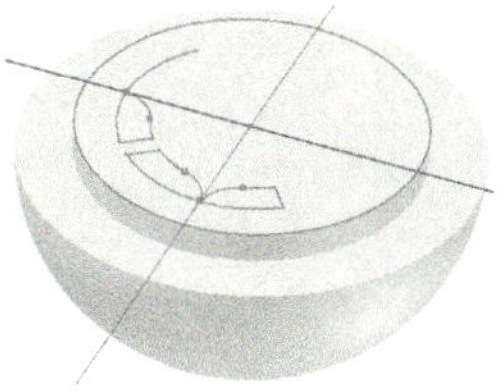

图 2-6-82　创建图案草图

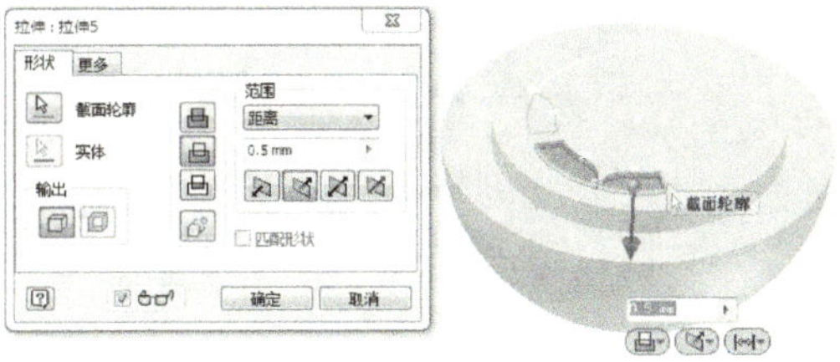

图 2-6-83　拉伸草图

66）单击“模型”选项卡中的“环形”按钮，将拉伸完成的特征进行环形阵列。阵列数量为 4 个，阵列角度为 360°，如图 2-6-84 所示。

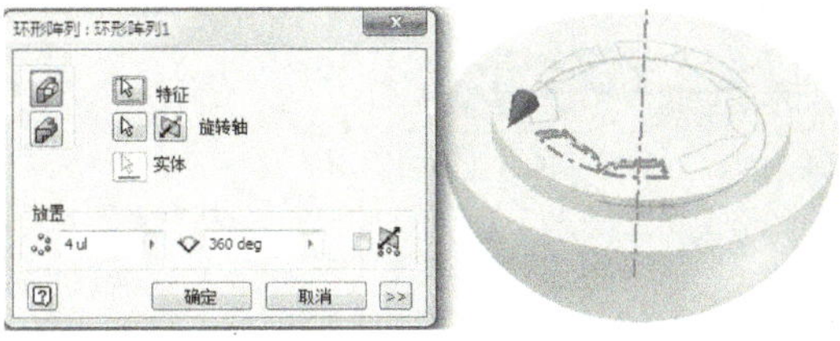

图 2-6-84　环形阵列

67）单击“模型”选项卡中的“圆角”按钮为实体上方边缘处进行倒圆角处理，倒圆角半径为 1mm，如图 2-6-85 所示。

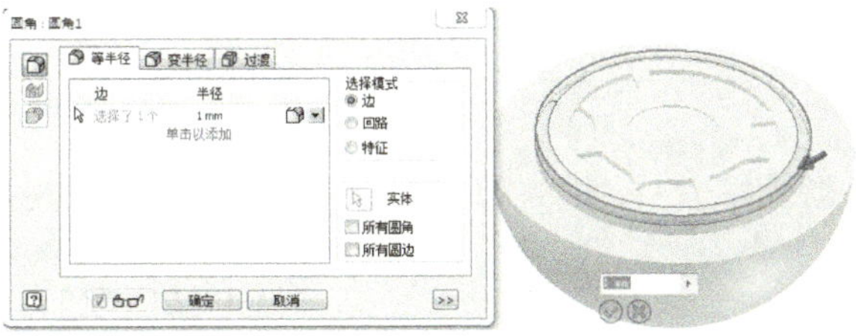

图 2-6-85　倒圆角

68）调整空间视图，选择实体最上方表面新建草图。单击“草图”选项卡中的“圆”

按钮绘制直径为 5mm，该圆的圆心与实体中心重合。完成草图后，单击“模型”选项卡中的“拉伸”按钮将草图向下拉伸为修剪已有实体，拉伸距离为 0.2mm，如图 2-6-86 所示。

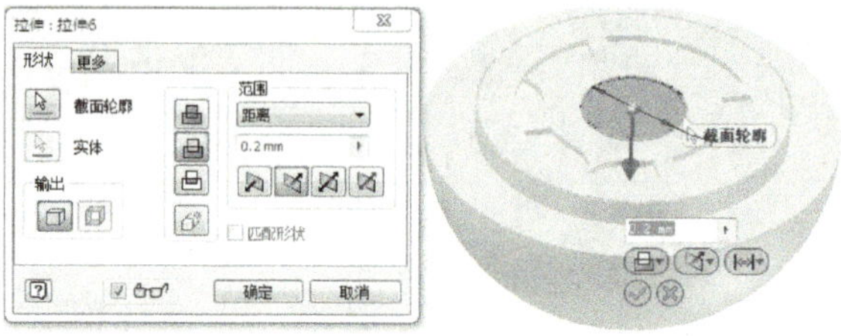

图 2-6-86　拉伸草图

69）调整空间视图，在实体最上方表面新建草图，创建螺纹孔。单击“草图”选项卡中的“圆”按钮绘制一个直径为 0.6mm 的圆，该圆的圆心位置可自定义，但应符合安装音箱扩音器零件的要求。完成草图后，单击“模型”选项卡中的“拉伸”按钮将草图向下拉伸，拉伸距离为 0.5mm，用于修剪已有实体，如图 2-6-87 所示。

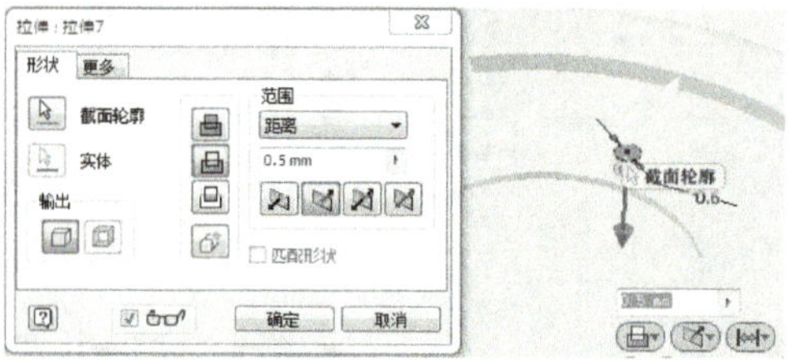

图 2-6-87　拉伸草图

70）单击“模型”选项卡中的“阵列”按钮，将拉伸完成的螺孔特征进行环形阵列。阵列数量为 4 个，阵列角度为 360°，如图 2-6-88 所示。

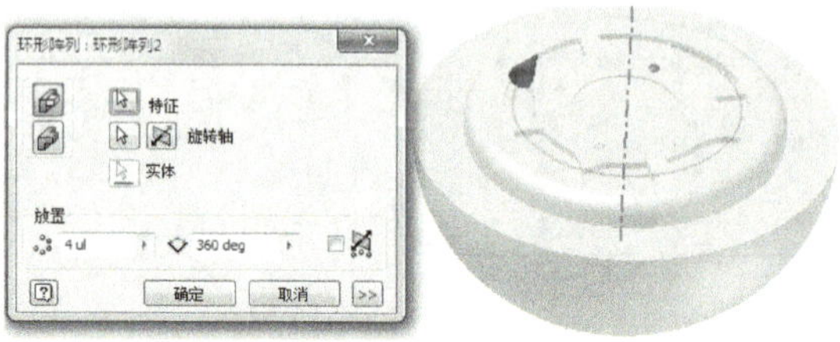

图 2-6-88　环形阵列

71）单击“模型”选项卡中的“螺纹”按钮为实体特征添加螺纹效果，设置“螺纹长度”为“全螺纹”，在“定义”选项卡中设置其他参数，如图 2-6-89 所示。

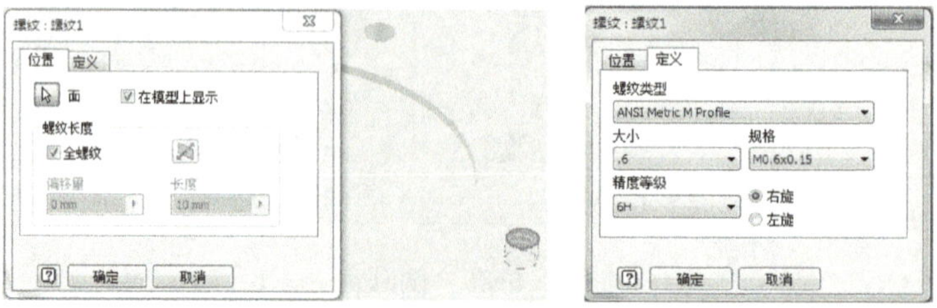

图 2-6-89　添加螺纹

72）调整空间视图，选择实体表面新建草图。在实体最外边缘处单击“草图”选项卡中的“圆”按钮绘制直径为 25mm、24mm 的两个圆，圆心均与实体中心点重合，如图 2-6-90 所示。

73）完成草图后，单击“模型”选项卡中的“拉伸”按钮将草图向下拉伸，用于修剪已有实体。至此完成支架零件的创建，如图 2-6-91 所示。

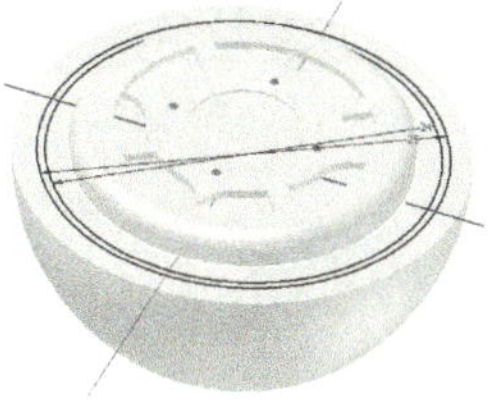

图 2-6-90　新建草图

图 2-6-91　拉伸草图

74）创建产品中的 USB 接口。在“快速访问工具栏”中选择菜单“新建”→“零件”命令新建一个零件，单击“草图”选项卡中的“矩形”按钮绘制草图，如图 2-6-92 所示。完成草图后，单击“模型”选项卡中的“拉伸”“倒角”按钮将草图拉伸为实体并进行修整，如图 2-6-93 所示。

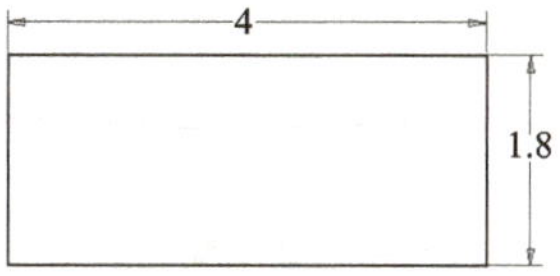

图 2-6-92　新建草图

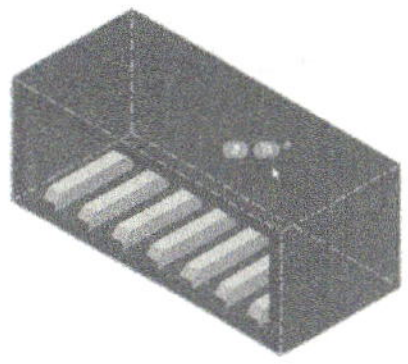

图 2-6-93　拉伸草图

75）创建产品中的电路板。在“快速访问工具栏”中选择菜单“新建”→“零件”命令新建一个零件，单击“草图”选项卡中的“矩形”“圆”按钮绘制草图，如图 2-6-94 所示。完成草图后，单击“模型”选项卡中的“拉伸”按钮将草图拉伸为实体，如图 2-6-95 所示。

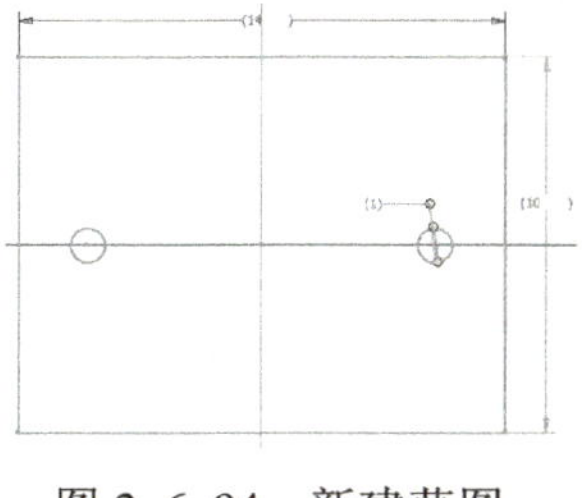

图 2-6-94　新建草图

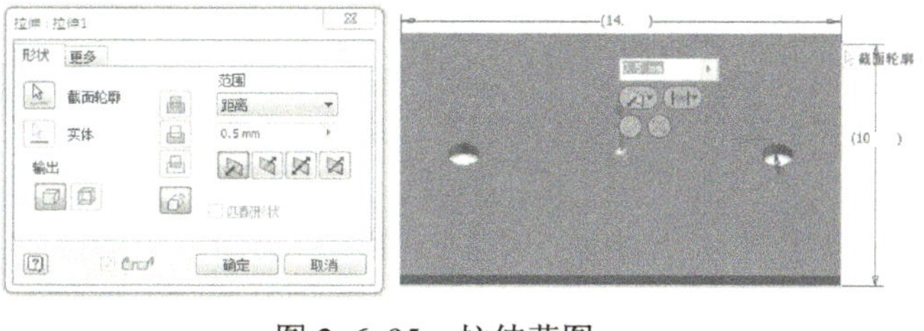

图 2-6-95　拉伸草图

76）在实体表面新建草图，单击“草图”选项卡中的“图像”按钮选择可用的电路板图片，将其插入到草图中，如图 2-6-96 所示。完成草图后，得到最终效果，如图 2-6-97 所示。

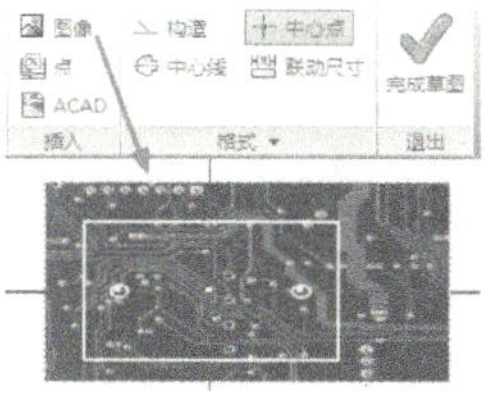

图 2-6-96　插入图片

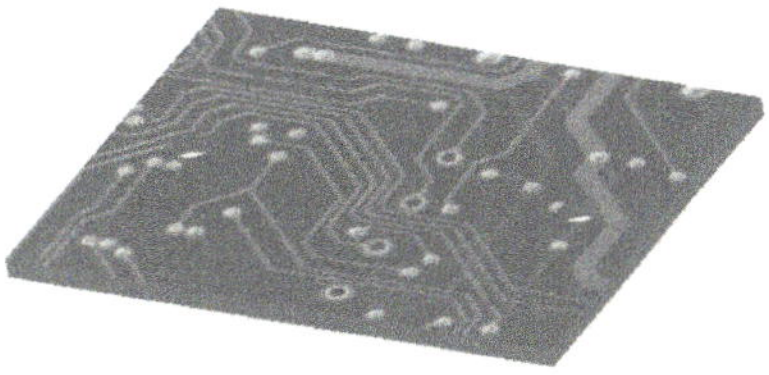

图 2-6-97　最终效果

77）至此，该款小音箱的主要零部件都完成了，其余需要的小零件可以根据个人爱好及要求分别进行创建和添加。在各零部件的创建过程中，为区分不同的产品材料效果，可随时为实体的各个表面添加不同的颜色或材质效果。

78）完成组装部件。新建一个部件文件，将创建完成的各部分零件依次置入到文件中，单击“装配”选项卡中的“约束”按钮为各部分零件添加约束效果，完成整体的装配。装配完成后的效果如图 2-6-98 所示。

图 2-6-98　产品分解视图

项目小结

本项目通过设计制作一款伸缩式立小音箱，分析新产品创作思路及分割实体的过程。详细介绍了产品的设计亮点及主体部分零件的创作过程。结合软件的操作步骤，介绍了创建旋转曲面轮廓、绘制异形体外壳效果、添加螺纹效果及装配部件的过程、创建产品止口等重点知识，从而进一步深入学习 Inventor 软件的强大功能及其使用技巧。

附　　录

附录 A　Autodesk Inventor 常用快捷键

键	名　称	功　能	种　类
F1	帮助	激活命令的帮助或对话框	全局
F2	平移	平移图形窗口	全局
F3	缩放	在图形窗口中缩放	全局
F4	旋转	在图形窗口中旋转对象	全局
F5	上一视图	回到上一个视图	全局
F6	等轴测视图	显示模型的等轴测视图	全局
F7	切片观察	剖切部分模型以显示草图平面	草图
F8	显示所有约束	显示所有约束	草图
F9	隐藏所有约束	隐藏所有约束	草图
Esc	退出	退出命令	全局
Delete	删除	删除所选对象	全局
Alt+ 拖动		在部件中应用配合约束；在草图中移动样条曲线的控制点	装配视图
Ctrl+Y	重做	激活重做（取消最近一次撤销操作）	全局
Ctrl+Z	撤销	在激活的“直线”命令中，删除上一条草图线段	全局
Shift+ 单击鼠标右键		激活“选择”命令菜单	全局
Shift+ 旋转		在图形窗口中自动旋转模型。单击即可退出	全局
B	引出序号	激活“引出序号”命令	工程图
BDA	基线尺寸集	激活“基线尺寸集”命令	工程图
C	圆心圆	绘制圆	草图
C	约束	激活“约束”命令	装配视图
CH	倒角	创建倒角	零件 / 部件
CP	环形阵列	创建草图几何图元的环形阵列	二维草图
D	通用尺寸	激活“通用尺寸”命令	草图 / 工程图
D	拔模斜度	创建拔模斜度 / 锥角	零件
E	拉伸	激活“拉伸”命令	零件
F	圆角	创建圆角	零件 / 部件
FC	形位公差符号	激活“形位公差符号”命令	工程图
H	孔	激活“孔”命令	零件 / 部件
L	直线	激活“直线”命令	草图
LE	指引线文本	创建指引线文本	工程图

（续）

键	名　称	功　能	种　类
LO	放样	创建放样特征	零件
M	移动零部件	激活“移动零部件”命令	装配视图
MI	镜像	创建镜像特征	零件 / 部件
N	创建零部件	激活“创建零部件”命令	装配视图
ODS	同基准尺寸集	激活“同基准尺寸集”命令	草图
P	装入零部件	激活“装入零部件”命令	装配视图
Q	创建 iMate	激活“创建 iMate”命令	装配视图
R	旋转	激活“旋转”命令	零件 / 部件
RO	旋转零部件	激活“旋转零部件”命令	装配视图
RP	矩形阵列	创建特征或草图几何图元的矩形阵列	零件 / 二维草图
S	二维草图	激活“二维草图”命令	二维草图 / 零件 / 部件
S3	三维草图	激活“三维草图”命令	零件
SW	扫掠	创建扫掠特征	零件 / 部件
T	文本	激活“文本”命令	草图 / 工程图
T	调整零部件位置	激活“调整零部件位置”命令	表达视图
TR	修剪	激活“修剪”命令	草图
]	工作平面	创建工作平面	全局
/	工作轴	创建工作轴	全局
.	工作点	创建工作点	全局
;	固定工作点	创建固定工作点	全局

提示：某些快捷键和命令别名仅在特定环境下才处于激活状态。

附录 B　Autodesk CAD 常用快捷键

1. 字母类快捷键

(1) 对象特性

Ctrl ＋ 2，（设计中心）

Ctrl ＋ 1，*PROPERTIES（修改特性）

MA，*MATCHPROP（属性匹配）

ST，*STYLE（文字样式）

COL，*COLOR（设置颜色）

LA，*LAYER（图层操作）

LT，*LINETYPE（线形）

LTS，*LTSCALE（线形比例）

LW，*LWEIGHT（线宽）

UN，*UNITS（图形单位）

ATT，*ATTDEF（属性定义）

ATE，*ATTEDIT（编辑属性）

AL，*ALIGN（对齐）

EXIT，*QUIT（退出）

EXP，*EXPORT（输出其他格式文件）

IMP，*IMPORT（输入文件）

OP，PR*OPTIONS（自定义 CAD 设置）

PRINT，*PLOT（打印）

PU，*PURGE（清除垃圾）

RE，*REDRAW（重新生成）

REN，*RENAME（重命名）

SN，*SNAP（捕捉栅格）

DS，*DSETTINGS（设置极轴追踪）

OS，*OSNAP（设置捕捉模式）

PRE，*PREVIEW（打印预览）

TO，*TOOLBAR（工具栏）

V，*VIEW（命名视图）

AA，*AREA（面积）

DI，*DIST（距离）

LI，*LIST（显示图形数据信息）

(2) 绘图命令

PO，*POINT（点）

L，*LINE（直线）

XL，*XLINE（射线）

PL，*PLINE（多段线）

ML，*MLINE（多线）

SPL，*SPLINE（样条曲线）

POL，*POLYGON（正多边形）

REC，*RECTANGLE（矩形）

C，*CIRCLE（圆）

A，*ARC（圆弧）

DO，*DONUT（圆环）

EL，*ELLIPSE（椭圆）

REG，*REGION（面域）

MT，*MTEXT（多行文本）

B，*BLOCK（块定义）

I，*INSERT（插入块）

W，*WBLOCK（定义块文件）

DIV，*DIVIDE（等分）

H，*BHATCH（填充）

(3) 修改命令

CO，*COPY（复制）

MI，*MIRROR（镜像）

AR，*ARRAY（阵列）

O，*OFFSET（偏移）

RO，*ROTATE（旋转）

M，*MOVE（移动）

E，DEL 键 *ERASE（删除）

X，*EXPLODE（分解）

TR，*TRIM（修剪）

EX，*EXTEND（延伸）

LEN，*LENGTHEN（直线拉长）

SC，*SCALE（比例缩放）

BR，*BREAK（打断）

CHA，*CHAMFER（倒角）

F，*FILLET（倒圆角）

PE，*PEDIT（多段线编辑）

ED，*DDEDIT（修改文本）

（4）视窗缩放

P，*PAN（平移）

Z＋空格＋空格，* 实时缩放

Z，* 局部放大

Z+P，* 返回上一视图

Z＋E，* 显示全图（范围缩放）

（5）尺寸标注

DLI，*DIMLINEAR（直线标注）

DAL，*DIMALIGNED（对齐标注）

DRA，*DIMRADIUS（半径标注）

DDI，*DIMDIAMETER（直径标注）

DAN，*DIMANGULAR（角度标注）

DCE，*DIMCENTER（中心标注）

DOR，*DIMORDINATE（点标注）

TOL，*TOLERANCE（标注形位公差）

LE，*QLEADER（快速引出标注）

DBA，*DIMBASELINE（基线标注）

DCO，*DIMCONTINUE（连续标注）

D，*DIMSTYLE（标注样式）

2. 常用功能键

<F1>*HELP（帮助）

<F2>*（文本窗口）

<F3>*OSNAP（对象捕捉）

<F7>*GRIP（栅格）

<F8>*ORTHO（正交）

附录 C　Autodesk Inventor 图标说明

1. 草图相关图标

图　标	名　称	功　能
	二维草图	在关联二维草图中显示几何图元
	共享的二维草图	在共享的二维草图中显示几何图元
	螺旋曲线	在三维草图中显示与螺旋曲线相关联的几何图元
	沿矢量投影到曲面	显示曲线沿矢量投影到曲面而创建的三维草图几何图元
	投影剖切边	显示投影到草图平面的剖切模型边
	投影到最近点处的曲面	显示曲线沿矢量投影到最近点处的曲面而创建的三维草图几何图元。投影方向由曲面法向定义
	将投影的曲线缠绕到曲面	显示通过将投影的曲线缠绕到曲面创建的二维草图几何图元
	三维草图	在关联三维草图中显示几何图元
	共享的二维草图	在共享的三维草图中显示几何图元
	草图图像	显示相关联的草图图像
	投影回路	显示通过将回路投影到草图平面而创建的二维草图几何图元
	角度 iMate	显示使用角度约束定义的 iMate
	曲面零件	显示曲面零件模型
	共享的曲面零件	显示共享的曲面零件模型
	零件	显示实体零件模型
	块	包含草图块定义
	块引用	显示关联的草图块实例
	折弯	显示零件折弯特征
	边界嵌片	显示关联的曲面边界嵌片
	共享的边界嵌片	显示由不同特征共享的曲面边界嵌片
	倒角	显示关联的倒角特征
	零件的环形阵列	显示实体零件的关联环形阵列并包括阵列引用
	环形阵列	显示特征的关联环形阵列并包括阵列引用
	螺旋扫掠曲面	显示关联的螺旋扫掠曲面
	共享的螺旋扫掠曲面	显示由不同特征共享的螺旋扫掠曲面
	螺旋扫掠	显示关联实体的螺旋扫掠特征

2. 模型相关图标

图　标	名　称	功　能
	组合	显示关联的组合特征
	共享的组合	显示由不同特征共享的组合
	组合 iMate	显示由多个 iMate 组成的 iMate
	零件造型终止标记	从未处理的特征（标记下）绑定处理的特征（标记上）
	贴图	指示放置在模型表面的贴图
	删除面	显示使用“删除面”命令创建的删除面特征
	断开链接	指示衍生的零部件和基本零部件之间的链接断开
	衍生零件	显示关联的衍生零件并包括引入的零件和特征

（续）

图　标	名　称	功　能
	衍生曲面	显示衍生零件的关联曲面
	共享的衍生曲面	显示由不同特征共享的衍生曲面
	凸雕	显示关联的凸雕特征
	延伸曲面	显示关联的延伸曲面特征
	拉伸曲面	显示曲面拉伸特征
	共享的拉伸曲面	显示由不同特征共享的曲面拉伸特征
	拉伸	显示实体拉伸特征
	拔模斜度	显示关联的拔模斜度特征
	面回路	显示关联的面回路特征
	圆角	显示关联的圆角特征
	表面齐平 iMate	显示使用表面齐平约束定义的 iMate
	孔	显示关联的孔特征
	插入 iMate	显示使用插入约束定义的 iMate
	三维相交	显示在几何图元相交处创建的三维曲线
	iPart	显示关联的 iPart
	禁用的 iPart	显示未启用的 iPart
	禁用的固定 iPart	显示未启用的固定 iPart
	固定的 iPart	显示固定的 iPart
	缝合曲面	显示关联的缝合曲面特征
	共享的缝合曲面	显示由不同特征共享的缝合曲面特征
	放样曲面	显示曲面放样特征
	共享的放样曲面	显示由不同特征共享的曲面放样特征
	放样	显示实体放样特征
	配合 iMate	显示使用配合约束定义的 iMate
	镜像	显示镜像的零件或特征并包括镜像引用
	移动面	显示关联的移动面特征
	衍生框	显示衍生零部件的边框实体代表
	衍生切割	指示零部件已从衍生零件中切掉
	衍生相交	显示从关联零部件和其他实体零部件相交处创建的实体
	衍生引入	显示包括在衍生零件中的关联零部件部分
	基准平面	显示关联的模型基准平面
	原点	显示模型基准点
	零件	显示零件
	禁用的零件	显示未启用的零件
	禁用的固定零件	显示未启用的固定零件
	固定零件	显示删除了所有自由度的零件
	阵列引用	显示阵列中的特征或零件引用
	独立阵列引用	指示将阵列引用设定为与阵列无关
	零件的矩形阵列	显示实体零件的关联矩形阵列并包括阵列引用
	矩形阵列	显示特征的关联矩形阵列并包括阵列引用

（续）

图　标	名　称	功　能
	替换面	显示关联的替换面特征
	旋转曲面	显示曲面旋转特征
	共享的旋转曲面	显示由不同特征共享的曲面旋转特征
	旋转	显示实体旋转特征
	加强筋	显示关联的加强筋特征
	转动 iMate	显示由转动运动约束定义的 iMate
	转动 - 平动 iMate	显示由转动 - 平动运动约束定义的 iMate
	灌注	显示
	抽壳	显示关联的抽壳特征
	分割	显示关联的分割特征
	扫掠曲面	显示曲面扫掠特征
	共享的扫掠曲面	显示由不同特征共享的曲面扫掠特征
	扫掠	显示实体扫掠特征
	表文件夹	在浏览器中基于在编写器表格中选择的关键字组织 iPart 和 iAssembly 成员。当在关联菜单中选中“按关键字列出”时显示图标
	表格项目	激活 iPart 或 iAssembly 成员。为激活的成员显示复选标记
	表	访问 iPart 或 iAssembly 编写器
	相切 iMate	显示使用相切约束定义的 iMate
	加厚曲面	显示曲面加厚特征
	共享的加厚曲面	显示由不同特征共享的曲面加厚特征
	加厚	显示实体加厚特征
	螺纹	显示关联的螺纹特征
	修剪曲面	显示由修剪曲面创建的曲面
	iFeature	显示关联的 iFeature
	固定的工作轴	显示删除了所有自由度的工作轴
	共享的固定工作轴	显示由不同特征共享的固定工作轴
	工作轴	显示便于创建零件特征的构造几何图元轴
	共享的工作轴	显示由不同特征共享的工作轴
	固定的工作平面	显示删除了所有自由度的工作平面
	共享的固定工作平面	显示由不同特征共享的固定工作平面
	工作平面	显示便于创建零件特征的构造几何图元平面
	共享的工作平面	显示由不同特征共享的工作平面
	固定工作点	显示删除了所有自由度的工作点
	共享的固定工作点	显示由不同特征共享的固定工作点
	工作点	显示便于创建零件特征的构造几何图元点
	共享的工作点	显示由不同特征共享的工作点

3. 钣金相关图标

图　标	名　称	功　能
	拐角倒角	显示钣金拐角倒角
	异形板	显示钣金异形板
	拐角接缝	显示两个钣金平板之间的接缝
	切割	显示钣金切割特征
	零件	显示钣金零件
	禁用的固定零件	显示未启用的固定钣金零件
	禁用的零件	显示未启用的钣金零件
	不可见的固定零件	指示存在关闭了可见性的固定钣金零件
	不可见零件	指示存在关闭了可见性的钣金零件
	固定零件	显示删除了所有自由度的钣金零件
	面	显示钣金平板
	圆角	显示钣金圆角
	凸缘	显示钣金凸缘
	展开模式	显示激活时的钣金展开模式
	折叠模型	显示激活时的钣金折叠模型
	折叠	显示钣金折叠
	卷边	显示钣金卷边
	冲压	显示钣金平板中冲压的切口或形状

4. 装配视图相关图标

图　标	名　称	功　能
	角度约束	显示涉及角度约束的零部件
	角度 iMate 结果	显示涉及角度 iMate 的零部件
	替换详细等级（LOD）	显示部件中关联的替换详细等级（LOD）
	固定的替换详细等级	显示部件中关联的固定替换详细等级
	配合约束	显示涉及配合约束的零部件
	轴向配合约束	显示涉及最少包括一个轴的配合约束的零部件
	配合 iMate 结果	显示涉及配合 iMate 的零部件
	参与件	显示受部件特征影响的部件
	位置表达文件夹	包括部件的位置表达
	位置表达	激活关联的位置表达
	表达文件夹	包括部件的视图表达、位置表达和详细等级表达
	用户定义的文件夹	用于分组部件节点以更好地组织浏览器
	转动约束	显示涉及旋转运动约束的零部件
	转动 iMate 结果	显示涉及转动 iMate 的零部件
	转动 - 平动约束	显示涉及转动 - 平动运动约束的零部件
	虚拟零部件	指示存在虚拟零部件
	禁用的虚拟零部件	指示存在未启用的虚拟零部件

（续）

图　标	名　称	功　能
	禁用的固定虚拟零部件	指示存在未启用的固定虚拟零部件
	固定虚拟零部件	指示存在删除了所有自由度的虚拟零部件
	环形零部件阵列	显示零部件的关联环形阵列并包括阵列元素
	元素	显示作为阵列中元素的零部件
	矩形零部件阵列	显示零部件的关联矩形阵列并包括阵列元素
	组合 iMate 结果	显示涉及组合 iMate 的零部件
	布局约束	显示涉及布局约束的零部件
	个人设计视图	激活关联的个人设计视图
	设计视图	激活关联的设计视图
	锁定的设计视图	指示设计视图被锁定，并且不受部件模型更改的影响
	部件	显示部件
	禁用的部件	显示未启用的部件
	禁用的固定部件	显示未启用的固定部件
	固定的部件	显示删除了所有自由度的部件
	表面齐平约束	显示涉及表面齐平约束的零部件
	表面齐平 iMate 结果	显示涉及表面齐平 iMate 的零部件
	iAssembly 工厂	指示模型为 iAssembly 工厂
	禁用的 iAssembly 工厂	显示未启用的 iAssembly 工厂
	禁用的固定 iAssembly 工厂	显示未启用的固定 iAssembly 工厂
	固定的 iAssembly 工厂	显示固定的 iAssembly 工厂
	iAssembly 成员	显示是 iAssembly 工厂成员的零部件
	禁用的 iAssembly 成员	显示是 iAssembly 工厂成员且未启用的零部件
	禁用的固定 iAssembly 成员	显示是 iAssembly 工厂成员且未启用的固定零部件
	固定的 iAssembly 成员	显示是 iAssembly 工厂成员的固定零部件
	插入约束	显示涉及插入约束的零部件
	插入 iMate 结果	显示涉及插入 iMate 的零部件
	详细等级表达文件夹	包括部件的详细等级表达
	详细等级表达	激活关联的详细等级表达
	示意焊缝	显示示意焊缝的图形元素代表
	具有符号的示意焊缝	显示具有关联焊接符号的示意焊缝的图形元素代表
	焊接件	显示焊接件部件。启用了部件并可进行在位编辑
	未启用的焊接件	在背景中显示焊接件部件。未启用部件并且不可进行在位编辑
	未启用的固定焊接件	在背景中显示固定焊接件部件。未启用部件并且不可进行在位编辑
	固定的焊接件	显示固定的焊接件部件。启用了部件并可进行在位编辑
	角焊	显示表示角焊的部件特征
	具有符号的角焊	显示表示具有关联焊接符号的角焊的部件特征
	坡口焊	显示表示坡口焊的部件特征
	具有符号的坡口焊	显示表示具有关联焊接符号的坡口焊的部件特征
	加工	显示那些表示焊后加工和表面加工的部件特征。有效的部件加工特征包括倒角、拉伸切割和孔

5. 焊接件相关图标

图　标	名　称	功　能
	准备	显示用于去除材料以便为焊接准备模型的部件特征（倒角、拉伸切口和孔）
	焊接符号	显示焊接和关联的符号
	焊接	可显示表示实际焊接的部件特征。部件焊道特征可以是示意焊缝或实体角焊或坡口焊，并且只能存在于焊接特征组中。“焊道”文件夹位于“焊接”特征组中。它包含所有标注的和未标注的焊道特征。单击鼠标右键选择选项来按“所有焊道”、“仅标注的焊道”或“仅未标注的焊道”来对焊道排序

6. 工程图相关图标

图　标	名　称	功　能
	AutoCAD 块文件夹	包括 AutoCAD 块
	AutoCAD 块	显示 AutoCAD 块实例
	AutoCAD 模型	包括在 Inventor 中打开的 AutoCAD DWG 文件的模型定义
	装配视图	可显示和访问工程视图中的部件
	斜视图快捷方式	指示放置在图样上与俯视图不同的斜视图。使用快捷方式并转至斜视图图样
	斜视图	指示从基础视图中的一条边或线投影的视图
	图框文件夹	包括图框格式
	图框	可用来访问图框并插入图样框
	图样框	访问它可以删除当前图样框
	局部剖	指示将材料从现有视图中删除，以显示遮住的零件或特征
	修剪视图	显示从另一个视图修剪的视图
	局部视图快捷方式	指示放置在图样上与父视图不同的局部视图。使用快捷方式并转至局部视图图样
	局部视图	指示基础视图中指定部分的局部视图。该视图创建后并不与基本视图对齐，但是可以附着到基本视图中
	孔参数表	可显示和访问关联的孔参数表
	草图符号	显示工程图样上关联的非静态草图符号
	重叠视图	使用一个位置表达，在一个视图中的多个位置显示部件
	明细栏	可显示和访问关联的明细栏
	零件	可显示和访问工程视图中的零件
	投影视图快捷方式	指示放置在图样上与父视图不同的投影视图。使用快捷方式并转至投影视图图样
	投影视图	指示基础视图的第一视角投影或第三视角投影（取决于制图标准）
	修订表	可显示和访问关联的修订表
	剖视图快捷方式	指示放置在图样上与父视图不同的剖视图。使用快捷方式并转至剖视图图样
	剖视图	指示从指定的基础视图创建的全剖、半剖、阶梯剖、局部剖或旋转剖视图
	图样格式文件夹	包括图样格式
	图样	可以显示并访问以编辑关联图样
	图样草图	可以显示并访问关联图样草图
	略图符号文件夹	包括草图符号
	草图符号模板	可以访问关联草图符号定义

（续）

图　标	名　称	功　能
	剖切	指示从现有视图进行零深度剖视或“剖切”
	静态略图符号	显示工程图样上关联的静态略图符号
	标题栏文件夹	包括标题栏格式
	标题栏	可以访问以编辑关联标题栏
	基础视图的快捷方式	指示在不同图样上作为从属视图创建的视图。使用快捷方式并转至父视图图样
	独立视图	指示在新工程图中放置的第一个视图或独立于现有工程视图的视图
	附着的工程图	指示固定在另一个视图上的局部视图
	延时更新	指示工程图文件处于延时状态
	排除的详细等级表达	指示已将详细等级浏览器条目设定为排除
	替换详细等级表达	激活关联的替换详细等级表达
	禁用的固定替换详细等级	显示未启用的部件中的关联固定替换详细等级
	不可见的详细等级替换	指示存在关闭了可见性的替换详细等级
	不可见的固定详细等级替换	指示存在关闭了可见性的固定替换详细等级
	替换详细等级（LOD）	显示部件中关联的替换详细等级（LOD）
	固定的替换详细等级	显示部件中关联的固定替换详细等级
	配合约束	显示涉及配合约束的零部件
	轴向配合约束	显示涉及最少包括一个轴的配合约束的零部件
	配合 iMate 结果	显示涉及配合 iMate 的零部件

7. 表达视图相关图标

图　标	名　称	功　能
	表达视图	指示表达文件的顶部节点
	零件	显示零件
	顺序	显示位置参数和关联零部件
	任务	包括一个或多个顺序
	位置转动	显示转动位置和关联零部件
	位置平动	显示平动位置和关联零部件
	分解视图	包括激活视图的表达视图特征

8. 其他组件相关图标

图　标	名　称	功　能
	替换零件	显示指定为替换零件的零件。手动更新需要的零件以反映对外部参考所做的更改
	替换钣金零件	显示设计为替换零件的钣金零件。手动更新需要的零件以反映对外部参考所做的更改
	替换曲面零件	显示设计为替换零件的曲面零件。手动更新需要的零件以反映对外部参考所做的更改
	自适应错误	指示跨零件投影故障
	自适应警告	指示自适应关系的小问题
	分析不可见	指示分析可见性已关闭

（续）

图　标	名　称	功　能
	激活	指示关联的项目处于激活状态。实例包括激活分析、激活设计视图和激活位置表达
	接触集合	指示零部件包括在接触集合中
	接触集合错误	指示接触集合出现严重错误
	接触集合警告	指示接触集合出现较小错误
	自适应	指示自适应零件或特征
	排除的	指示关联零部件已设定为排除
	正常	指示相对于关联浏览器条目不存在任何错误
	未读取的文件	指示文件链接未读取
	要求更新	指示浏览器中的关联条目过期
	警告	指示小问题。在附加信息的图标上悬停
	错误	指示严重问题。在附加信息的图标上悬停
	柔性	指示柔性部件或草图块
	自动求解	指示设计加速器零部件处于自动更新模式
	位置变体有问题	指示位置变体无法读取
	手动模式更新	指示设计加速器零部件处于手动更新模式且是最新的

参 考 文 献

[1] 许继峰，孙岚，刘俊哲．工业设计课题与实战教程 [M]．南宁：广西美术出版社，2009．

[2] 何煜琛，习宗德，陈胜，等．三维 CAD 习题集 [M]．北京：清华大学出版社，2010．

[3] 刘传凯．产品创意设计 2[M]．北京：中国青年出版社，2008．

[4] 王受之．世界现代设计史 [M]．北京：中国青年出版社，2002．

[5] 唐纳德 A 诺曼．设计心理学 [M]．梅琼，译．北京：中信出版社，2010．

[6] 王德俊，赵冬晗，任艳霞，等．机械制图 [M]．北京：清华大学出版社，2010．